近代製糖業の
経営史的研究

久保文克 著

文眞堂

目　次

図表目次 ………………………………………………………………… v
序　章 …………………………………………………………………… 1
　Ⅰ　問題意識と本書の独自性 ………………………………………… 1
　Ⅱ　リサーチクエスチョンと分析視角 ……………………………… 4
　Ⅲ　近代製糖業の概観 ………………………………………………… 6
　　1　砂糖の種類と用途 ……………………………………………… 6
　　2　「心臓部」としての原料甘蔗 …………………………………… 7
　　3　原料採取区域の多様性 ………………………………………… 9
　　4　米糖相剋への対応 ……………………………………………… 14
　　5　3度の業界再編 ………………………………………………… 21

第1章　台湾製糖の長期競争優位と首位逆転
　　　　—パイオニア企業と「準国策会社」の功罪— ……………… 30
　はじめに ………………………………………………………………… 30
　Ⅰ　業界再編と競争優位の源泉 ……………………………………… 31
　　1　原料調達面での優位性 ………………………………………… 31
　　2　販売面の優位性—三井物産との一手販売契約— …………… 34
　Ⅱ　第1次・第2次再編期の優位性 ………………………………… 37
　　1　M&Aによる生産基盤の拡充 ………………………………… 37
　　2　質的増産の推進と優位性の維持 ……………………………… 38
　　3　糖業連合会におけるコーディネーター機能 ………………… 43
　Ⅲ　第3次再編期の首位逆転 ………………………………………… 46
　　1　耕地白糖の台頭と三つ巴競争 ………………………………… 46
　　2　長期安定株主の存在と危機感の欠如 ………………………… 52

3　「準国策会社」的性格の功罪 …………………………………… 54
むすび …………………………………………………………………… 56
史料1　台湾製糖と三井物産の一手販売契約の変遷 ……………… 62

第2章　大日本製糖の失敗と再生
――藤山雷太・愛一郎の革新的企業者活動と後発企業効果―― …… 70

はじめに ………………………………………………………………… 70
Ⅰ　大日本製糖の失敗に至る経緯 ……………………………………… 71
　1　鈴木藤三郎と日本精製糖 ……………………………………… 71
　2　経営環境の変化 ………………………………………………… 72
　3　失敗の本質 ……………………………………………………… 78
Ⅱ　整理から再生へ ……………………………………………………… 83
　1　再生請負人の登場と失敗からの教訓 ………………………… 83
　2　教訓の実践と再生の完了 ……………………………………… 84
　3　飛躍に向けた戦略転換 ………………………………………… 87
Ⅲ　トップ企業への飛躍 ………………………………………………… 91
　1　雷太から愛一郎へのバトンタッチ …………………………… 91
　2　耕地白糖重視への戦略転換 …………………………………… 93
　3　M&A戦略の功罪 ……………………………………………… 96
むすび …………………………………………………………………… 97

第3章　明治製糖の多角的事業展開
――相馬半治・有嶋健助の革新的企業者活動と後発企業効果―― … 111

はじめに ………………………………………………………………… 111
Ⅰ　明治製糖の多角化方針 ……………………………………………… 112
　1　相馬半治と明治製糖 …………………………………………… 112
　2　近代製糖業の制約条件と「平均保険の策」………………… 114
Ⅱ　「大明治」の重層的多角化 ………………………………………… 115
　1　「大明治」と傍系事業会社 …………………………………… 115
　2　明治製菓の多角化展開 ………………………………………… 119

3　「大明治」の南方進出 ································· 124
　　4　明治商店設立による自社販売網の確立 ················· 130
　Ⅲ　明治製糖と「大明治」傘下企業の相乗的発展 ············· 130
　　1　明治製糖のキャッチアップ ·························· 130
　　2　定款改正に見る「大明治」の全体像 ··················· 132
　　3　相馬半治と有嶋健助のベストパートナーシップ ········· 139
　むすび ··· 145

第4章　塩水港製糖の失敗と再生
　　　　―企業者槇哲の挫折と復活― ······················· 156

　はじめに ··· 156
　Ⅰ　塩水港製糖史の概観 ································· 157
　　1　塩水港製糖の失敗と再生 ···························· 157
　　2　槇哲を軸とした経営陣の変遷 ······················· 159
　　3　新式製糖工場の変遷 ······························· 163
　　4　原料採取区域を中心とした甘蔗栽培の動向 ··········· 165
　Ⅱ　塩水港製糖失敗の本質 ······························· 167
　　1　大型合併の功罪 ··································· 167
　　2　金融恐慌にともなう鈴木商店の倒産 ················· 168
　　3　緊急事態への対応 ································· 171
　Ⅲ　整理，再生，そして飛躍へ ··························· 173
　　1　米糖相剋と特殊地理環境への対応 ··················· 173
　　2　槇哲の現場復帰 ··································· 176
　　3　耕地白糖を軸とした飛躍 ·························· 177
　むすび ··· 183

第5章　四大製糖の企業間競争
　　　　―競争側面から見た「競争と協調」― ··············· 191

　はじめに ··· 191
　Ⅰ　台湾製糖の持続的競争優位と三つ巴競争 ··············· 192

Ⅱ　大日本製糖・明治製糖のキャッチアップ ……………………………… *195*
　　Ⅲ　大日本製糖の猛追と首位逆転 …………………………………………… *199*
　むすび ………………………………………………………………………………… *204*

第6章　甘蔗買収価格の決定プロセス
　　　　　―四大製糖を中心とする甘蔗作農民との関係― ……………… *209*

　はじめに ……………………………………………………………………………… *209*
　　Ⅰ　甘蔗栽培奨励策の諸相 ………………………………………………… *209*
　　　1　米糖相剋の重層構造 …………………………………………………… *209*
　　　2　甘蔗栽培奨励規程の変遷 ……………………………………………… *211*
　　Ⅱ　四大製糖の甘蔗買収価格の変遷 ……………………………………… *213*
　　　1　四大製糖の共通点 ……………………………………………………… *213*
　　　2　四大製糖の甘蔗買収価格 ……………………………………………… *214*
　　　3　最高価格と最低価格 …………………………………………………… *219*
　むすび―甘蔗買収価格の決定プロセス― ………………………………… *222*
　史料2　大日本製糖月眉製糖所昭和十－十一年期甘蔗栽培奨励規程 …… *224*

終　章 ……………………………………………………………………………… *231*

　　Ⅰ　四大製糖の革新的企業者活動 ………………………………………… *231*
　　Ⅱ　2つの分析フレームワーク …………………………………………… *233*
　　Ⅲ　失敗と再生をめぐる比較 ……………………………………………… *236*
　　Ⅳ　後発企業効果をめぐる比較 …………………………………………… *237*
　　Ⅴ　企業間競争を基調とした近代製糖業のダイナミズム ……………… *240*
　　　1　革新的企業者活動の相互連携的展開 ………………………………… *240*
　　　2　激烈な企業間競争と近代製糖業のダイナミズム ………………… *245*

おわりに ……………………………………………………………………………… *250*

参考文献 ……………………………………………………………………………… *254*

索引 …………………………………………………………………………………… *266*

図表目次

【図】

図 1	内地における砂糖消費量の推移 ……………………………………	*1*
図 2	台湾甘蔗収穫量と分蜜糖生産量の推移 …………………………	*2*
図 3	地目別主要輪作パターン …………………………………………	*19*
図 4	四大製糖の分蜜糖生産能力の推移 ………………………………	*21*
図 5	近代製糖業の利害対立構図と合併・吸収関係 …………………	*22*
図 6	四大製糖の分蜜糖生産シェアの推移 ……………………………	*24*
図 7	四大製糖の分蜜糖生産量の推移 …………………………………	*41*
図 8	台湾製糖の質的増産の推移 ………………………………………	*42*
図 9	台湾製糖の当期利益金と配当率の推移 …………………………	*45*
図 10	四大製糖の当期利益金の推移 ……………………………………	*47*
図 11	東京分蜜糖価格の推移（百斤当たり） …………………………	*49*
図 12	四大製糖の耕地白糖生産量の推移 ………………………………	*50*
図 13	内地砂糖消費量と台湾からの砂糖移入量の推移 ………………	*73*
図 14	台湾における製糖場数と製造能力の推移 ………………………	*77*
図 15	大日本製糖の当期利益金，社債・借入金と配当率の推移 ……	*85*
図 16	大日本製糖の分蜜糖生産能力と生産量の推移 …………………	*95*
図 17	明治製糖の当期利益金と配当率の推移 …………………………	*118*
図 18	明治製菓（東京菓子）の当期利益金と配当率の推移 …………	*122*
図 19	スマトラ興業（昭和護謨）の当期利益金と配当率の推移 ……	*126*
図 20	明治製菓（東京菓子）の払込資本金と従業員数の推移 ………	*145*
図 21	塩水港製糖の当期利益金と配当率の推移 ………………………	*158*
図 22	塩水港製糖の振込資本金と社債・借入金の推移 ………………	*159*
図 23	塩水港製糖の甘蔗収穫量の推移 …………………………………	*180*
図 24	塩水港製糖の分蜜糖生産能力と生産量の推移 …………………	*181*

図 25　甘蔗買収価格の構成要素と決定プロセス …………… *223*
図 26　大日本製糖における革新的企業者活動の相互連携的展開 …… *241*
図 27　塩水港製糖における革新的企業者活動の相互連携的展開 …… *243*
図 28　明治製糖における革新的企業者活動の相互連携的展開 ……… *244*
図 29　台湾製糖における革新的企業者活動の相互連携的展開 ……… *246*

【表】

表 1　分蜜糖生産コストの推移 …………………………………… *8*
表 2　甘蔗作適地の田畑別割合（1929 年）………………………… *11*
表 3　甘蔗作適地の田畑別割合（1936 年）………………………… *12*
表 4　田畑別甘蔗収穫量割合の推移 ………………………………… *13*
表 5　原料栽培資金前貸し内訳の推移 ……………………………… *15*
表 6　水田への甘蔗作奨励の推移 …………………………………… *17*
表 7　分蜜糖生産能力と生産量の比較 ……………………………… *23*
表 8　四大製糖の精白糖生産の推移 ………………………………… *25*
表 9　原料甘蔗の自作・買収別割合の推移 ………………………… *32*
表 10　台湾製糖の自営農園における作付面積の推移 …………… *33*
表 11　台湾製糖所有に至る新式製糖工場の変遷 ………………… *39*
表 12　台湾製糖の主要株主の推移 ………………………………… *53*
表 13　革新的企業者活動から見た台湾製糖の企業者史 ………… *57*
表 14　台湾製糖の主要年表 ………………………………………… *60*
表 15　砂糖消費税の沿革 …………………………………………… *74*
表 16　砂糖輸入関税の沿革 ………………………………………… *76*
表 17　大日本製糖改称時の大株主（700 株以上）の異動 ……… *80*
表 18　大日本製糖経営陣の経営環境の変化への認識と対応 …… *81*
表 19　大日本製糖の主要株主の推移 ……………………………… *92*
表 20　大日本製糖所有に至る新式製糖工場の変遷 ……………… *98*
表 21　革新的企業者活動から見た大日本製糖の企業者史 ……… *100*
表 22　大日本製糖の主要年表 ……………………………………… *104*
表 23　明治製糖の主要傘下会社一覧（1941 年）………………… *117*

表24	明治製菓の内部留保割合の推移	*123*
表25	明治製糖所有に至る新式製糖工場の変遷	*132*
表26	明治製糖の主な定款改正の動き	*133*
表27	明治製菓（東京菓子）の主な定款改正の動き	*137*
表28	明治製菓（東京菓子）における相馬半治と有嶋健助のキャリア	*139*
表29	相馬半治の「大明治」関係会社における創立時を中心とした役職	*140*
表30	有嶋健助の「大明治」関係会社における創立時を中心とした役職	*141*
表31	明治製菓（東京菓子）における主要株主の推移	*143*
表32	革新的企業者活動から見た明治製糖の企業者史	*147*
表33	種類別台湾分蜜糖生産量の推移	*149*
表34	塩水港製糖の主要年表	*160*
表35	塩水港製糖所有に至る新式製糖工場の変遷	*164*
表36	塩水港製糖の甘蔗作適地割合の推移	*166*
表37	塩水港製糖失敗局面前後の貸借対照表	*170*
表38	米糖相剋と特殊地理環境への対応（1936年）	*174*
表39	米糖相剋と特殊地理環境への対応（1943年）	*175*
表40	甲当たり甘蔗収穫量の推移	*178*
表41	歩留りの推移	*179*
表42	耕地白糖生産に占める割合の推移	*182*
表43	革新的企業者活動から見た塩水港製糖の企業者史	*185*
表44	明治製糖と塩水港製糖の主要株主の推移	*206*
表45	甘蔗栽培奨励規程における各種奨励金の分類	*212*
表46	甘蔗買収最高価格の推移	*220*
表47	甘蔗買収最低価格の推移	*221*
表48	革新的企業者活動をめぐる四大製糖の比較	*231*
表49	業界再編をめぐる四大製糖の比較	*232*

【地図】

参考地図　製糖会社各社の原料採取区域（1922年末） ……… *26*

序章

I　問題意識と本書の独自性

　砂糖消費は経済発展のバロメーターと言われるように，奢侈品である砂糖は経済的に余裕のある消費者が食することのできる商品であり，日本が豊かになっていくとともに消費も伸びていく。1905 年に 7.15 斤しかなかった 1 人当たり内地砂糖消費量は 21 年に 18.93 斤へと伸び，39 年にはついに 26.45 斤までに大きく伸びる（図 1 参照）。ここでの砂糖には内地で製造していた精製糖

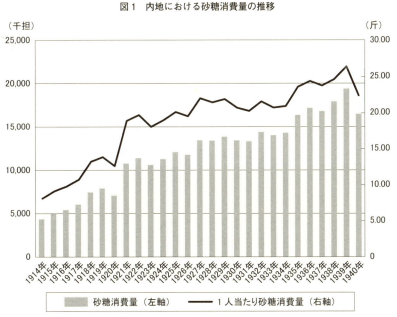

図 1　内地における砂糖消費量の推移

（注）樺太の消費量も含まれている。なお，1 斤は 0.6kg であり 100 斤が 1 担である。
（出所）台湾総督府『第二十九統計』182 頁より作成。

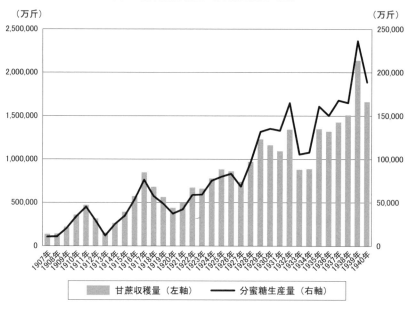

図2 台湾甘蔗収穫量と分蜜糖生産量の推移

（出所）台湾総督府『第二十九統計』1頁より作成。

とともに，植民地台湾で製造していた分蜜糖が含まれており，後者の分蜜糖業が近代製糖業の対象に他ならない。

　戦前日本の主要産業に目をやると，1929年下期の鉱工業会社の総資産上位20社に台湾製糖，大日本製糖，明治製糖，塩水港製糖がランクインしており[1]，近代製糖業のメインプレイヤーであった4社（以下，四大製糖と称す）が日本経済全体でも大きな地位を占めていたことがわかる。そこで台湾分蜜糖生産量の推移を図2によって見ていくと[2]，図1の消費量のような単純な増加傾向は確認できない。これには原料である甘蔗（かんしょ）の収穫量が大きく関係していたが，日本国内の自給体制が実現した29年の記念碑的年，糖業連合会による産糖調節[3]が実施された33・34年を挟み，30年代に大きな伸びを記録したことをここでは確認しておきたい。

　日本の経済発展とともに成長していった近代製糖業については，戦前の矢内原［1929］と戦後の涂［1975］が植民地経済研究の視点から分析を加えてはい

Ⅰ　問題意識と本書の独自性　3

たが，個別製糖会社の意思決定を通した経営史的研究としては久保［1997］まで待たねばならなかった。しかし，この久保［1997］も植民地企業経営史という視点から台湾製糖を「準国策会社」と位置づけ，国策会社台湾拓殖との比較においてその特殊性を論じることに重点が置かれたため，近代製糖業の全貌を経営史的視点から解明するには至らなかった。

　そこで筆者は，①四大製糖を中心とした個別製糖会社の経営史的研究（台湾製糖：久保［1997］［2014d］，大日本製糖：久保［2005a］［2006d］［2007a］，明治製糖：久保［1996］［1998, 99ab］［2014e］，塩水港製糖：久保［2012, 13］），②戦前日本を代表するカルテルであった糖業連合会を舞台とする競争と協調をめぐる研究（久保編［2009］），③近代製糖業の「心臓部」である原料甘蔗栽培をめぐる製糖会社と台湾甘蔗作農民の関係に関する研究（久保［2006a］［2006c］［2007b］［2007c］［2014ab］），以上を三本柱として近代製糖業の実態解明に取り組んできた。②においては連合会を舞台とした「競争と協調」のありようを「競争を基調とした協調の模索」であったとの事実を発見するとともに，カルテルとしての連合会の特徴は競争抑制機能よりも利害調整機能や経営資源補完機能に重きを置くものであった点を明らかにした。しかし，同書もまた連合会を主たる分析対象としたため，産糖処分協定の成立に向けた交渉プロセスを通した協調行動の成否に重きが置かれ，「競争を基調とした」と指摘した競争側面を製糖会社の戦略展開を通して本格的に論じるには至っていなかった。

　こうした研究課題を補完するのが，四大製糖各社の企業経営の歴史を戦略的意思決定に着目しつつ分析してきた①に関する一連の経営史的研究である。本書では失敗と再生及び後発企業効果という分析視角から前者の個別経営史研究の成果について第1章から第4章において論じ直すとともに，後者の台湾甘蔗作農民との関係の中核的テーマであり先行研究がその全貌を解明しなかった甘蔗買収価格の決定プロセスを中心に，甘蔗栽培奨励規程を活用した四大製糖の台湾農民との関係について第6章で分析していきたい。

　と同時に，失敗企業をみごと再生させ後発企業に先発企業への猛追ないし逆転を実現させたプロセスを革新的企業者活動に光を当てつつ明らかにするため，まずは第5章において激烈な企業間競争の実態を論じ近代製糖業のダイナ

ミズムを解明する。そして，終章においては再生と後発企業効果それぞれを可能とした2社の事例を比較することによって，近代製糖業のメインプレイヤーへと成長させていった企業者活動の革新性に共通点は見出されたのかについて検討していく。

以上，近代製糖業が近代日本を代表する主力産業にまで発展していったプロセスを検証し当該業の全貌を解明するためには，筆者が追究してきた三本柱が1つに結実することが不可欠であり，②について論じた久保編［2009］を踏まえつつ，①から③の個別研究を有機的に融合することが本書に課せられた最大の課題となる。

Ⅱ　リサーチクエスチョンと分析視角

近代製糖業が発展するに至ったダイナミズムの全貌を解明するに際し，具体的なリサーチクエスチョンとして以下の7つの点を指摘しておきたい。

① 　近代製糖業の企業間競争は「競争を基調」とする激烈なものだったのか
② 　その激烈な企業間競争は近代製糖業の発展といかに結びついていたのか
③ 　「競争を基調」としつつ糖業連合会が協調を模索するうえで台湾製糖のコーディネーター機能はいかなる役割を果たしたのか
④ 　後発企業効果を発揮した大日本製糖と明治製糖に共通要因は見出すことはできるのか
⑤ 　大日本製糖と塩水港製糖が再生できた共通要因とは何か
⑥ 　甘蔗買収価格の決定プロセスを解明するうえで製糖会社や原料採取区域による違いは存在したのか
⑦ 　以上のリサーチクエスチョンは近代製糖業を発展させたダイナミズムといかなる関係にあったのか

以上7つのリサーチクエスチョンを本書における章構成に当てはめていくと，①と②は第1章から第5章とりわけ第5章によって，③は第1章と第5章によって，④は第2章と第3章の比較を踏まえた終章によって，⑤は第2章と第4章の比較を踏まえた終章によって，⑥は第6章によってそれぞれ解明され

る。そして，終章における近代製糖業発展のダイナミズムの全貌解明という⑦のリサーチクエスチョンへと繋がっていくのであるが，これら一連の分析において重要な意味を持つのが本書が立脚する独自の分析視角である。

　本書の分析視角としてまず指摘しておきたいのは，失敗と再生及び後発企業効果についてである。近代製糖業のメインプレイヤーである四大製糖の企業経営の歴史をふり返るとき，失敗から再生した大日本製糖と塩水港製糖とともに，台湾製糖を猛追し後発企業効果を発揮した明治製糖と大日本製糖がそれぞれ対象となる。

　まず，失敗局面と再生局面についてあらかじめ概念規定しておくと，失敗局面とは当期利益金が赤字転落し無配当に陥った局面，再生局面とは当期利益金が黒字化し復配を実現した局面である。なお，飛躍局面に関しては失敗局面と対をなす再生局面とは異なり生産実績も含めたより総合的な理解が必要とされることから，本書ではあえて概念規定は行わず各章においてそれぞれ飛躍局面を明示したい。

　一方，後発企業効果については「後れて市場参入した後発企業がトップ企業を逆転ないしそれに準ずるまでキャッチアップする現象のことで，当該市場を活性化させ拡大させていく効果」と規定する。その際，後発企業としてスタートした企業が後発性のメリットを内部化しつつ後発性のデメリットを克服するプロセスを重視するが[4]，ここでの後発性のメリットの内部化とはそのメリットをフルに活用し自社のシステムとして定着させることを意味している。

　失敗と再生，後発企業効果いずれの分析視角とも関連するのが経営史研究の核となってきた革新的企業者活動であり，本書では経営環境の変化への対応に力点を置くことで，失敗分析を環境変化に対する認識と対応のレベルで捉えようとする「失敗と再生の経営史」[5]とも整合的となる。

　具体的には，経営環境の変化をプラスのビジネスチャンスとマイナスの制約条件に分けたうえで，①ビジネスチャンスの獲得，②制約条件の克服，③制約条件のビジネスチャンス化の3つのレベルをもって革新的企業者活動と理解したい。そして，制約条件を克服するレベルにとどまらず次なる局面を生き抜く新しいシステムを創出する最も高いレベルの革新的企業者活動である③の制約条件のビジネスチャンス化については，創造的適応と別途言い換えることと

する。失敗企業が再生を果たす，後発企業が先発企業を逆転ないし猛追する，いずれのケースにおいても3つのレベルの革新的企業者活動，なかでも創造的適応が大きく機能したことが本書において明らかとなる。

　最後に，原料調達が近代製糖業の「心臓部」と称されるほど重要な地位を占めていた以上，その安定供給を阻む米糖相剋を克服できるかどうかはまさに生命線になったわけだが，数多くの米糖相剋をめぐる先行研究が経済・経営的視点からのみ解明を試みようとする「平面的」なアプローチであったのに対し，経済地理学的な新たなる視点を導入した呉［2003］［2006］の分析方法を融合し，本書では米糖相剋の「立体的」アプローチによって製糖会社ごとの違いのみならず原料採取区域ごとの地理的環境の違いにも着目していく。すなわち，米糖相剋と特殊地理環境が複雑に絡みあった現実を踏まえ，米糖相剋の重層構造という新たな視点から本書の分析を深めていきたい。

　なお，本書の分析対象は台湾製糖，大日本製糖，明治製糖，塩水港製糖の主要4社であり，合併されるに至るその他の製糖会社については合併する四大製糖側からの分析に限定される。また，対象時期は台湾製糖が創立する1900年から四大製糖体制が完成する43年（明治製糖による台東製糖合併）までとするが，主要統計である台湾総督府『台湾糖業統計』の掲載データの関係上39年までが主たる対象となる。そして，近代製糖業の主力製品である台湾分蜜糖を主たる分析対象とすることから，内地精製糖や無水酒精[6]を中心とした関連産業の動向については必要最小限にとどめるものとする。

III　近代製糖業の概観

1　砂糖の種類と用途

　近代製糖業の特徴を明らかにするに先立ち砂糖の分類を確認しておきたい。まずは製法による分類であるが，原料の甘蔗や甜菜から搾り出した糖汁に含まれる蜜を分離するかどうかによって含蜜糖と分蜜糖に分かれ，含蜜糖には旧式糖廍(トンボー)を中心に製造されていた赤糖(あかとう)などが含まれた。また，新式製糖工場において製造された分蜜糖は，まず甘蔗から糖汁を搾り製造した粗糖と甘蔗圧搾汁か

ら脱色・漂白した直接消費用の精白糖である耕地白糖（こうちはくとう）に分類され，粗糖はまた用途によって（精製糖用の）原料糖と直接消費糖（以下，直消糖と称す）に分かれた。そして，原料糖を溶解して不純分を除き精製したものを精製糖といい，結晶の大小からさらに双目（ざらめ）（グラニュー糖，精製糖 中双（ちゅうざら）等）と車糖（くるまとう）（上白，中白等）に分かれそれに加工糖（角砂糖等）が加わる。一方，直消糖も一番糖の粗糖中双と三温，二番糖の赤双（あかざら）等に分かれ，耕地白糖も精製糖と同じく双目と車糖に分かれていた[7]。

　近代製糖業との関連で言えば，台湾で製造された分蜜糖は粗糖と耕地白糖に大きく分かれ，粗糖は精製糖用の原料糖と直消糖に分かれたこと，そして，内地における精製糖は台湾のみならずジャワから調達した原料糖から製造されたこと，以上が砂糖の製法上の分類をめぐって最も重要となる。一方，用途としてはまず精製糖用の原料糖と直消糖に分かれたが，直消糖には含蜜糖と分蜜糖が含まれ，含蜜糖には赤糖以外にも製糖工程で抽出される白下糖も含まれた。なお，分蜜糖としては中双・赤双等の粗糖のみならず精製糖に近い品質を有する耕地白糖も直消糖として重要な地位を占めていた。

　耕地白糖とは和蘭標本色相という純白度・糖度の分類で最高ランクに位置づけられる精製糖に外見上は似た砂糖で，精製糖のように2段階の加工プロセスを経ないことからコスト的にも精製糖より有利であり，消費税も低いことから格安な精白糖として1930年代以降消費量を大きく伸ばしていった。図1と図2において見られた30年代中期以降の拡大傾向も耕地白糖によって牽引された側面が大きかった[8]（後出第1章図12参照）。

　ここで用途上の分類について注意を要する点が2つある。1つは，同じ粗糖一番糖であっても精製糖用の原料糖と直消糖の中双へと用途によって分かれたという点である。言い換えるならば，粗糖は原料糖だけを意味するのではなく直消糖も含まれていたのである。いま1つは，直消糖には家庭で消費される砂糖だけではなく菓子や清涼飲料水の原料も含まれていたという点であり，原料糖とはあくまでも精製糖用の原料に限定して用いられた点に注意したい。

2　「心臓部」としての原料甘蔗

　近代製糖業の特徴を概観するとき，分蜜糖生産にとって原料甘蔗の調達が

表1　分蜜糖生産コストの推移　　　　　　　　（1担当たり，円）

	原料関係				製造費	営業費	販売費	合計
	原料代	原料諸費	計	割合(%)				
1910–14年平均	2.60	0.85	3.45	56.3	1.01	1.51	0.60	6.56
1915–19年平均	3.76	1.20	4.96	55.4	1.02	1.33	1.04	8.35
1920–24年平均	6.29	2.56	8.86	61.5	1.65	3.00	1.06	14.56
1925–29年平均	4.80	2.12	6.91	66.2	1.26	1.45	0.83	10.45
1930–34年平均	3.06	1.09	4.15	60.9	0.74	1.06	0.82	6.77
1935–39年平均	3.82	0.64	4.46	57.8	1.10	1.12	1.06	7.73
平均	4.06	1.41	5.46	59.7	1.13	1.58	0.90	9.07

（出所）台湾総督府『第十四統計』94頁，『第二十九統計』104頁より作成。

いかに重要な地位を占めていたのかをまず指摘すべきであり，その重要性は2つの点から確認することができる。1つが分蜜糖の生産コストに及ぼす影響の大きさである。1担当たりの分蜜糖生産コストの推移を示した表1によると，1910-39年の平均で製造費1.13円，営業費1.58円，販売費0.9円に対し，合計9.07円のうち原料関係費が5.46円，59.7％を占めていた。最も割合の低い15-19年平均の55.4％から最も高い25-29年の66.2％までバラツキはあるものの概ね6割前後のコストを原料甘蔗関係が占めており，製糖会社としてはこの調達コストをいかに抑えるかがライバル企業に対する競争優位を獲得するうえで重要なポイントとなった。

いま1つは分蜜糖生産量と甘蔗収穫量の関係である。両者の推移を示した図2に再び目をやると，甘蔗収穫量と分蜜糖生産量はほぼ同じようなトレンドを辿っており，原料甘蔗の収穫量が分蜜糖の生産量を規定していたことが見て取れる。そこで分蜜糖生産を安定させるうえで甘蔗収穫量の安定がいかに重要であるかを確認するため，1912-13年と33-34年の2つの局面を見ていきたい。前者は2年連続して台湾を襲った大暴風雨により甘蔗収穫量が減少し分蜜糖生産量も減少した局面である。一方，29年に自給自足を達成して以降増収傾向は続き，32年の大増収により分蜜糖価格の下落を危惧した糖業連合会メンバー各社が2年にわたって産糖調節を実施したのが後者の局面であった。

台湾では甘蔗と米が二大作物であり，製糖場取締規則（1905年6月）第3

条には原料採取区域で栽培する甘蔗は区域内の工場[9]が買い上げるものの甘蔗以外の栽培を禁止してはいなかった。

「台湾総督ハ製糖場ノ設立又ハ変更ノ許可ヲ与ヘタル場合ニハ其原料採取区域ヲ限定スヘシ　原料採取区域内ニ於テハ台湾総督ノ許可ヲ受ケスシテ在来ノ構造ニ依ル糖廍ヲ設立スル事ヲ得ス　原料採取区域内ノ甘蔗ハ台湾総督ノ許可ヲ受ケスシテ之ヲ区域外ニ搬出シ若ハ砂糖以外ノ製造用原料ニ供スルコトヲ得ス」[10]と。

そのためいかなる農作物を栽培するのかという選択権は農民側にあり，農民としては収益性の高い農作物の栽培を選択したのである。こうした選択の結果を端的に示したのが1918-20年の米価高騰局面であり，原料甘蔗をより安く安定して調達したい製糖会社にとっては米糖相剋は大きな制約条件となった。そして，農民心理を巧みに利用したのが33・34年の産糖調節であり，分蜜糖生産量を減少させる最も簡単な方法は買収価格や各種奨励金を引き下げ甘蔗を栽培するモチベーションを下げることであった。

3　原料採取区域の多様性

分蜜糖生産の「心臓部」と位置づけられる原料甘蔗の7割以上を一般農民からの買収に依存しなければならなかった製糖会社にとって（後出第1章表9参照），個々の工場が位置する原料採取区域の地理的環境はきわめて重要な意味を持った。そこで近代製糖業最大の制約条件であった米糖相剋とも関係する採取区域の多様性について，1922年末段階の採取区域を示した章末の参考地図を参照しながら明らかにしたい。

まず台湾全体の栽培傾向を確認しておくと，米の作付面積（1921-40年平均）は北部38.7％，中部23.9％，南部34％，東部3.3％，甘蔗の作付面積（同平均）は北部8.4％，中部22.3％，南部64.2％，東部5.1％という地域分布となっており[11]，北部に行くほど米作が南部に行くほど甘蔗作がそれぞれ盛んであり，南部でも米作が盛んとなる蓬莱米の登場後も変わりなかった[12]。要は，米と甘蔗の割合が拮抗する中部や米作割合の高い北部の原料採取区域において甘蔗を栽培することは，米との栽培競合問題である米糖相剋との対峙を余儀なくされることを意味していた。

米糖相剋は中部以北において深刻である点を念頭に置いて参考地図を鳥瞰するとき，山地が3分の2を占め平地が限られていた台湾にあって，西部を中心に原料採取区域が配置されていたことがまずわかる。そして，パイオニア台湾製糖の採取区域が甘蔗栽培に最も有利な南部高雄州を中心に分布する一方で，進出が後れるほど中北部の採取区域を所有することを強いられたことも同地図は示している。その典型が四大製糖のなかで最後発だった大日本製糖であり，同社が原料を安定して調達していくうえで米糖相剋という制約条件を克服することは不可避な課題となった。

　そこで原料採取区域ごとの田畑別栽培割合を検討するため，工場ごとの甘蔗作付面積に占める割合を示した表2と表3によって米糖相剋の影響が大きかった採取区域を確認しておきたい。1929年末の甘蔗作適地の割合を示した表2のうち50％以上が田（以下，両期作田，単期作田，輪作田の合計）である区域に目をやると，18区域の多くは米糖相剋が深刻な中部以北に位置していた（章末参考地図参照）。

　その一方で，台湾製糖の後壁林や旗尾に代表される甘蔗栽培が盛んであった南部に位置する原料採取区域も18区域には含まれており[13]，米糖相剋は中部以北に限られたものではなかったことを示している。また，畑の割合が8割以上と高い割合を示している採取区域が11区域存在しており，後に表6で言及する明治製糖の蕭壠と大日本製糖の北港は畑だけで占められていたことから水田奨励は必要なかったことをあらかじめ押さえておきたい。

　続いて表3の1936年末の甘蔗作適地に検討を加えていくと，適地の過半を田が占める原料採取区域は27区域へとさらに増加している。なかでも7割を超える区域が14存在しその半分を輪作田が占めていることから，嘉南大圳の完成にともなう三年輪作の普及が大きな意味を持った（図3参照）。かつては看天田や塩分地の問題から米作に不向きとされていた採取区域にあっても，嘉南大圳完成後の三年輪作のおかげで甘蔗作適地は見違えるほど増加した。

　また，同表は山畑において甘蔗作適地が増加したことも示しており，台湾製糖の埔里社[14]のように山手地域に位置する原料採取区域では適地を拡張する意味でも山畑の開墾は不可避なものとなった。なお，先述した明治製糖の蕭壠と大日本製糖の北港に両社の蒜頭，龍巌と台湾製糖の三崁店を加えた5区域に

表2 甘蔗作適地の田畑別割合（1929年）　　　　　（％）

		両期作田	単期作田	畑
台湾製糖	橋仔頭 第1・第2	0.7	23.7	75.6
	後壁林	61.8	4.5	33.7
	阿緱	26.2	14.5	59.3
	東港	20.9	11.3	67.8
	車路墘	2.3	11.9	85.8
	湾裡 第1・第2		21.3	78.7
	三崁店	0.2	15.1	84.7
	埔里社	26.8	35.2	38.0
	台北	63.5		36.5
	旗尾	52.6		47.4
	恒春	14.6	60.9	24.5
新興製糖	山仔頂	4.3	6.0	89.7
明治製糖	総爺		4.4	95.6
	蕭壠			100.0
	烏樹林	12.0	44.3	43.7
	南靖	21.7	43.4	34.9
	蒜頭	0.03	9.3	90.7
	南投	43.2	9.1	47.7
	渓湖	48.2		51.8
台東製糖	第1・第2	8.9	18.1	72.9
大日本製糖	虎尾 第1・第2		9.6	90.4
	斗六	11.4	40.1	48.5
	北港		0.1	99.9
	月眉	82.7		17.3
	烏日	50.8	1.3	47.9
新高製糖	彰化 第1・第2	84.5		15.5
	嘉義	15.9	32.3	51.8
昭和製糖	宜蘭 第1・第2	58.5		41.5
	玉井		9.6	90.4
新竹製糖	苗栗	80.8		19.2
沙轆製糖	沙轆	13.8		86.2
帝国製糖	台中 第1・第2 潭仔墘	84.0		16.0
	中港	64.4		35.6
	新竹	72.5	6.0	21.5
塩水港製糖	新営		43.6	56.4
	岸内 第1・第2		18.1	81.9
	花蓮港 寿	24.4	1.0	74.6
	同　大和	34.5	6.6	58.9
	渓州	66.8		33.2

（注）甘蔗作適地の田畑合計面積に占める両期作田，単期作田，畑それぞれの割合を示している。
（出所）台湾総督府『第十九統計』4-7頁より作成。

表3 甘蔗作適地の田畑別割合（1936年） (%)

		両期作田	単期作田	輪作田	平畑	山畑
台湾製糖	橋仔頭 第1・第2	9.9	31.8		55.7	2.6
	後壁林	73.3	1.0		22.3	3.4
	阿緱	40.4	13.9		45.3	0.4
	東港	27.7	15.8		56.5	
	車路墘	5.4	14.8	5.9	73.6	0.3
	湾裡 第1・第2	2.7	13.2	46.1	29.9	8.1
	三崁店	0.5	0.5	83.1	15.9	
	埔里社	25.2	24.4		9.1	41.3
	台北	66.9			13.6	19.5
	旗尾	45.5	17.8		29.0	7.7
	恒春	23.0	22.9		36.2	17.9
新興製糖	山子頂	34.9	12.0		32.4	20.7
明治製糖	総爺	1.5		78.4	20.1	
	蕭壠		0.1	81.2	18.7	
	烏樹林	27.0	17.3	23.1	27.1	5.5
	南靖	34.4	28.4	5.5	25.2	6.5
	蒜頭		4.1	85.5	10.4	
	南投	35.5	2.5	3.4	9.1	49.5
	渓湖	53.7			46.3	
台東製糖	第1・第2	33.5	0.1		63.7	2.7
大日本製糖	虎尾 第1・第2	26.4	6.6	48.6	18.4	
	龍巌	2.4	0.2	86.9	10.5	
	斗六	18.7	29.7		50.1	1.5
	北港	0.5		77.6	21.9	
	月眉	87.7	0.5		10.1	1.7
	烏日	61.1			3.2	35.7
	大林	16.0	43.4	5.3	24.6	10.7
	彰化	83.5			7.3	9.2
昭和製糖	宜蘭 第1・第2	87.1			10.8	2.1
	玉井		25.5		57.6	16.9
	苗栗	48.8	2.7		8.7	39.8
	沙鹿	40.7	0.4		0.3	58.6
帝国製糖	台中 第1・第2 / 同 潭仔	74.2			19.8	6.0
	竹南	29.9	5.0		14.4	50.7
	新竹	37.5	14.4		16.5	31.6
	崁子脚（未設）	55.6	1.4		26.6	16.4
塩水港製糖	新営 第1・第2	0.4	28.9	40.0	21.9	8.8
	岸内 第1・第2		7.8	72.1	20.1	
	花蓮港 寿	33.4	2.4		61.4	2.8
	同 大和	33.4	3.9		53.2	9.5
	渓州	77.5			22.5	

（注）昭和製糖宜蘭第1は休止中である。以下，すべての表において三五公司源成農場を省略する。
　　なお，その他の注は表2に同じ。
（出所）台湾総督府『第二十六統計』6-9頁より作成。

III 近代製糖業の概観

表4 田畑別甘蔗収穫量割合の推移 (％)

		1930-35年平均			1936-40年平均		
		両期作田	単期作田	畑	両期作田	単期作田	畑
台湾製糖	橋仔頭第1・第2	1.0	23.9	75.1	6.3	41.7	52.0
	後壁林	50.4	-	49.6	65.1	4.8	30.1
	阿緱	9.2	12.5	78.3	28.2	18.7	53.1
	東港	7.5	18.7	73.8	21.9	23.7	54.4
	車路墘	0.9	9.5	89.6	6.3	19.8	73.9
	湾裡第1・第2	0.1	15.7	84.2	2.2	56.8	41.0
	三崁店	0.1	12.7	87.2	1.4	68.8	29.8
	埔里社	1.8	53.8	44.4	3.1	46.7	50.2
	台北	39.7	-	60.3	36.9	-	63.1
	旗尾	20.0	13.2	66.8	21.7	19.0	59.3
	恒春	8.2	35.3	56.5	8.8	22.4	68.8
	平均	10.5	15.1	74.4	18.2	32.3	49.5
新興製糖	山仔頂	2.7	5.2	92.1	35.7	14.3	50.0
明治製糖	総爺	-	-	100.0	-	36.4	63.6
	蕭壠	-	-	100.0	-	35.2	64.8
	烏樹林	4.8	48.1	47.1	8.8	56.6	34.6
	南靖	14.4	28.3	57.4	22.4	38.6	39.0
	蒜頭	-	6.7	93.3	-	27.3	72.7
	南投	31.1	12.8	56.1	39.7	4.2	56.1
	渓湖	30.3	-	69.7	57.7	-	42.3
	平均	11.5	12.2	76.3	21.5	26.3	52.2
台東製糖	卑南	11.8	12.1	76.1	15.7	4.7	79.6
大日本製糖	虎尾第1・第2	4.6	-	95.4	22.8	4.5	72.7
	龍巌				0.1	-	99.9
	斗六	0.9	29.9	69.2	4.3	34.8	60.9
	北港	-	8.3	91.7	-	50.4	49.6
	月眉	93.2	-	6.8	84.3	-	15.7
	烏日	55.9	-	44.1	65.0	-	35.0
	平均	14.3	5.0	80.7	25.9	18.0	56.1
新高製糖	彰化	88.1	-	11.9	87.7	-	12.3
	嘉義（→大林）	11.3	32.3	56.4	13.7	47.8	38.5
	平均	52.0	14.4	33.6			
昭和製糖	宜蘭第2（→二結）	71.4	-	28.6	81.3	-	18.7
	玉井	4.1	9.6	86.3	-	20.9	79.1
	平均	38.3	4.1	57.6	40.8	5.4	53.8
新竹製糖	苗栗	58.9	2.4	38.7	47.0	0.4	52.6
沙轆製糖	沙轆（→沙鹿）	22.8	-	77.2	42.2	-	57.8
帝国製糖	台中第1・第2	84.9	-	15.1	80.2	-	19.8
	潭仔（→潭子）						
	中港（→竹南）	23.7	3.7	72.6	6.4	7.0	86.6
	新竹	56.9	17.2	25.9	39.1	5.1	55.8
	崁子脚				47.3	6.2	46.5
	平均	75.0	3.0	22.0	64.6	1.8	33.6
塩水港製糖	新営第1・第2	-	7.7	92.3	5.6	42.8	51.6
	岸内第1・第2	-	10.3	89.7	0.4	23.6	76.0
	寿	5.0	0.3	94.7	19.2	0.6	80.2
	大和	10.6	1.0	88.4	18.5	1.7	79.8
	渓州	49.9	-	50.1	63.4	-	36.6
	平均	15.7	4.5	79.8	23.9	17.5	58.6
全体平均		20.6	9.1	70.2	26.2	21.4	52.4

(注) 空欄は工場が存在しないこと、「-」は該当項目が存在しないことをそれぞれ意味し、会社平均は「-」を0として算出している。製糖工場と製糖会社は1930年段階を基準とし、その後加わった龍巌（大日本製糖）、新営第2（塩水港製糖）、崁子脚（帝国製糖）は所属している段階の製糖会社に含めている。所有会社が『統計』で変化する年は新竹製糖→昭和製糖と沙轆製糖→昭和製糖が1934年、新高製糖→大日本製糖が35年、昭和製糖→大日本製糖が39年になっており、それ以降の平均は新しい会社に含まれる。

(出所) 台湾総督府『第十九統計』22-23頁、『第二十二統計』26-27, 32-33, 38-39頁、『第二十四統計』38-39頁、『第二十六統計』26-27, 32-33, 38-39頁、『第二十九統計』26-27, 32-33, 38-39頁より作成。

ついては，嘉南大圳による輪作田が8割前後という高い割合を占めつつも残りはほとんど畑であったことから，水田奨励に配慮する必要はないという特殊事情を継続させていく（後出表6参照）。

次に，田畑いずれの地目における甘蔗収穫量が実際に多いのかを確認すべく田畑別収穫量の割合を示した表4を見ていくと，表2・表3と同様の傾向が確認できる一方で両表とは異なる点も見られる。具体的には（単位：％），台湾製糖の台北39.7→36.9，新竹製糖の苗栗61.3→47.4，大日本製糖の月眉93.2→84.3，帝国製糖の台中第1・第2及び潭仔（潭子）84.9→80.2，新竹74.1→44.2とそれぞれ減少しているように田に占める甘蔗収穫量の割合が減少する原料採取区域も散見される。これは蓬莱米が1930年代後半にかけていっそう普及し全島的に米糖相剋が深刻化していくなか，米価比準法をはじめとした様々な水田における甘蔗栽培奨励策を講じていった結果に他ならない（後出表6参照）。

4 米糖相剋への対応

選択の自由を与えられた農民から安定して原料を調達しなければならなかった製糖会社には，彼らに甘蔗を栽培してもらうためのインセンティブを与えねばならず，原料代と割増金の引き上げや様々な形での各種奨励金の付与といった諸方策を講じる必要があった。そして，近代製糖業最大の難題であった米糖相剋は原料採取区域が位置した特殊地理環境もあいまってまさに重層的に横たわっていたのである。

水田奨励とともに米糖相剋対策として着目したいのが，製糖会社が甘蔗を栽培する農民に付与した原料栽培資金前貸し[15]である。同前貸しがいかに機能したのかを確認するため，耕作資金，肥料代，蔗苗代，その他の内訳を整理した表5を見ていきたい。まず，1930-35年の全体平均で42.6％，48.6％と前貸しの主要部分を占める耕作資金と肥料代の割合を見ていくと，耕作資金が過半を占めるのは36-40年にかけて7区域から9区域へと増加したのに対し，肥料代が過半を占めるのは19区域から23区域へと増加し全41区域のうち20の採取区域で肥料代への比重が大きくなっている。

また，台湾製糖のように水田奨励の必要性が低かった区域においても，後壁

表5　原料栽培資金前貸し内訳の推移　　　　　　　　　　　　　　（％）

		1930-35年平均				1936-40年平均			
		耕作資金	肥料代	蔗苗代	その他	耕作資金	肥料代	蔗苗代	その他
台湾製糖	橋仔頭第1・第2	30.8	69.2	-	-	22.1	77.9	-	-
	後壁林	11.0	81.6	7.4	-	19.9	80.1	-	-
	阿緱	23.7	66.9	9.4	-	39.6	60.4	-	-
	東港	38.9	61.1	-	-	42.6	57.4	-	-
	車路墘	23.8	76.2	-	-	28.6	71.4	-	-
	湾裡第1・第2	27.9	72.1	-	-	33.4	66.6	-	-
	三崁店	39.9	60.1	-	-	37.2	62.8	-	-
	埔里社	40.1	49.6	10.3	-	56.3	43.7	-	-
	台北	47.8	37.5	14.8	-	38.4	50.4	11.2	-
	旗尾	41.0	59.0	-	-	38.5	61.5	-	-
	恒春	30.0	41.0	29.0	-	31.3	68.7	-	-
	平均	31.5	64.1	4.4	-	35.3	64.1	0.6	-
新興製糖	山仔頂	8.4	72.2	10.0	9.5	8.4	47.3	7.8	36.5
明治製糖	総爺	31.9	48.0	16.2	4.0	37.6	45.4	12.0	5.0
	蕭壠	30.8	50.7	15.6	2.9	32.7	52.1	13.8	1.4
	烏樹林	27.5	39.5	7.6	25.5	26.3	51.2	10.4	12.1
	南靖	26.0	48.9	2.5	22.6	22.0	50.2	10.1	17.7
	蒜頭	28.2	51.1	8.9	11.8	31.8	50.6	10.8	6.8
	南投	19.8	72.4	2.8	5.0	26.7	64.2	2.0	7.1
	渓湖	46.9	38.9	14.0	0.2	35.0	29.1	16.9	19.0
	平均	32.7	48.0	10.4	8.9	30.7	45.3	12.1	12.0
台東製糖	卑南	58.7	23.2	11.6	6.5	51.9	23.5	7.2	17.4
大日本製糖	虎尾第1・第2	45.8	52.1	2.1	-	47.0	50.6	2.4	0.0
	龍巌					47.0	51.8	1.3	-
	斗六	47.0	46.6	2.9	3.5	44.8	55.2	-	-
	北港	43.6	52.8	1.9	1.6	37.5	54.6	1.6	6.3
	月眉	58.6	35.3	6.1	-	29.5	37.1	5.7	27.8
	烏日	27.2	50.1	7.4	15.4	12.5	33.8	6.0	47.7
	平均	46.1	49.2	3.0	1.7	43.0	45.2	4.9	6.9
新高製糖	彰化	59.4	32.4	8.3	-	60.9	29.3	9.8	-
	嘉義（→大林）	41.4	46.9	11.7	-	38.8	48.2	13.0	-
	平均	54.1	38.6	7.3	-				
昭和製糖	宜蘭第2（→二結）	49.9	39.5	10.6	-	49.2	41.9	8.8	-
	玉井	38.1	60.3	1.6	-	43.5	55.9	0.6	-
	平均	46.4	44.6	8.7	0.2	47.7	40.5	7.5	4.4
新竹製糖	苗栗	57.0	31.5	5.9	5.5	50.8	32.3	7.0	9.9
沙轆製糖	沙轆（→沙鹿）	12.4	67.8	16.1	3.7	39.0	41.3	11.1	8.6
帝国製糖	台中第1・第2	57.4	37.4	5.2	-	57.1	35.8	7.0	-
	潭仔（→潭子）								
	中港（→竹南）	37.0	53.9	9.1	-	30.3	59.9	9.7	-
	新竹	57.5	40.1	2.4	-	52.0	41.1	6.9	-
	崁子脚					49.5	39.8	10.7	-
	平均	53.9	41.0	5.0	-	51.6	40.8	7.5	-
塩水港製糖	新営第1・第2	47.0	49.3	3.4	0.2	57.5	37.6	5.0	-
	岸内第1・第2	45.4	48.4	5.6	0.6	39.6	54.0	6.4	-
	寿	56.4	34.6	9.0	-	50.8	43.8	5.4	-
	大和	47.9	43.9	8.2	-	53.1	46.9	-	-
	渓州	44.3	55.7	-	-	41.2	58.8	-	-
	平均	46.9	48.7	4.2	0.2	49.2	47.2	3.6	-
全体平均		42.6	48.6	6.0	2.8	40.6	46.9	6.3	6.2

（注）塩水港製糖新営の1938年までは第1のみの割合である。なお，その他の注は表4に同じ。
（出所）台湾総督府『第十九統計』74頁，『第二十統計』72頁，『第二十一統計』72頁，『第二十二統計』72頁，『第二十三統計』74頁，『第二十四統計』72頁，『第二十五統計』72頁，『第二十六統計』72頁，『第二十七統計』72頁，『第二十八統計』72頁，『第二十九統計』72頁より作成。

林81.6％，80.1％，車路墘76.2％，71.4％を筆頭に肥料面での原料栽培資金前貸しが重要な地位を占めていた。米糖相剋の深刻さに関係なく限られた甘蔗作適地から少しでも多くの甘蔗を収穫するには質的増産が不可欠であり，そのための施肥奨励策の意味も込めた栽培資金前貸しであった。なお，明治製糖ではその他の割合が高いのも特徴となっており，独自の意味あいを同前貸しに見出していた。

次に，米糖相剋への対応の中核を担った水田の甘蔗栽培奨励策に検討を加えるべく水田奨励を整理した表6を見ていくと，同表は大きく2つの時期に区分することができる。第1の時期は水田奨励や水田への優遇を中心に採用される1941年までであり，米価比準法の導入は明治製糖の南投，渓湖，大日本製糖の月眉，烏日，新高（大日本）製糖の彰化，昭和（大日本）製糖の宜蘭（二結），新竹（昭和，大日本）製糖の苗栗，沙轆（昭和，大日本）製糖の沙轆（沙鹿），帝国（大日本）製糖の台中，潭仔（潭子），中港（竹南），新竹といった中部以北の米糖相剋が深刻な原料採取区域に限定されていた。

一方，1939年5月の台湾米穀移出管理令と10月の台湾糖業令の公布を受け[16]，大部分の原料採取区域において水田奨励が米価比準法という形で一本化された42年以降が第2の時期である。なお，●印には2つの時期とも水田奨励金以上に水田集団奨励金が多く採用されており，水田において甘蔗栽培をまとまった形で奨励するための施策として有効に機能していた。

製糖会社別に表6を比較していくと，多くの製糖会社が米糖相剋との対峙を余儀なくされていたのとは対照的に，甘蔗栽培に最も適した原料採取区域を構えていた台湾製糖の特異性が際立っている。同社で水田奨励が確認できるのは1933年までの北部の台北と中部の埔里社だけであり，南部台南州と高雄州に位置する大部分の採取区域においては米糖相剋の影響が相対的に少なかったうえに，社有地を活用した広大な自営農園において3割の原料甘蔗を調達できたため（後出第1章表9参照），蓬莱米が普及していく30年代にあっても安定した原料供給を実現できたことが最大の特徴であった。なお，中部以北の台北と埔里社における水田奨励が姿を消したかに見えるが，第6章で検討を加える甘蔗買収価格に割増金や植付奨励金という形で上乗せしたのであった（後出表46・表47参照）。

Ⅲ 近代製糖業の概観

表6 水田への甘蔗作奨励の推移

		1930年	1931年	1932年	1933年	1934年	1935年	1936年	1937年	1938年	1939年	1940年	1941年	1942年	1943年	1944年
台湾製糖	橋仔頭													○	●○	○
	後壁林													○	●○	○
	阿緱													○	●○	○
	東港													○	●○	○
	車路墘													○	●○	○
	湾裡													○	●○	○
	三崁店													○	●○	○
	旗尾													○	●○	○
	恒春													○	●○	○
	埔里社	○	○	●	○									○	●○	○
	台北		●○	●○										○	●○	○
新興製糖	山仔頂(→大寮)	◎	◎	○			●	○	○	○	○	○	○	●○	●○	○
明治製糖	総爺													○	●○	○
	蕭壠															
	烏樹林	●	●○	●○		○	○							○	●○	○
	南靖	○	●○	●○		○				●	●	●	●	○	●○	○
	蒜頭			●				○	●	●	●	●	●	○	●○	u.a.
	南投		●	●○	●	●○	●○	●○	●○	●○	●○	●○	●	○	●○	○
	渓湖		●	●○			●○	●○	●○	●○	●○	●	●	○	●○	○
台東製糖	卑南								●○	●○	●○	●○	●○	○	●○	○
大日本製糖	虎尾							●	●	●	●	●	●	●	●○	●○
	龍巌															
	北港															
	斗六	●											●	●	●○	●○
	月眉		○	●○	●○	●○	○	○	○	○	○	●	●	●○	●○	●○
	烏日	●○	●○	●○	●	●	●○	●○	●○	●○	●○	●○	●○	●○	●○	●○
新高製糖	彰化	○			○									○	●○	○
	嘉義(→大林)	●○	●	●○	●	●	●	●	●					○	●○	○
昭和製糖	宜蘭(→二結)	●	●○	○										○	●○	○
	玉井													○	●○	○
	竹山	-												○		○
	大湖	-										○	○	○		○
新竹製糖	苗栗		○	○	○	○	○	●○	●○	○	●○	○	○	○	●○	○
沙轆製糖	沙轆(→沙鹿)	○		○			○	○	●	○				○		○
帝国製糖	台中		●○	○			○	○	○	○	○	○	○	○	○	○
	潭仔(→潭子)		●○	○				○	○	○	○	○	○	○	○	○
	中港(→竹南)	●○												○	○	○
	新竹	●○												○	○	○
	崁子脚	-												○		○
塩水港製糖	新営													○		○
	岸内													○		○
	花蓮港(寿・大和)						●							○	○	○
	渓州	●○	●	●○	●	●	●○	○	●	●	○			○		○

(注) ●印は水田奨励金，水田集団奨励金，○印は買収価格（割増金を含む），植付奨励金，その他奨励金，耕作資金貸付等の田への優遇をそれぞれ示しており，濃い網掛けは甘蔗買収価格（割増金を含む）に米価比準法が，薄い網掛けはそれ以外に米価比準法が採用されている。所属会社は1930年段階のものであり，新竹製糖と沙轆製糖は36年から昭和製糖，新高製糖は37年から大日本製糖，昭和製糖は42年から大日本製糖，帝国製糖は43年から大日本製糖，新興製糖は44年から台湾製糖にそれぞれ掲示されており，実際の合併年とはズレている。なお，44年の明治製糖蒜頭の買収価格は記載されていなかった。

(出所) 台湾糖業研究会編［1928-42］より作成。

同様に自営農園からの調達割合が6割近くを占めて大きかったのが帝国製糖であり，原料甘蔗の安定供給という至上命題をめぐって台湾製糖とは異なる事情を抱えていた。1917-21年，22-26年，27-31年，32-36年，37-40年の各平均で，台湾製糖が18.5％，34％，36.3％，37.9％，30％と17-21年を除き30％以上の安定した割合を維持していたのに対し（後出第1章表9参照），帝国製糖では61.7％，64.6％，52.7％，57.3％，44.1％と減少傾向にあり[17]，自作原料の割合の高さだけでは語り尽くせない事情が横たわっていた。すなわち，米糖相剋が深刻な中部以北にすべての原料採取区域を構えていた帝国製糖の場合，台湾製糖のような社有地ではない小作地の自営農園における栽培が大部分のため，米糖相剋が大きく影を落とし予断を許さない状況へと追いやられたのである。事実，表6の水田奨励を見ても44年の崁子脚を除き37年以降すべての採取区域で米価比準法が導入された。

　また，水田奨励と並んで米糖相剋対策として有効であったのが米価比準法である。明治製糖の蕭壠，大日本製糖の龍巖，北港を除くすべての原料採取区域に導入される1942年以降とは異なり，41年までに比準法を導入したのは16区域と限定されていた。なかでも注目すべきは，30年や31年といったきわめて早い段階で比準法を導入していた大日本製糖の月眉（第6章史料2参照），烏日，新高製糖の嘉義，昭和製糖の宜蘭，帝国製糖の台中，潭仔（潭子）であり，月眉と烏日を除く4区域では甘蔗買収価格それ自体に比準法が導入されていた。一方，台湾米穀移出管理令により比準法の基準となる米価が事前に明示できることで42年以降一気に普及するに至ったのだが，ここでは基準が明示されていない第1の時期においても比準法を導入せざるを得なかった中部以北の特殊事情に着目したい。

　表6について最後に指摘しておきたいのは，台湾製糖含め米価比準法が全面的に導入された第2の時期にあっても比準法のみならず水田奨励さえも採用していない3つの原料採取区域が存在した事実である。先に言及した明治製糖の蕭壠，大日本製糖の龍巖，北港はいずれもが畑と輪作田によって占められる台南州の採取区域であり，米糖相剋が問題となる単期作田ないし両期作田が存在しなかったことが水田奨励に配慮する必要のない理由であった[18]。

　嘉南大圳の完成によって三年輪作パターンが確立するわけだが，そもそも田

Ⅲ　近代製糖業の概観

図3　地目別主要輪作パターン

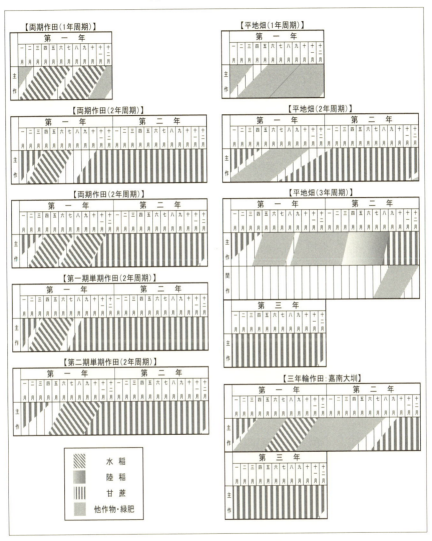

(注) 1936年1月から3ヶ月間にわたり台湾総督府殖産局が実施した「耕種組織調査」を集計した562パターンの輪作方式のなかから甘蔗作をめぐる輪作方式を理解するうえで重要と思われる典型的な輪作パターンを選び出したが，平地畑以外にも間作が行われていたパターンは少なからず存在した。なお，他作物には甘藷・落花生・豆類・黄麻などが含まれる。

(出所) 台湾総督府殖産局［1937］53，74，80，129，147，199，255，269，303頁より作成。

畑において甘蔗がどのような形で栽培されていたのであろうか。主要輪作パターンに限定して整理した図3からも明らかなように，1年周期の両期作田・平地畑と掲載されていない単期作田を除き甘蔗作が米作その他と共存する方法こそが注目すべき輪作方式であり，その典型パターンが三年輪作であった。とはいえ同図のパターンはあくまでも甘蔗を含めた輪作の可能性を示したにすぎず，必ず輪作が行われるという確証もなければ甘蔗が輪作の一翼を担うという確証も製糖会社側にはなかった。言い方を換えるならば，嘉南大圳を除く原料採取区域では三年輪作の可能性が大きく広がったことを意味するにすぎず，実際に甘蔗作が実施されるためには製糖会社側の様々な甘蔗奨励策が不可欠であったのである。

まず図3の両期作田から見ていくと，1年周期のものが典型的な両期作田の輪作パターンであり，第一期・第二期の水稲作の合間に他の作物を栽培するものの緑肥や甘藷・小麦などの作物を栽培するケースが多かったようである。この基本パターンを軸に甘蔗作との輪作パターンを両期作田に見ていくと，18ヶ月を要する甘蔗作の性質上2年以上の周期がその対象となる。具体的には，単期水稲作と甘蔗作の輪作パターンと両期水稲作と甘蔗作のパターンの2つが存在したが，ここで注目したのは先の1年周期のケースと両期水稲作との輪作に確認できる前作物の収穫と次期作物の植付を同時に進行させるパターンである。

これら2パターンでは米の収穫が行われる一方で他の作物や甘蔗の植付が同時進行的に実施され，短期間に複数作物を栽培させるために欠かせない方法であった。両期作田の場合と同様に単期作田においても2年周期のパターンで甘蔗作との輪作は可能であり，第一期水稲作・第二期水稲作いずれとの輪作を行うかによって甘蔗作の植付と収穫の時期が異なっていた。また，甘蔗の植付時期に近接した第二期単期作田の場合では前作物の収穫と同時併行的に次の植付が行われていた。

こうした水田における輪作を最も機能的かつ計画的に実施したのが1930年3月にスタートした嘉南大圳であり[19]，この本格的な水利施設の完成によって甘蔗作・米作・雑作の大規模な三年輪作[20]が可能となっていく。その典型的な輪作パターンが同図の緑肥－水稲－甘藷－甘蔗であり，緑肥と水稲，水稲と

甘藷において収穫と植付の同時併行作業が行われた。

5　3度の業界再編

近代製糖業の歴史は3度の業界再編を経て四大製糖と称される台湾製糖，明治製糖，大日本製糖，塩水港製糖へと収斂していく歴史であった。そこで当該業の3度にわたる業界再編について触れておきたい。具体的には，第1次世界大戦前後の第1次再編を1921年段階に，金融恐慌による台湾銀行の動揺から鈴木商店の倒産を中心とする第2次再編を28年段階に，戦時体制のもと四大製糖体制が確立していく第3次再編を44年段階に，図4の四大製糖の分蜜糖生産能力の推移によってそれぞれ確認していきたい。

第1次再編についてだが，1915年までに29社が創業したものの相次ぐ合従

図4　四大製糖の分蜜糖生産能力の推移

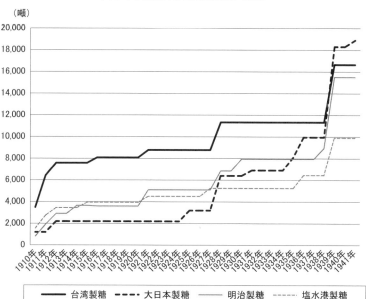

（注）出所は各年初頭段階となっており，例えば1931年3月段階は31年に含めている。なお，分蜜糖生産能力は英・米噸を合算して表示し，稼働していない工場は除外している。

（出所）台湾総督府『統計 大正九年』18-19頁，『統計』所収の「新式製糖場一覧表」各期版より作成。

連衡によって20年には12社まで集約されていく[21]。製糖能力（21年）は台湾製糖が群を抜いて大きく明治製糖，塩水港製糖，東洋製糖，新高製糖の順で続き[22]，大日本製糖の製糖能力は台湾製糖8,780噸に遠く及ばない2,200噸，2工場とその地位は低く，パイオニア台湾製糖の優位性が持続したのは第1次再編により同社が5度の合併により5工場を傘下に収めた結果である[23]。また，東洋製糖，塩水港製糖と粗糖専業3社（台東製糖，林本源製糖，新興製糖）以外はすべて精粗兼業化へと踏み出すものの，耕地白糖については塩水港製糖3，東洋製糖2，台湾・新高・明治製糖各1の計8工場とパイオニア塩水港製糖と東洋製糖が先行する状況にあった[24]。

図5は第1次再編後に近代製糖業を支えた主要11製糖会社について，その後の合併・吸収関係とともに精粗兼業と耕地白糖の有無を示したものである。同図を見ながら第2次再編を検討していくと，近代製糖業に大きな再編をもたらしたのが1927年の金融恐慌であった。鈴木商店の倒産によって売却される

図5　近代製糖業の利害対立構図と合併・吸収関係

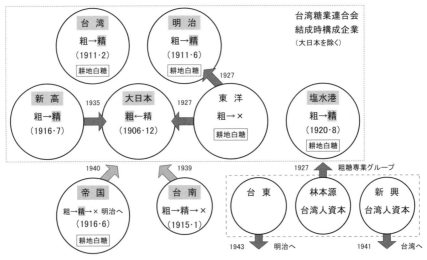

（注）1918年段階で存在した主要製糖会社のうち新竹製糖，沙轆製糖，三五公司は省略している。
　　　なお，会社名の網掛けは精粗兼業化（同年月），太矢印は合併・吸収関係と合併年をそれぞれ示している。
（出所）台湾総督府『統計』各年版を参考に筆者作成。

こととなった東洋製糖は2工場が明治製糖に売却されたのを除き大日本製糖に合併（10月），塩水港製糖の2工場が台湾製糖に売却（12月）という事態を招き，金融恐慌を前後する塩水港製糖の林本源製糖買収（2月），新高製糖経営権の大日本製糖への移動（7月），昭和製糖による台南製糖の事業継承（28年1月）といった動きとともに後の四大製糖体制への地ならしが着々となされていった[25]。この点を図4の28年段階に確認していくと，製糖能力における台湾製糖の優位性は変わらないものの，東洋製糖売却をめぐる明治製糖と大日本製糖の能力増加が顕著である。

以上，四大製糖体制が着実に形成されていったのが第2次再編であり，この点を金融恐慌前後の製糖能力と生産量を比較した表7によって確認すると，台湾・明治・大日本の上位3社の製糖能力と産糖高の占有率が著しく増加し，なかでも大日本製糖の増加が著しい。そして，四大製糖の占める割合は製糖能力では59.9％から74.2％に，産糖高では61.9％から76.2％にそれぞれ大きく伸び

表7 分蜜糖生産能力と生産量の比較

	分蜜糖生産能力（噸）				生産量（千担）			
	1927年3月	占有率(％)	1928年3月	占有率(％)	1927年	占有率(％)	1928年	占有率(％)
台湾製糖	8,780	23.6	10,330	27.7	1,802	26.9	2,378	25.0
明治製糖	5,100	13.7	6,850	18.4	867	12.9	1,880	19.7
塩水港製糖	5,250	14.1	4,050	10.9	874	13.0	1,209	12.7
東洋製糖	4,950	13.3	-	-	818	12.2	-	-
大日本製糖	3,200	8.6	6,400	17.2	613	9.1	1,796	18.8
新高製糖	3,050	8.2	3,050	8.2	530	7.9	670	7.0
帝国製糖	3,000	8.1	3,000	8.1	883	13.2	1,146	12.0
台南製糖	1,570	4.2	-	-	113	1.7	-	-
昭和製糖	-	-	1,570	4.2	-	-	214	2.2
新興製糖	850	2.3	850	2.3	87	1.3	101	1.1
新竹製糖	500	1.3	500	1.3	24	0.4	40	0.4
台東製糖	350	0.9	350	0.9	47	0.7	30	0.3
恒春製糖	350	0.9	-	-	12	0.2	-	-
沙轆製糖	300	0.8	300	0.8	40	0.6	65	0.7
合計	37,250	100.0	37,250	100.0	6,710	100.0	9,529	100.0
四大製糖	22,330	59.9	27,630	74.2	4,156	61.9	7,263	76.2

（出所）台湾総督府『第十五統計』6-9頁，『第十六統計』6-9, 82-85頁，『第十九統計』84頁より作成。

ている。

　精粗兼業化については，塩水港製糖（1920年）と台南製糖[26]が展開することで21年段階では台東製糖と新興製糖2社以外の7社すべてが兼業体制を整えるが，その後台南製糖は神戸工場を明治製糖に売却した（23年）。また，18年段階で塩水港製糖3，台湾製糖1の計4工場しか存在しなかった耕地白糖工場が4社10工場にまで増加した。具体的には，台湾製糖が車路墘，旗尾の2工場を追加，明治製糖は新たに3工場が追加されるが，なかでも東洋製糖が大日本製糖傘下に入るに際し明治製糖へと売却された烏樹林と南靖において耕地白糖が生産されていたことは，その原料採取区域の広大さとともに同社にとって大きな意味を持つことになった。そして，大日本製糖も同設備を有する斗六を27年10月の東洋製糖との合併によって傘下に収めたことで，四大製糖すべてが精粗兼業化と耕地白糖生産の双方を同時実現させたのもこの第2次再編期に他ならなかった。

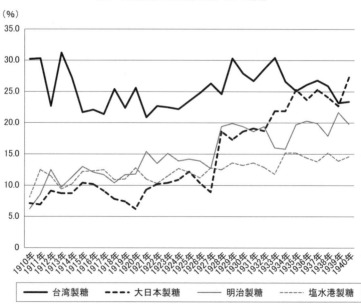

図6　四大製糖の分蜜糖生産シェアの推移

（出所）台湾総督府『第十七統計』82-89頁，『第二十統計』84-86頁，『第二十三統計』86-91頁，『第二十六統計』84-89頁，『第二十九統計』1，84-89頁より作成。

最後に，第3次再編を1943年段階によって確認していくと，最も注目されるのは大日本製糖の成長である。27年から同社が経営権を握っていた新高製糖を35年正式に合併し，その後も39年昭和製糖，40年帝国製糖と矢継ぎ早に大型合併を実現することで近代製糖業のパイオニア台湾製糖をついに凌駕したのであり，製糖能力面での逆転は39年段階ですでに確認できる（図4参照）。そして，新興製糖が台湾製糖へ（41年），台東製糖が明治製糖へ（43年）とそれぞれ合併され四大製糖体制が確立された。こうした大日本製糖の近代製糖業における躍進ぶりを分蜜糖生産量に占める四大製糖のシェアの推移を示した図6によって確認していくと，製糖能力を反映して40年にかけて大日本製糖がトップ企業となっている。

耕地白糖をめぐる動きについては，1930年段階で塩水港製糖3，台湾製糖3，明治製糖3，大日本製糖1の計10であった耕地白糖工場が，43年段階では大日本製糖11，台湾製糖7，塩水港製糖6，明治製糖5と合計29にまで増加するに至り[27]，合併効果も手伝って大日本製糖の伸びがなかでも際立ってい

表8　四大製糖の精白糖生産の推移

		耕地白糖		精製糖		
		工場数	生産量（千斤）	製造能力（噸）	工場数	生産量（千斤）
台湾製糖	1923年	1		200	2	111,025
	1930年	3	44,325	430	3	164,625
	1940年	6	132,923	430	3	104,093
大日本製糖	1923年	0		770	3	202,487
	1930年	1	14,019	1,510	5	225,923
	1940年	6	107,550	770	3	115,187
明治製糖	1923年	1		300	2	103,558
	1930年	3	28,083	1,050	4	257,614
	1940年	4	94,003	850	3	130,716
塩水港製糖	1923年	4		100	1	72,096
	1930年	3	66,901	400	2	61,260
	1940年	6	138,191	400	2	67,812

（注）耕地白糖の工場数は1924年1月，31年3月，41年3月段階のものであり，精製糖生産量の40年は39年のものである。
（出所）台湾総督府『第十二統計』16, 18頁，『第十三統計』51頁，『第十九統計』4, 6, 86, 133頁，『第二十統計』142頁，『第二十九統計』6, 8, 84-85, 154頁より作成。

参考地図　製糖会社各社の原料採取区域（1922年末）

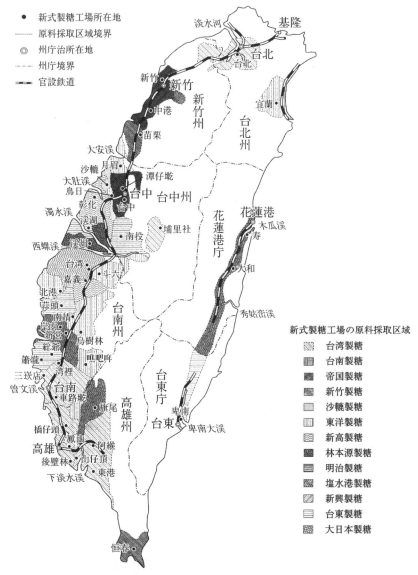

（注）1922年末段階で存在した13製糖会社以外の新式製糖工場及び旧式糖廊の原料採取区域については，後に所有する製糖会社に含めている。
（出所）台湾総督府『統計　大正十一年』所収の「台湾糖業図」をもとに作成。

た。内地精製糖の雄である一方で，耕地白糖11[28]を含め20もの新式製糖工場を有するトップ企業へと大日本製糖は上り詰めたのである。

　ここで精白糖生産における耕地白糖の地位の高まりを表8によって確認しておくと，パイオニアである塩水港製糖のみならず4社すべてが1930年から40年にかけて工場数とともに生産量を著しく増大させ，それと入れ替わるように精製糖生産量を大きく減少させている。なかでも注目すべきは，大日本製糖と30年段階で競っていた明治製糖が40年には半減させたことである。精白糖の主役が精製糖から耕地白糖へと移行したことを端的に物語る変化である。

　なお，図6の生産シェアの推移に先述した3つの時期区分を重ねあわせるとき，パイオニア企業として創立して以降第1次から第2次再編期へと30年以上に及ぶ競争優位を台湾製糖が持続していたこと，その優位性が大日本製糖による逆転によって劇的に失われたのが第3次再編期であったことがそれぞれ示されている。そこで以下の分析に当たっては，3度の業界再編を念頭に置きながら検討を加えていくこととしたい。

【注】
1　台湾製糖の10位を筆頭に，大日本製糖11位，明治製糖14位，塩水港製糖17位であった（経営史学会編［2005］406頁）。
2　本書における年代表記は後半の年にそろえ，例えば1929-30年期については30年と表記する。
3　糖業連合会とは近代製糖業のカルテル組織であり，各社が製造した分蜜糖を原料糖や直接消費糖ごとにメンバーの処分割当てを決める産糖処分協定，その前提となる精製糖会社との原料糖売買契約，台湾から日本国内への分蜜糖の輸送に関する台湾産糖輸送契約などを主たる任務としており，第1と第2の契約をめぐっては利害調整機能，第3の契約をめぐっては経営資源補完機能を発揮したが，競争抑制機能については1933・34年の産糖調節に事実上限定されていた。分蜜糖生産量が産糖調節前の32年レベルに戻った35年の生産量を受け，36-38年は砂糖供給協定という形で生産量を減少させることこそなかったものの，生産量の上昇を抑えるという意味では産糖調節的な性格を併せ持った内容となっていた（図2参照）。なお，連合会は台湾糖業連合会（10年）→糖業連合会（20年）→日本糖業連合会（35年）と2度の名称変更を行うが，本書では基本的に「糖業連合会」と総称する。
4　後発企業効果についてはアジア経営史の分析視角との関連で論じた久保［2003ab］と久保［2005b］に詳しいが，発展途上国と関連した当時の理解に対して本書における後発企業効果はより広義に理解している。
5　宇田川・佐々木・四宮編［2005］が提示した失敗と再生のフレームワークに関しては，終章において詳述したい。
6　無水酒精については副業としての製造と燃料国策への貢献の2つの側面を併せ持っており，第1章において台湾製糖の「準国策会社」的性格との関連で言及される。
7　最初に遠心分離機にかけ糖蜜を取り除いたものが最も純度の高い一番糖（中双，三温等）であり，残った糖蜜を再び分離機にかけたものが二番糖（赤双等）であるが，一番糖より不純物が含ま

れるため赤茶けた砂糖となった（樋口編［1959a］1-6頁）。
8 耕地白糖のレベルアップにともない直接精製糖を製造する耕地精糖が登場し，かつての白双から精白糖レベルへと進化することで消費を牽引していった（「過剰精糖輸出と耕地精糖」『台湾日日新聞』1934年12月6日付）。なお，本書では耕地精糖も含め「耕地白糖」と総称する。
9 新式製糖工場の呼称は工場と製糖所の2通りが存在し合併や時期によっても変化していくことから，本書においては「工場」と総称し具体的な工場名を掲げる際には「工場」は省略する。なお，製糖所とは工場と付属農場をあわせた呼称であり（伊藤編［1939］所収「年表」47頁），内地の工場名には地名と区別するため「工場」を基本的に入れるものとする。
10 台湾総督府殖産局特産課［1927］47頁。
11 台湾総督府殖産局『台湾米穀要覧』昭和四年版20-33頁，昭和十年版6-7頁，昭和十二年版6-7頁，昭和十三年版7頁，昭和十四年版7-8頁，昭和十五年版8頁，昭和十六年版8頁，昭和十七年版27-28頁，台湾総督府『第二十二統計』2-3頁，『第二十九統計』4-5頁より算出。なお，本書では台湾総督府殖産局特産課（糖務課）『台湾糖業統計』を台湾総督府『統計』と表記することとし，具体的には，台湾総督府『統計 大正十年』ないし『第二十九統計』のように以下略記する。
12 甘蔗作付面積の南部（台南州，高雄州）と中部以北（台北州，新竹州，台中州）の平均割合は，64.2％と31.3％（1929-32年），66.2％と28％（33-36年），63.7％と30.2％（37-40年）と南部が6割強の割合を占めていたのに対し，米作付面積の中部以北と南部との割合は，62.7％と34％（29-32年），61.1％と35.6％（33-36年），62％と33.7％（37-40年）と中部以北が6割強を占めていた（台湾総督府『第二十二統計』2-3頁，『第二十九統計』4-5頁，台湾総督府殖産局『台湾米穀要覧』昭和4年版20-33頁，昭和10年版6-7頁，昭和12年版6-7頁，昭和13年版7頁，昭和14年版7-8頁，昭和15年版8頁，昭和16年版8頁，台湾農友会『台湾農業年報』昭和6年版米-43頁，台湾総督府殖産局『台湾農業年報』昭和7年版米-25頁より算出）。
13 1920年後半以降の南部をも巻き込んだ米糖相剋の全島展開は収益性の高い蓬莱米の登場によるものである。蓬莱米収穫量の州別割合の推移では，特に高雄州の割合が1.4％（29年），4.9％（32年），7.9％（36年），7.9％（39年）と顕著な増加傾向を示している（台湾総督府『第十九統計』231頁，『第二十二統計』235頁，『第二十六統計』237頁，『第二十九統計』237頁より算出）。なお，台湾における蓬莱米の普及に関しては米糖相剋との関係で論じた久保［2006a］に詳しい。
14 埔里社は山地が近くしかも水田が多いという特殊な原料採取区域を有していたため，山地開墾への奨励は水田奨励とともに行われていた。例えば1941年の特殊地植付奨励の対象は，単期作田，両期作田とともに開墾畑（山林原野または2年以上蔗作を行っていない休閑山畑）であった（台湾糖業研究会編［1939］8頁）。
15 原料栽培資金前貸しとは甘蔗作農民への肥料代や耕作資金の前貸しのことで，有効な米糖相剋対応策の1つとなった。
16 台湾糖業令が台湾米穀移出管理令を受けて公布されたことは，糖業令第9条の次の解説からも明らかである。すなわち，「台湾米穀移出管理令の実施に依つて，甘蔗の競争作物たる米の価格を管理し，各農作物の生産に計画性を与へんとするに対し，甘蔗に付ても其の生産に計画性を与ふる必要が生じて来た」（台湾総督府殖産局［1939b］13頁）と。なお，管理令と糖業令の目的を記した第1条には，それぞれ「産業ノ調和的発達」（台湾総督府米穀局［1941］1頁，台湾総督府殖産局［1939b］5頁）と明記されているが，戦時食糧策の一環として公布された両令にあって，深刻化していく食糧事情，なかでも米とのバランスの取れた糖業の発展こそがここでの「調和」の意味するところである。
17 台湾総督府『第十四統計』36-39頁，『第十八統計』42-47頁，『第十九統計』22-33頁，『第二十一統計』28-33頁，『第二十四統計』22-39頁，『第二十七統計』22-39頁，『第二十九統計』22-33頁より算出。

【注】 29

18 明治製糖の他の原料採取区域では単期作田と輪作田・平地畑に区分して買収価格が設定され，単期作田に対して米価比準法が導入されたが，蕭壠では輪作田・平地畑に限定して買収価格が設定された。一方，大日本製糖のその他の採取区域では田（両期作田，単期作田）と畑に区分して買収価格が設定され田に対して比準法が導入されたが，龍巌と北港では畑に限定して買収価格が設定されており（台湾糖業研究会編［1940］8-30頁，同［1941］15-21, 28-52頁，同［1942］11-18, 25-41頁），甘蔗栽培奨励規程の内容が単期作田や両期作田がほとんど存在しない状況を反映したものとなっていた。

19 1936年の田に占める輪作耕地面積の割合を地域別に算出すると，台南州67.9％，台中州50.5％，新竹州50.2％，高雄州51.6％，台北州20.6％と嘉南大圳が完成した台南州の割合が際立っており，同州の三年輪作田（嘉南大圳）の面積54,938甲はすべての輪作田の21.7％を占めていた（台湾総督府殖産局［1937］465頁，『台湾米穀要覧』昭和12年版2頁より算出）。

20 本調査における三年輪作田とは「嘉南大圳区域内ニ於ケル輪作田ニシテ，水利ノ関係上三年ヲ一期トシテ水稲，雑作（陸稲，甘藷，落花生，蔬菜，黄麻等）甘蔗ノ順序ニ依リ輪作ヲ実施シツヽアル又ハ実施セシメントスル耕地」（台湾総督府殖産局［1937］198頁）のことである。

21 台湾総督府『統計 大正五年』10-11頁，『統計 大正九年』18-19頁。

22 1921年段階の上位5社について製糖能力と工場数を確認しておくならば，台湾製糖9,080噸，11工場，明治製糖5,100噸，5工場，塩水港製糖4,500噸，6工場，東洋製糖4,450噸，6工場，新高製糖3,050噸，3工場であった（台湾総督府『統計 大正十年』42, 44頁）。

23 具体的には，大東製糖合併（1907年4月）による阿緱，台南製糖合併（09年8月）による湾裡，怡記製糖合併（11年11月）による三崁店，埔里社製糖合併（12年12月）による埔里社，台北製糖合併（16年5月）による台北，以上5工場である（伊藤編［1939］289-290頁，台湾総督府『第十九統計』18頁）。

24 台湾総督府『統計 大正十年』42, 44頁。

25 台湾総督府『第十八統計』22-23頁，西原編［1935］45頁。

26 1928年1月昭和製糖は台南製糖の宜南と玉井の2工場を継承するが（台湾総督府『第十九統計』19頁），精粗兼営化は台南製糖時代のことである。

27 1930年代における耕地白糖設備の充実は顕著なものがあり，36年に2工場，40年に4工場，41年に9工場で生産が開始される（台湾総督府『第二十三統計』6-9頁，『第二十四統計』6-9頁，『第二十六統計』6-9頁，『第二十七統計』6-9頁，『第二十八統計』6-9頁，『第二十九統計』6-9頁）。

28 11工場という最多の耕地白糖設備にもM&A戦略が関係しており，1940年の帝国製糖合併により6工場（耕地白糖5工場）を傘下に収めた。なお，帝国製糖は34年開始の台中第2に加え40年代に入り台中第1，潭子，新竹，崁子脚の4工場において耕地白糖生産を開始していた（台湾総督府『第二十八統計』8頁，『第二十九統計』8頁）。

第1章

台湾製糖の長期競争優位と首位逆転

―パイオニア企業と「準国策会社」の功罪―

はじめに

　近代日本初の植民地台湾の経営を左右しかねない近代製糖業，その確立を使命とし誕生したのが1900年12月創立の台湾製糖である。当該業のパイオニア企業であった同社については，久保［1997］が「準国策会社」[1]と位置づけ経営史的に詳細な分析を加えているが，以下のような3つの課題を有していた。
① 　台湾拓殖をはじめとした国策会社との比較を念頭に置いた「準国策会社」論に固執するあまり，ライバル企業との企業間競争において「準国策会社」的性格がどのように機能したのかを論じるに至っていないこと
② 　台湾製糖の「準国策会社」的性格に関しても同社創立時の特殊事情やトップマネジメントにおける経営理念面での継承を指摘するにとどまり，激烈な企業間競争にあっても同性格に変化はなかったのか，もしあるとすれば具体的にどのように変化していったのかを論じるに至っていないこと
③ 　台湾製糖の「準国策会社」的性格と堅実主義経営の関係についても，同性格のもっぱら保守的なあらわれと位置づけるだけでその功罪について論じていないこと

　①と③に関しては近代製糖業の経営史的研究が事実上台湾製糖1社にとどまり，他のメインプレイヤー3社に関する分析はいまだなされていなかったが，その後四大製糖各社の経営史的研究がようやく出揃い，台湾製糖がパイオニア企業の優位性を活かしつついかに事業展開を図っていったのかを論じることが可能となった次第である。
　②に関しても糖業連合会を舞台とした近代製糖業の競争と協調を本格的に論

じた久保編［2009］が公刊され，「競争を基調とした協調の模索」を当該業の特徴と指摘するとともに，その協調行動を根底で支えつつたびたび訪れた連合会解散の危機を回避させた台湾製糖のコーディネーター機能にも言及した。四大製糖間の激烈な企業間競争にあってもなぜ台湾製糖は同機能を発揮できたのかを同書を踏まえつつ考察することで，同社の「準国策会社」的性格について白紙の状態から検討を加えたい。

なお，本章は「準国策会社」として誕生した創立時に限定することなく，序章で言及した近代製糖業における3つの業界再編による時期区分に沿って検討を加えていく。そして，第1次から第2次再編期にかけてなぜ台湾製糖は長期にわたる持続的な競争優位を維持することができたのか，かたや第3次再編期において同社がなぜ後発大日本製糖に逆転されるに至ったのかがそれぞれ最大のポイントとなる。

I　業界再編と競争優位の源泉

1　原料調達面での優位性

パイオニア台湾製糖の競争優位の源泉については原料調達面と販売面の2つを指摘できるが，まずは原料調達面の優位性から検討していきたい。序章で言及した近代製糖業の特徴を念頭に置くとき，原料甘蔗をいかに安定して調達するかが至上命題となった。原料調達の方法には自営農園で甘蔗を栽培する自作原料と原料採取区域から買い上げる買収原料の大きく2つの方法があったわけだが，台湾製糖の優位性を確認すべく四大製糖における原料甘蔗の自作原料と買収原料の割合を示した表9を見ていきたい。同表で注目すべきは，原料調達の安定をもたらす自作原料の割合が台湾製糖は32.4％と全製糖会社平均の21.3％を大きく上回っていたのみならず，大日本製糖11.1％，明治製糖10.3％，塩水港製糖17.1％と比べても群を抜いて高い割合だった点である。

台湾製糖の自作原料割合の高さを可能としたのは広大な自営農園の存在であるが，その自作原料の割合も1917年段階では7.2％といまだ低い割合であった[2]。そこで表10の自営農園作付面積の推移に検討を加えていくと，自作原料

表9　原料甘蔗の自作・買収別割合の推移

(千斤, %)

	1917-21年		1922-26年		1927-31年		1932-36年		1937-40年		平均	
	自作原料	買収原料	自作原料	買収原料	自作原料	買収原料	自作原料	買収原料	自作原料	買収原料	自作原料	買収原料
台湾製糖	255,910	1,124,694	522,541	1,014,571	853,327	1,497,440	1,002,897	1,643,051	1,092,664	2,547,975	731,043	1,524,612
	18.5	81.5	34.0	66.0	36.3	63.7	37.9	62.1	30.0	70.0	32.4	67.6
明治製糖	21,344	632,200	47,879	946,282	137,741	1,620,014	294,142	1,649,593	371,393	2,613,183	166,296	1,445,549
	3.3	96.7	4.8	95.2	7.8	92.2	15.1	84.9	12.4	87.6	10.3	89.7
大日本製糖	30,972	460,491	40,328	741,579	154,615	1,492,622	332,765	2,074,873	468,187	3,334,321	194,423	1,549,380
	6.3	93.7	5.2	94.8	9.4	90.6	13.8	86.2	12.3	87.7	11.1	88.9
塩水港製糖	101,806	619,048	198,520	707,826	184,538	1,038,179	308,705	1,161,528	310,849	1,911,364	217,135	1,053,265
	14.1	85.9	21.9	78.1	15.1	84.9	21.0	79.0	14.0	86.0	17.1	82.9
全製糖会社	983,454	4,293,134	1,521,713	5,507,485	2,013,667	7,191,439	2,484,910	7,656,491	2,817,884	11,843,825	1,928,761	7,109,085
	18.6	81.4	21.6	78.4	21.9	78.1	24.5	75.5	19.2	80.8	21.3	78.7

(注) 自作原料と買収原料の合計に対する割合を算出したものであり, 上段は甘蔗収穫量 (千斤), 下段は割合 (%) である。自作原料とは自営農園 (社有地農園及び小作地農園) において栽培された原料, 買収原料とは小作地及び転小作地を含む一般甘蔗作農民から買収した原料をそれぞれ示している。

(出所) 台湾総督府『第十四統計』36-39頁,『第十八統計』42-47頁,『第十九統計』22-33頁,『第二十一統計』28-33頁,『第二十四統計』22-39頁,『第二十七統計』22-39頁,『第二十九統計』22-33頁より作成。

表 10　台湾製糖の自営農園における作付面積の推移　　　　　　　　（甲）

	1917年	1918年	1919年	1920年	1921年	1922年	1923年	1924年	1925年	1926年
橋仔頭	12	203	290	785	1,322	1,218	1,074	1,124	1,093	850
後壁林	826	1,729	1,671	1,220	1,209	1,318	1,349	1,544	1,152	1,421
阿緱	641	849	1,577	1,784	1,906	1,151	1,243	1,145	1,000	1,166
東港						1,303	1,164	860	1,071	1,504
車路墘	57	89	606	752	217	311	532	341	377	484
湾裡		12	30	110	187	419	563	303	401	397
三崁店			57	117	122	172	282	428	396	364	99
埔里社	264	431	1,118	624	789	1,299	618	520	470	523
台北	61	747	932	976	1,614	1,656	341	121	121	239
計	1,861	4,117	6,341	6,373	7,416	8,957	7,312	6,354	6,049	6,683

（出所）台湾総督府『第十四統計』36-38 頁、『第十八統計』42-46 頁より作成。

割合が低い同年では自営農園の作付面積それ自体も小さかったことを同表は示している。同作付面積は 18 年から拡大し始め自作割合が 20％を超える 19 年に 6,000 甲台に乗る。そして，22 年に 9 区域すべての原料採取区域内に自営農園が存在するに至ったわけだが，22 年段階で 1,000 甲を上回る自営農園には橋仔頭，後壁林，阿緱，東港といった高雄州に位置するものもあれば台北や埔里社といった中部以北に位置する自営農園もあった。しかし，後者の 2 区域は 23 年以降大きく減少したことも表 10 は示しており，米糖相剋が深刻な中部以北で自営農園を維持することの難しさを物語っている。

　その一方で 1 つの疑問がわく。そもそも自営農園とは製糖会社が経営する農園ゆえに甘蔗作付面積が減少することなどあり得ないはずだが，それには理由があった。表 9 の自作原料が栽培される自営農園には製糖会社が所有する社有地[3] 農園のみならず小作地農園も含まれており，創立期を除き社有地を増加させることが容易でないなか，表 10 で示されたような自営農園の作付面積が増加していった背景にはこうした小作地農園の増加があったのである[4]。

　とはいえ，パイオニア企業としての原料調達面の特権[5]として創立に際して広大な社有地を低廉な価格で購入できたことも事実であり，台湾製糖の自社栽培主義の礎は創立段階で用意されていた。山本悌二郎専務取締役は第 32 回株主総会の席上，広大な社有地を南部に有することの意義を米糖相剋とも絡めて次のように述べている。

「二万五千町歩内外ノ耕作地ヲ……十二分ニ利用スルコトガ出来マスレバ……米作ノ圧迫ヲ受ケテモ決シテ驚ク必要ハナイ」[6]と。

その一方で，台湾製糖は買収原料についても優位性を有していた。パイオニア企業の特権として甘蔗栽培に最も有利で米糖相剋の影響が相対的に少ない南部に多くの原料採取区域を構えていたことも（序章参考地図参照），同社の安定した原料調達に大きく貢献したのである。

2　販売面の優位性―三井物産との一手販売契約―

次に，台湾製糖の優位性として指摘できるのは三井物産との一手販売契約による安定した販路である。同契約が締結された1902年9月に遡り時系列で契約の変更点を整理した章末の史料1に検討を加えていくと，「困難といへば総てが困難であつた」[7]と後に山本第3代社長が追懐したように，台湾製糖の創業期は原住民の襲来，ペストの流行，相次ぐ機械の故障はじめ生産開始もままならない状況にあった。同社には原料調達面での優位性とともに様々な初期制約条件も併存していたわけで，先発性のメリットを活かしつつデメリットをいかに克服していくかが重要な課題となった。デメリットである初期制約条件のなかでも死活問題だったのが製造した分蜜糖を販売するための販路の開拓だったのである。

販路の不在がパイオニア企業のデメリットとして指摘されるが，幸い台湾製糖にはその心配はなかった。同社創業の立役者であり三井家顧問としてお目付役的存在であった井上馨が益田孝に指示し，三井物産が台湾製糖の筆頭株主として創立のお膳立てをしていた[8]。当然のことながら販路開拓という課題を払拭したのも三井物産に他ならず，日本を代表する商社との一手販売契約のおかげで先発性のデメリットとなるはずであった販路問題は一転メリットとして優位性の源泉となったのである。

1900年12月創立した台湾製糖は02年1月に本格的生産に着手し同年5月をもって第1回目の製糖作業を終了したが[9]，その4ヶ月後には三井物産との一手販売契約が締結されたことになる。そして，その特徴は以下の3点に整理できた[10]。

①　注文数量と売値が両社協議のうえで決定されそのための情報交換が行わ

れたこと（第3~5条）

② 販売手数料の2%を台湾製糖は支払うが販売諸経費及び天災等不可抗力による災害分も台湾製糖が負担したこと（第7，8条）

③ 台湾製糖製品を担保とした前貸金はじめ三井物産から台湾製糖への事実上の資金援助を含んでいたこと（第9~11条）

三井物産への配慮が②に垣間見えるものの，以後も継続していくことになる一手販売であることや③の資金援助を勘案するとき，やはり台湾製糖にとって有利な販売契約であったと言える。事実，同契約が軌道に乗った1917年，山本専務取締役は第17回定時株主総会において次のように述べている。

「三井物産ニ依託販売ヲシテ居ルト云フコトハ此会社ノ非常ニ強味デアリ安全ナ方法デアル」[11] と。

では，台湾製糖と三井物産の一手販売契約は一貫して同じ内容を維持していったのであろうか。この点を確認すべく1938年までの主な変更点を整理した史料1に検討を加えていきたい。契約締結から最初の見直しに当たる05年契約の変更点としては，全体として02年契約の不備を補ったより完成度の高いものになった点がまず指摘でき，政府による「砂糖専売」や他社との「合併」といった場合も想定した契約となっていた（第17条）。

第2に販売方法については両社協議のうえで決定するものの，販売価格についてはあくまでも台湾製糖が指定することになっていた（第5条）。これは創立時の井上を介した両社の密接な関係をより強固なものとした結果に他ならず，それだけ三井物産側の全面的バックアップの裏返しとも理解できる。そして，第3に販売のみならず積出についても含まれており，販売・積出手数料を2%から1.5%へと引き下げるとともに（第10条），別途「積出ニ関スル契約」を定めていた（第16条）。以上，販売価格を台湾製糖が指定しその手数料が0.5%引き下げられたことからして，三井物産から同社への支援は強化されたことになる。

1905年契約と並んで大きな変更が加えられたのが18年ぶりの本格的変更となる24年契約であり，その背景には台湾製糖のトップ企業としての揺るぎないポジションがあった。第1の変更点としては台湾製糖の販売価格の指定が両社協議へと変更されており（第4条），20年代に至り三井物産による支援態勢

にも徐々に変化が見られていった。第2に契約の対象に酒精が加わったこと（契約名及び第1条等）。

　第3に三井物産が同一地方で販売する同一種類の砂糖を台湾製糖製品に限定していたが（1905年契約第3条），ジャワ糖を事実上意味する外国糖の輸入販売についてはその限りではないことが明示された（第2条）。輸出精製糖用の原料糖をはじめジャワ糖を他社用に輸入することを三井物産に認めたこの追加条項は，台湾製糖以外の製糖会社のために直消糖としても三井物産が輸入していたことを意味しており，それだけジャワ糖買付が投機性を孕みつつも商社にとって大きなビジネスチャンスであったことを物語っている[12]。

　そして，第4に三井物産が消費税用の担保として有価証券を台湾製糖に融通することが（第10条），砂糖の価格変動による増担保分を台湾製糖が負担すること（第12条）とともに記載されていた。第5に販売手数料について台湾分蜜糖1.5％，精白糖1％と指定され（第9条），1905年契約第10条の販売手数料1.5％を維持しつつも精白糖は販売価格が高いため1％とした。

　ここで分蜜糖と精白糖で手数料に違いがあることをどのように理解したらよいのであろうか。この点に関しては1929年契約における変更と考えあわせると理解しやすい。29年の9条では台湾分蜜糖の手数料が1.5％から引き下げられ，酒精を除くすべての砂糖の販売手数料が1％に統一された。四大製糖の耕地白糖生産の推移を示した後出の図12から明らかなように，24年段階では台湾製糖の同生産は緒についたばかりだったのに対し，29年段階ではパイオニア塩水港製糖に急接近するまでに耕地白糖生産量を大きく伸ばした点が販売手数料を変更するに至った1つの理由である。すなわち，精白糖（精製糖）の販売量が少ない段階では相対的に販売価格が高いことから手数料割合を抑えていたものの，耕地白糖の販売量増加を受けて分蜜糖と同様に価格は低いが販売量を確保できるため手数料を統一するに至ったのである。

　分蜜糖手数料を1％に引き下げたいま1つの理由として，世界的な増産傾向のなか分蜜糖価格が低迷していたため（後出図11参照），利益を確保すべくコスト削減に注力していた台湾製糖に対し三井物産側が配慮した点がここではより重要となる[13]。

　最後に，9年ぶりの変更となる1938年契約に検討を加えると，まず契約の

適用範囲が「朝鮮，樺太，台湾」と植民地にまで拡大され，台湾分蜜糖の生産量の増加や価格の低下にともなう消費範囲の拡大を受けた変更となっていた。また，「戦時保険」（第7条）や「国庫債券」（第10条）といった戦時体制の影響を受けた文言も盛り込まれた。

第9条の販売手数料に追加された「輸出品ノ原料ニ使用セラル、砂糖」とは輸出向け精製糖用の原料糖を意味しており，ここでの原料糖とは従来まではジャワ糖のことを意味していたがジャワからの原料糖輸入に激変が生じたのである[14]。36年から38年の原料糖使用量を見てみると（単位：千担），外国糖（事実上ジャワ糖）が 4,234 → 271 → 0 と激減したのに対し台湾糖は 2,548 → 5,508 → 4,890 と増加傾向にあり，ジャワ側の生産体制の変化とともに関税改正が大きく影響していた[15]。こうした輸出用原料糖がジャワ糖から台湾分蜜糖へと移行したことで別途両社が協議する必要が生じたのである。

以上，台湾製糖の創立当初は三井物産側の支援的側面が色濃く盛り込まれた一手販売契約であったが，台湾製糖の経営が軌道に乗りトップ企業としての安定性を増していくなか両社双方にメリットの大きい互恵色の強い契約へと変容していった。とはいうものの，増田商店や鈴木商店の経営危機に対し自社販売網の構築によって緊急対応を余儀なくされた明治製糖の明治商店や塩水港製糖の塩糖製品販売の事例と比較するとき（第3章・第4章参照），台湾製糖の優位性の源泉は販売面の安定性にも確認できたことになる。

II　第1次・第2次再編期の優位性

1　M&Aによる生産基盤の拡充

近代製糖業は1900年12月の台湾製糖の創立をもってスタートするが，06年11月明治製糖，12月大日本製糖，07年3月塩水港製糖（05年10月創立の旧塩水港製糖を事業継承）といった後発3社の相次ぐ創立によって後に四大製糖と称されるメインプレイヤーが出揃うことになる。ここでいま一度序章図6の分蜜糖生産シェアに目をやると，後発3社の参入によって30％を超えていた台湾製糖のシェアは15年以降20年代半ばまで20％台前半で推移すること

になる.とはいえ,台湾製糖以外の3社のシェアが15%に満たないことを考えると,同社の競争優位は一貫して維持されていたことになる.

こうした第1次再編期を中心とした台湾製糖の優位性は,金融恐慌期の第2次再編にあっても揺らぐことなくむしろ30%台のシェアを回復する勢いで上昇していく.では,第1次から第2次再編にかけての台湾製糖の競争優位はどのようにして維持されていったのであろうか.なかでも注目すべきは,大日本製糖と明治製糖による急激なキャッチアップが見られた第2次再編にあっても(序章図6参照),台湾製糖がパイオニア企業としての優位性をさらに強めていったことである.

まずは台湾製糖の分蜜糖生産能力を確認すべくいま一度序章図4をふり返ってみると,1910年から12年にかけて同社の製糖能力が大きく伸びており,パイオニアの優位性だけをもってシェア首位を獲得できたわけではなかったことがわかる.そこで台湾製糖によるM&A戦略の軌跡を検討するため,同社所有の新式製糖工場がいかなる変遷を辿ってきたのかを表11によって確認していくと,阿緱庁進出のため07年大東製糖合併により獲得した阿緱[16],橋仔頭と原料採取区域が隣接した台南製糖を09年合併することで獲得した湾裡[17],車路墘と湾裡の間に採取区域が介在した怡記製糖を11年合併することで獲得した三崁店[18],11・12年に襲来した大暴風雨による受難を教訓に優良蔗苗を育成するため高地蔗圃を確保すべく13年埔里社製糖合併により獲得した埔里社[19],北部進出のため16年台北製糖合併により獲得した台北[20],以上5工場を矢継ぎ早に傘下に収めたのである.

後述する大日本製糖はじめM&A戦略によって生産基盤を拡充していく手法は先発台湾製糖でさえも例外ではなく,近代製糖業全体に共通した傾向であったことになる.全島の3分の2を山で覆われ残り3分の1の平地を製糖会社各社の原料採取区域として確定されていたことを考えるとき,原料甘蔗を確保するための採取区域と製糖能力の拡大を可能とする唯一の方法はM&Aによる生産基盤の拡充以外にはなかったのである.

2 質的増産の推進と優位性の維持

後発2社によるキャッチアップのなか一貫して台湾製糖がトップ企業の座を

表11 台湾製糖所有に至る新式製糖工場の変遷

所在地			製糖能力（噸）	製糖所・工場名及び所有製糖会社の変遷			
台北州	台北市	緑町	700（白）	台北製糖（1912）	台北製糖所		
					台湾製糖（1916）		
台中州	能高郡	埔里街	750	埔里社製糖（1912）	埔里社製糖所		
					台湾製糖（1913）		
台南州	新化郡	善化街	700	湾裡工場		湾裡製糖所	湾裡製糖所第1工場
				台南製糖（1906）	台湾製糖（1909）	台湾製糖（1912）	台湾製糖（1928）
			1,500	湾裡製糖所第2工場			
				台湾製糖（1929）			
	新豊郡	永康庄	1,200（白）	三崁店工場		三崁店製糖所	
				FSD（1909）	怡記製糖（1911、着手×）	台湾製糖（1912）	
	新豊郡	仁徳庄	1,500（白）	車路墘工場	車路墘製糖所		
				台湾製糖（1911）	台湾製糖（1912）		
高雄州	旗山郡	旗山街	1,500（白）	旗尾工場	旗尾製糖所		
				塩水港製糖（1911）	塩水港製糖（1926）	台湾製糖（1927）	
	岡山郡	楠梓庄	1,000	橋仔頭第1工場	橋仔頭製糖所第1工場		
				台湾製糖（1902）	台湾製糖（1912）		
			1,000	橋仔頭第2工場	橋仔頭製糖所第2工場		
				台湾製糖（1908）	台湾製糖（1912）		
	屏東市	竹園町	3,600	阿緱工場	阿緱製糖所		
				台湾製糖（1907）	台湾製糖（1912）		
	鳳山郡	小港庄	1,500（白）	後壁林工場	後壁林製糖所		
				台湾製糖（1909）	台湾製糖（1912）		
	東港郡	林邊庄	1,200（白）	東港製糖所			
				台湾製糖（1921）			
	鳳山郡	大寮庄	900（白）	（旧）新興製糖（1905）	新興製糖（1908）	山仔（子）頂工場	大寮製糖所
						新興製糖（1925）	台湾製糖（1941）
	恒春郡	恒春街	500	恒春工場	恒春製糖所		
				恒春製糖（1927）	塩水港製糖（1927）	台湾製糖（1927）	

(注) 各項目の上段は工場ないし製糖所の名称の変遷を，下段は所有製糖会社の変遷を示しているが，合併年（株主総会における決議）と実際の所有変更年がズレている場合がある。所在地は地名変更が見られるため1941年3月段階の住所を基本とし，製糖能力も同段階のものである。（白）は同段階で耕地白糖設備を有していたことを示し，製糖会社（下段）のカッコ内は各製糖工場の最初が作業着手年，その後は名称（工場から製糖所へを含む）の変更年及び事業の継承年を示している。『統計』の版によって異なる場合には後年にくり返し記載された方を採用し，可能な限り他の史料によって確認するよう試みた。なお，新式製糖工場に限定している（以上，表11，表20，表25，表35に共通）。三崁店のFSDはThe Formosa Sugar and Development Company Ltd. の略記である。

(出所) 台湾総督府『統計 大正三年』8-10頁，『統計 大正五年』10-11頁，『統計 大正六年』18-19, 38-49頁，『統計 大正七年』18-19, 50-51頁，『統計 大正八年』70-71頁，『統計 大正九年』18-19, 76-79頁，『統計 大正十年』42-45, 付録10-21頁，『統計 大正十一年』30-33, 101-102頁，『第十二統計』16-19, 116-117頁，『第十三統計』6-9頁，『第十四統計』6-9, 22-23頁，『第十五統計』6-9, 22-23頁，『第十六統計』6-9, 22-23頁，『第十七統計』6-9, 22-23頁，『第十八統計』6-9, 22-23頁，『第十九統計』6-9頁，『第二十統計』4-7, 18-19頁，『第二十一統計』6-9, 18-19頁，『第二十二統計』4-7, 18-19頁，『第二十三統計』6-9, 20-21頁，『第二十四統計』6-9, 18-19頁，『第二十五統計』6-9, 18-19頁，『第二十六統計』6-9, 18-19頁，『第二十七統計』6-9, 18-19頁，『第二十八統計』6-9, 18-19頁，『第二十九統計』6-9, 18-19頁，台湾糖業研究会編[1942]所収の「新式製糖場所在地及産糖高一覧表」，糖業連合会[1943b]（以上，表11，表20，表25，表35に共通）．伊藤編[1939]所収「年表」，台糖[1990] 44頁より作成。

維持できた要因として前述した原料調達面と販売面の優位性があったわけだが，それに加えて以下の2点を指摘しておきたい。

① 台湾製糖はM&Aにより第1次再編後も着実に生産基盤を拡充し，1930年代に大きく普及する耕地白糖生産についてもパイオニア塩水港製糖を真っ先にキャッチアップしたこと（後出図12参照）

② 台湾製糖が得意とする農事方面の研究開発をリードし続け，近代製糖業の「心臓部」とも言える原料調達面の優位性をより強固なものとしたこと

①については，第2次再編期に大型合併案が裏目に出た塩水港製糖が，負債整理の1つとして売却した旗尾と恒春の2工場を1927年に傘下に収めた結果，大日本製糖と明治製糖に次ぐ製糖能力の増強に成功を収めたのであった（序章図4参照）。なかでも旗尾は耕地白糖設備と1,200噸の製糖能力を有し，阿緱に隣接する原料採取区域は3,468甲に及ぶ広大な集団農場（自営農園）を可能とする点でも意義深い買収となった[21]。この旗尾買収について武智直道社長は第38回定時株主総会において次のように述べている。

「特ニ纏ツタ農場ヲ持ツテ居ル点ニ，大イニ今日ノ我社ニ栄ミガアル訳ナノデゴザイマス，元来台湾デハ纏ツタ大キイ面積ノ農場ヲ持ツコトハ，過去ニ於テモ困難デアツテ，将来ニ於テモ甚ダ困難デゴザイマス」[22] と。

ここで序章図4の製糖能力と図6の生産シェアを見比べるとき，台湾製糖の製糖能力が1928年以降しばらくの間増加していないにもかかわらず，生産シェアは増加・回復基調にある。この点をより詳細に確認すべく四大製糖の分蜜糖生産量の推移を示した図7を見ていくと，29年にかけて急激に増加していることがわかる。では，こうした生産実績を可能としたものとは何であったのか。1つは先述した2工場の買収とりわけ旗尾買収による増産効果であるが，買収から実際の生産実績に至るまでのタイムラグがあったとはいえ，それだけでは27年から29年にかけての台湾製糖の生産量の伸びが明治製糖や大日本製糖の伸びを上回っていることを説明できない。そこで重要となるのが，①のM&A効果と②の研究開発との密接な関係である。

台湾製糖が原料甘蔗を増収させるべく農事方面で近代製糖業をリードし続けたことはパイオニアゆえの至上命題であり，同社が重視した農事研究とは限られた原料採取区域における増収を可能とする質的増産をいかに実現するかとい

図7 四大製糖の分蜜糖生産量の推移

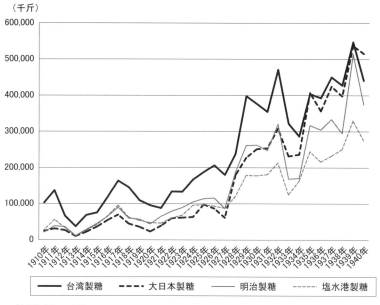

(出所) 図6に同じ。

う点にあった。具体的には，爪哇大茎種の導入による甲当たり甘蔗収穫量の増加とハンドレフラクトメーター（携帯屈折計）の導入による歩留りの上昇であり，なかでも前者が重要であったことは益田太郎専務取締役の第40回定時株主総会における発言からも明らかなところである。

「農民モ迷惑セズ，会社モ仕合セシヨウト致スニハ他ニ何等策ハゴザイマセヌ，唯同ジ一甲歩カラ多量ノ甘蔗ヲ収穫シ得レバ問題ハ解決スル」[23] と。

そこで台湾製糖の質的増産の推移をまとめた図8に検討を加えていくと，台湾製糖が爪哇大茎種を導入した1926年から甲当たり甘蔗収穫量の増加が顕著となり，29年の伸びがなかでも著しいことを示している。益田専務取締役は爪哇大茎種の植付割合が26年8％，27年20％，28年49％，29年90％程度と増加傾向を示していたことを表明しつつ，第38回定時株主総会において次のように述べている[24]。

「近年ニ至リマシテ大茎種ト称ヘル，御覧ノ如キ其形ニ於テモ太ク，糖分

図8 台湾製糖の質的増産の推移

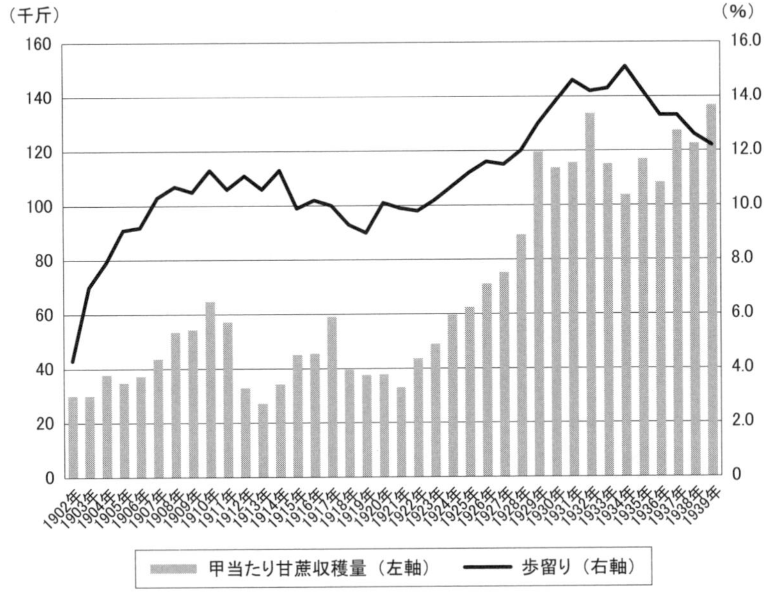

(出所) 伊藤編［1939］240-242頁より作成。

ニ於テモ勿論多イ立派ナ甘蔗ヲ植付ケマスル結果，非常ナル相違ヲ来シテ参ル訳デ」[25] と。

原料甘蔗の収穫量に大きく規定される分蜜糖生産量にあって，甘蔗からより多くの糖汁を得ることを意味する歩留り上昇の貢献は大きかった。台湾製糖の歩留りの推移を図8に見ていくと，1929年に初めて歩留りが12％台に突入し上昇し続ける。こうした歩留り上昇の背景としては，成熟度を測定する屈折計の研究開発を同社農事部が23年以来行うなか，ハンドレフラクトメーターの試作をツアイス光学社に依頼し27年末完成したことが，甘蔗の最適な成熟状況を手軽に把握できた点で歩留り上昇に大きく貢献した[26]。なお，07年までの最初の歩留りの伸びは後の爪哇大茎種へとつながっていく甘蔗品種の改良によるものであった。

台湾製糖が嚆矢となったハンドレフラクトメーターについては，それ以降各社が相次いで導入し歩留りを上昇させていったことが四大製糖の歩留りの推移

からも明らかである。台湾製糖の歩留りを他社と比較していくと，1920年代前半まで台湾製糖の優位性はさほど確認できないものの20年代後半の歩留りにおいて台湾製糖の高さが際立つに至った。21-25年平均では2位の明治製糖と0.2％の差だったが26-30年平均では1.1％もの差をつけ，30年代に入り四大製糖各社の歩留りが著しく伸びるなか唯一14％台の歩留りを実現したのである（後出第4章表41参照）。

　以上，甲当たり甘蔗収穫量の増収と歩留りの上昇という2つの質的増産の結果，台湾製糖の甲当たり製糖量も1921年33担から22年43担と上昇し始め，爪哇大茎種とハンドレフラクトメーターの相次ぐ普及によって28年の107担から29年には155担へと著しく増加するに至った[27]。

3　糖業連合会におけるコーディネーター機能

　1930年代半ばまでの台湾製糖の持続的競争優位をふり返るとき，その優位性の源泉の多くはパイオニア企業ゆえの初期制約条件の裏返しとしての特権，なかでも原料調達面と販売面での優位性に見出すことができたわけだが，その特徴をもってしても説明できない行動が糖業連合会におけるコーディネーター機能である。そこで，久保［1997］において論じた台湾製糖の「準国策会社」的性格が最も色濃くあらわれたのが同機能であったことを検証するため，連合会における同社の行動に検討を加えていきたい。

　生産体制をめぐる重層的な利害対立を内包した近代製糖業にあって，当該業のカルテル組織であった糖業連合会もたびたび解散の危機に直面した。その象徴的な局面が1927年の産糖処分協定成立後の大日本製糖と明治製糖との抜き差しならない対立状況であった。簡単に当時の状況をふり返っておくと，鈴木商店の倒産により大日本製糖は鈴木商店系の糖商を組織し，糖価をつり上げるべく精製糖を大量に買い占め市場介入を行う。思い通りに上昇し始めた糖価を受け，同社は朝鮮で製造した精製糖を日本へ逆移入し売り捌こうとしたため，朝鮮糖は産糖処分協定の対象外ではあったが市場は敏感に反応し混乱した。

　こうした大日本製糖の動きを受け，手持ち糖を高値で処分したい明治製糖は違約金覚悟で産糖処分協定の対象である新糖を放出するに至り，両社が双方の行動への批判を糖業連合会内で強めていく。明治製糖が大日本製糖の逆移入問

題への罰則を加えない限り違約金は支払わないと主張したのに対し、大日本製糖は連合会が逆移入に罰則を加えるならば協定を離脱すると事実上の脱会宣言をしたのである。まさに連合会は分裂・解散の危機に直面したわけだが、その背景には二次問屋まで巻き込んだ両社の熾烈な販売競争があり、そもそもの原因は思惑買い目的のジャワ糖がだぶついていたことにあった。

　糖業連合会の危機的状況にあってその紛争を調停し、利害調整のイニシアティブをとった人物が台湾製糖社長でもあった武智会長に他ならず[28]、当初は収拾のめどがまったく立たず辞意を表明するほどであった。一連の産糖処分協定をめぐる交渉プロセスを紐解く限り、台湾製糖は最大議決権を有しつつもその権限を盾に自社の利害を主張することはなかった。近代製糖業のパイオニアにふさわしく当該業全体の利益を優先する姿勢を示していた武智会長であっただけに、その辞意表明は伝家の宝刀を抜くのと同じだけの重みを持ち事態は収拾されていった。

　一方、産糖処分協定成立のための不安定要因であった精白糖を一括管理した砂糖供給組合、その解散を受けた1934年産糖処分協定成立に向けた紛争は、台湾製糖、明治製糖、大日本製糖の代表者に台東製糖の石川昌次を加えた会合により歩み寄りを見せたものの、南洋庁の増産奨励のもと増産を続ける南洋興発が割当削減に反対したため再度紛糾した。その際にも武智会長の斡旋により事態は収拾され、産糖調節協定は年度末ぎりぎりで成立したのである。これら2つの年度をめぐる紛争処理が示すように、糖業連合会の産糖処分協定を実行させるためにも利害調整機能は不可欠であり、同機能の鍵を握ったのが武智会長の調停に象徴される台湾製糖のコーディネーター機能に他ならなかった。

　では、台湾製糖社長の武智会長が自社の利害に固執することなく近代製糖業全体の利益を重視した調停行動を糖業連合会内でとった理由は何に見出すことができるのであろうか。その理由として3つの仮説が成り立つ。第1にパイオニア企業として近代製糖業を引っ張ってきたリーディングカンパニーとしての責任感。第2に当該業のカルテル組織であった連合会の最大議決権を有し[29]、そのとりまとめ役である会長を輩出するトップ企業としてのこれまた責任感。第3に久保［1997］で指摘した台湾製糖の「準国策会社」的性格である。結論を先取るならば、これら3つの仮説のいずれかが正しいというよりは3つすべ

てが台湾製糖にコーディネーター機能を発揮させた理由となったのである。

　すなわち，パイオニア企業として誕生した台湾製糖がその先発の優位性を活かしつつ1930年代半ばまで最大の製糖能力を有していたことが，同社にコーディネーター機能を発揮させた前提条件として重要となったことはたしかである。しかし，それだけをもって極大利潤の追求をモットーとするはずの民間企業の合理的行動からして近代製糖業全体の調和と発展を重視する企業行動をおよそ説明できない。自社利害を時に犠牲にしてまでも糖業連合会の内紛を調停しようとした姿勢，農事方面の研究開発の成果をいち早く当該業の共有財産とするかのようにオープンにしていった経営方針，いずれをとっても純粋民間会社の経営行動をもってしては説明できず，その説明には「準国策会社」的性格といういま1つの要素を加えて考えざるを得ないのである。

　以上整理するならば，パイオニア企業としての責任感と糖業連合会会長とし

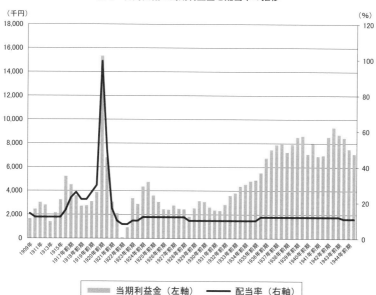

図9　台湾製糖の当期利益金と配当率の推移

（注）四大製糖各社の1920年前後の高配当には，糖業黄金期の特別配当が含まれている。
（出所）台湾製糖『報告書』各期版より作成。

ての責任感,これら2つの責任感が表裏一体の関係をなして台湾製糖のコーディネーター機能を発揮させたのであり,両者を強力に結びつけたのが皇室のバックアップをもって誕生した同社の「準国策会社」的性格に他ならなかった。第54回定時株主総会において益田専務取締役は,自社の創立時をふり返りつつ単なる利潤追求が目的ではないと明言している点は注目に値する。

「台湾製糖会社は其創立の主旨より申しても,只単に営利のみを目的とせず,一面には国家社会の為めに其存在を有意義たらしめねばならぬ」[30] と。

益田の言う「国家社会の為め」とはパイオニア企業として近代製糖業全体の発展を最優先に置き当該業を牽引するリーディングカンパニーたらんとすることに他ならなかった。では,台湾製糖は自社の利潤追求を度外視してまで牽引役に徹していたのだろうか。この問いに答えるべく同社の当期利益金と配当率の推移を示した図9に検討を加えていくと,大きく3つの点が指摘できる。すなわち,失敗局面に相遇していないこともあり安定した収益を確保していること,とはいえ当期利益金が大きく拡大し始めるのは1930年代後半以降であること,糖業黄金期を除き利益が拡大していくなかにあっても配当率は10～12％を維持していること,以上3点である。

図9が物語るものとは台湾製糖はけっして利潤追求を度外視していたわけではなく,近代製糖業を牽引していくためにもジャワ糖の思惑買いに象徴される投機性やリスクを回避し安定した利潤獲得をモットーとする堅実経営を実践していたということである。そして,「準国策会社」としての堅実性はむしろ長期の競争優位を同社にもたらしたい1つの要因となったのである。ただし,長期の競争優位を獲得できたパイオニア企業でさえも生産面での優位性を利潤へと結びつけるためには,甘蔗の質的増産とともに耕地白糖の本格的普及を待たなければならなかった。

Ⅲ 第3次再編期の首位逆転

1 耕地白糖の台頭と三つ巴競争

コーディネーター機能に象徴される台湾製糖の特殊性は,民間企業が第一義

III 第3次再編期の首位逆転　47

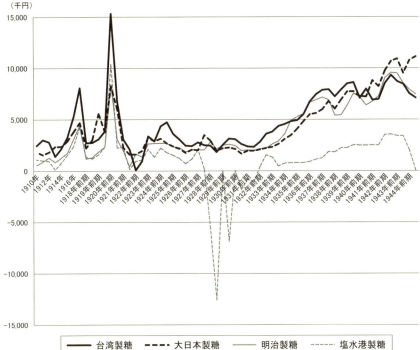

図10　四大製糖の当期利益金の推移

（注）4社すべてが前期と後期に分かれた1917年までに2期に分かれていた利益金については，前後期の合計額を掲示している。なお，1920年前後の高い利益は糖業黄金期によるものである。
（出所）台湾製糖『報告書』，日本精製糖『報告』『営業報告』，大日本製糖『営業報告』『営業報告書』，明治製糖『事業報告書』『営業報告書』，塩水港製糖（拓殖）『営業報告』『営業報告書』各期版より作成。

とする極大利潤の追求一辺倒ではない点に見出された。そこで生産シェアでは競争優位を維持した同社の利益状況を確認するため，図10の四大製糖の当期利益金の推移に検討を加えていきたい。同図によると台湾製糖が他3社を引き離したのは一部の局面に限定され，生産シェアのような持続した競争優位を確認できない。換言すれば，生産面での優位が必ずしも利益に反映されていなかった時期が目立っており，失敗局面を迎えた塩水港製糖を除く3社は利益面では熾烈に競いあっていたのである。

では，なぜ台湾製糖は生産面の優位性を利潤へと結びつけることができな

かったのであろうか。その要因として3つの点を指摘しておきたい。第1に前述した質的増産が現実のものとなる1930年代に入るまでは，シェア面で圧倒的な優位にあった台湾製糖でさえ台湾分蜜糖の構造的なコスト高問題を克服することはできず，利益面の差が生まれにくかった点。ここで言う「構造的」問題としては，① 米糖相剋ゆえに生産コストの6割を占める原料甘蔗の収穫コストが高かったこと，② 原料採取区域を拡大することのできない台湾の地理的限界性から質的増産なくして原料甘蔗の増収を望めなかったこと，以上2点を指摘しておきたい。とはいえ30年代に入ってもトップ企業が利益面での優位性を発揮したのは41年以降のことであり，要因はそれだけではないことを物語っている。

そこで注目されるのが残る2つの要因である。第2に民間企業でありながら皇室関係の資金的バックアップを受けて誕生した「準国策会社」ゆえに，利益一辺倒ではない長期にわたる堅実な利益追求を重視していた点である。第41回定時株主総会において益田専務取締役は次のように述べている。

　「利益ヲ度外視シテ……居ル訳デハアリマセヌガ，同時ニ又目前ノ利益ニノミ走ラズ，会社将来ノ繁栄ニ重キヲ置キマシタ」[31]と。

そして，第3に国際的価格の影響を色濃く受ける砂糖の特殊性から単純に生産量の増減だけをもって利益を導き出すことはできず，各社の利益は砂糖市場にも大きく左右されていた点である。この点を確認すべく図11の東京分蜜糖価格の推移と見比べる形で図10の利益金の推移をふり返ってみると，1920年における各社の突出した伸びが図11の分蜜糖価格の異常な上昇によるものであり，国際価格の変動がもたらした糖業黄金期の影響力の大きさを確認できよう。一方その逆が砂糖市場の暴落した21年であり，第26回定時株主総会に立った山本専務取締役は大損失の原因を次のように述べている。

　「砂糖市場ノ相場ト云フモノハ非常ナル暴落ヲ来シテ，非常ニ高イ生産費ヲ以テ製造シタ製品ヲ殆ド近年未曾有ノ安直ナル値段ヲ以テ販売致サナケレバナラナイ，茲ニ於テ損失ハ当然起ラザルヲ得ナカッタ」[32]と。

その一方で，四大製糖各社の利益金が1930年代に入り大きく伸び始めていたことを図10は示しており，こうした変化を可能とした1つの要因が図11における分蜜糖価格の上昇傾向にあったことはたしかであるが，これだけをもっ

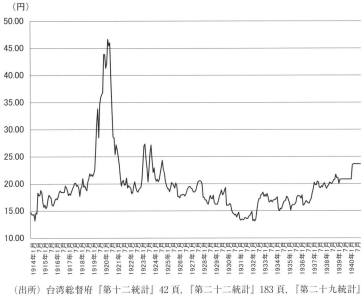

図11　東京分蜜糖価格の推移（百斤当たり）

（出所）台湾総督府『第十二統計』42頁，『第二十二統計』183頁，『第二十九統計』189頁より作成。

て利益の著しい増加は説明できない。価格の上昇を活かすことのできる生産量の大きな伸びが実現されなくては利益面での伸びも可能とはならなかったのである（第1章図7参照）。

では，こうした分蜜糖生産量の著増を台湾製糖にもたらしたものとは何であったのかと言えば，まずは1920年代後半からの甲当たり甘蔗収穫量や歩留りといった質的増産の進展であり（図8参照），生産効率の上がった分蜜糖生産量を拡大させたのが耕地白糖に他ならなかった（図12参照）。精製糖に劣らぬ品質でありながらお手頃価格の耕地白糖が消費者に歓迎されていったことは当然の結果であり，まさに質的増産と耕地白糖に牽引される形で各社大きく利益を伸ばしていった。なかでも著しい伸びを示したのが，台湾製糖をついに逆転して首位に躍り出た大日本製糖であり，戦時体制の深化によって軒並み利益金が伸び悩む3社とは対照的に利益を拡大し糖業黄金期を凌駕する水準へと達するのであった（図10参照）。

最後に，台湾製糖の持続的競争優位に陰りが見え始めついには後発企業であ

る大日本製糖に首位の座を逆転される第3次再編期に検討を加えていきたい。図12は四大製糖各社の耕地白糖生産量の推移を示したものであるが，1909年12月に技師長岡田祐二の尽力により岸内において初めて製造に成功した塩水港製糖が20年代後半まで20年近く優位性を保つ一方で，台湾製糖の急速なキャッチアップを受けることになった。そのキャッチアップが本格化する27年，第37回定時株主総会において益田専務取締役は次のように述べ，精白糖の主役が精製糖から耕地白糖へと移行しつつあるとの認識を示している。

「近来台湾ニ於ケル耕地白糖事業ガ非常ニ発達シテ参リマシタ結果，上物（精製糖＝引用者）ハ耕地白糖ニ依ツテ押サレル傾キガ有ルノデゴザイマス」[33] と。

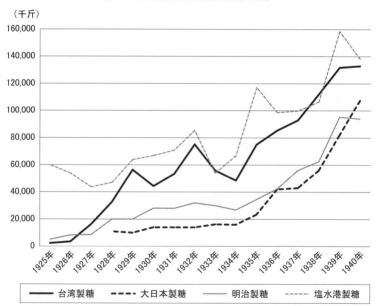

図12　四大製糖の耕地白糖生産量の推移

（注）1937年まで耕地白糖は記載されていないため，25-26年は第5種直消糖，27-31年は和蘭標本色相22号以上の直消糖，32-34年は同22号以上の双目糖，車糖，35-37年は第3種白双，白車をそれぞれ耕地白糖の生産量とした。
（出所）台湾総督府『第十四統計』78-79頁，『第十五統計』80-81頁，『第十六統計』82-85頁，『第十七統計』90-91頁，『第二十統計』84-86頁，『第二十三統計』86-91頁，『第二十六統計』84-89頁，『第二十九統計』84-89頁より作成。

そこで台湾製糖における耕地白糖の沿革を確認すると，同社が着手したのは意外に早く塩水港製糖と「殆んど時を同じうして」[34] 製造を開始したのであった。1902 年にすでに製造に成功していたジャワに技師 4 名を派遣し耕地白糖研究のための視察をスタートしていたのであり，帰国後後壁林において亜硫酸法の研究に着手しほぼ成功を見たので，塩水港製糖が初めて成功したのと同じ 09 年夏生産を実施した。翌 10 年に建設された車路墘では当初から同設備を備え 11・12 年と生産するものの，大暴風雨の影響による原料甘蔗の減産（序章図 2 参照）という「当時の糖界事情に鑑みて一時中止」された[35]。

　その後 1920 年台北に炭酸法の耕地白糖設備が併設されるまでタイムラグがあるのは，低廉・良質である耕地白糖への消費者の認知度がアップし消費が増加し出すまでいましばらくの時間を要したからである。ここで序章図 1 に消費面の変化を確認していくと，大きな変化が見られた 2 つの局面を指摘できる。大戦景気によって内地の消費水準が伸びた 21 年から 22 年にかけての局面と 32 年 1 月の消費税減税[36] を受けた 33 年以降の持続的に伸びる局面である。前者の局面では精製糖の伸びも含まれるものの，後者の局面の伸びは耕地白糖によって牽引されたものであった[37]。

　こうした需要面での変化を受け，耕地白糖を中心とした台湾分蜜糖の供給面の変化も連動していく。生産面の推移を確認すべくいま一度図 7 の分蜜糖生産量と図 12 の耕地白糖生産量を見比べてみると，1930 年代に入ってからのトレンドはほぼ同じ軌跡を辿っており，耕地白糖に牽引される形で台湾分蜜糖の生産量が増大していった。かたや序章図 1 の砂糖消費量との比較では，33 年以降一貫して増加していった消費動向とは異なり[38]，32 年の過剰生産を受け 33・34 年に糖業連合会の産糖調節が実施されたことが如実に反映されている。そして，トップ台湾製糖への後発明治製糖と大日本製糖の猛追と上位 3 社による激烈な企業間競争はすでに図 6 の生産シェアにおいて確認したところであるが，加えて各社の増産傾向をもってその競争が激化していったわけである。

　質的増産によるコスト削減と消費者ニーズの高まりに対応すべく台湾製糖は 1926 年から車路墘において本格的に耕地白糖生産を開始するに至ったこと，前述した耕地白糖設備を有する旗尾を塩水港製糖から買収したこと[39]，以上 2 点の結果が図 12 における塩水港製糖へのキャッチアップに結果したのであっ

た。そして，塩水港製糖とトップ争いを演じる38年以降では製品多角化に活かすべく初めて耕地白糖による角砂糖を製造したのである[40]。ここで強調しておきたいのは，パイオニア塩水港製糖と研究着手の差はほとんどなかった点とともに，近代製糖業にとって近い将来重要となるであろうとの認識を台湾製糖が持つことができたのも同社の農事面重視の結果に他ならなかった点である。

2　長期安定株主の存在と危機感の欠如

　大日本製糖の猛追を台湾製糖側から見るならば，1930年代後半は首位の座が危ぶまれるほどの激烈な企業間競争を大日本製糖との間で演じていたことになる。しかし，台湾製糖の株主総会における社長や取締役の発言を紐解く限り，こうした激烈な企業間競争への認識やトップの座を奪われつつあるとの危機感は確認できない。くり返されるのは堅実経営こそが近代製糖業を発展させるという同社最大のミッションにつながるという発言だけである。創立から40年を経たこの時期にあってもこうした発言がくり返された根拠は何に見出すことができるのか。やはりそれは創立時に三井物産と並んで資金面の全面的バックアップを受けた皇室所有株の存在であろう。

　そこで1930年代を中心とする台湾製糖の主要株主を整理した表12に長期安定株主の変化を確認していくと，創立時の大株主であった三井物産と内蔵頭（くらのかみ）が大株主としてなおも存在し続けていた。三井物産については一手販売契約を持続していることから理解できるところであるが，ここで注目すべきは3.1%の保有割合を維持していた皇室所有株の存在であり，投機的行動はじめ過度なまでにリスクを回避しようとする台湾製糖の堅実経営を根底から支え続けるものとなった。事実，創立から40年を経た第65回定時株主総会において益田社長は次のような認識を開陳している。

　　「台湾製糖株式会社なるものは，其創立当初より長くも我が皇室に於かれまして，日本糖業の御奨励の御趣旨に依つて御投資に与つて居る会社……皇室の御財産の一端を御預かり致して居る会社であります」[41]と。

　また，創立時に15.8%もの株式を所有していた華族関係株の存在も忘れてはならず，表12は公爵毛利元昭と伯爵林博太郎が大株主として存在し続けたことを示している。台湾製糖が創立した際，毛利は内蔵頭（くらのかみ）とともに三井物産に

表 12 台湾製糖の主要株主の推移

(株, %)

	1930年	1931年	1932年	1933年	1934年	1935年	1936年	1937年	1938年	1939年	1940年	1941年	1942年	1943年	平均
内蔵頭	39,600	39,600	39,600	39,600	39,600	39,600	39,600	39,600	39,600	39,600	39,600	39,600	39,600	39,600	39,600
	3.1	3.1	3.1	3.1	3.1	3.1	3.1	3.1	3.1	3.1	3.1	3.1	3.1	3.1	3.1
三井物産	59,560	59,560	59,560	59,560	59,560	59,560	59,560	59,560	59,560	59,560	59,560	59,560	59,560	59,560	59,560
	4.7	4.7	4.7	4.7	4.7	4.7	4.7	4.7	4.7	4.7	4.7	4.7	4.6	4.6	4.7
益田太郎	17,080	17,380	17,880	18,793	18,793	18,793	19,893	21,493	21,493	21,493	21,493	21,493	21,363	21,743	19,751
	1.4	1.4	1.4	1.5	1.5	1.5	1.6	1.7	1.7	1.7	1.7	1.7	1.7	1.7	1.6
武智直道	7,000	7,010	7,000						6,000	6,010	6,010	6,010	6,010		6,381
	0.6	0.6	0.6						0.5	0.5	0.5	0.5	0.5		0.5
毛利元昭	11,600	11,600	11,600	11,600	11,600	11,600	11,600	11,600	11,600	11,600	11,600	11,600	11,600	11,600	11,600
	0.9	0.9	0.9	0.9	0.9	0.9	0.9	0.9	0.9	0.9	0.9	0.9	0.9	0.9	0.9
林博太郎	18,310	18,310	18,310	18,310	18,310	18,310	17,210	17,210	17,210	17,210	17,210	17,210	17,210	17,210	17,210
	1.5	1.5	1.5	1.5	1.5	1.5	1.4	1.4	1.4	1.4	1.4	1.3	1.3	1.3	1.4
全体	1,260,000	1,260,000	1,260,000	1,260,000	1,260,000	1,260,000	1,260,000	1,260,000	1,260,000	1,260,000	1,260,000	1,284,000	1,284,000	1,284,000	1,264,800

(注) 主要株主とは会社関係をはじめとした長期安定株主（会社関係でない保険・銀行は除く）のことであり，上段は各年後期の株数，下段は全体に対する割合（％）を示している．なお，『株主名簿』で確認できない期は大坂屋商店［1930-42］，証券引受会社［1943］［1944］で補ったが，空欄には出所で確認できなかったものが含まれている．
(出所) 台湾製糖『株主名簿』各期版，大坂屋商店編［1931-42］，証券引受会社編［1943］［1944］より作成．

次ぐ2番目の大株主（1,000株）であったし，林も1908年から株式を引き継いだ祖父友幸（当時子爵）が6番目の大株主（500株）であったことを考えると[42]，創立以来40年以上の長きにわたり華族関係者も安定株主として同社を所有面から支えたことになる。

3 「準国策会社」的性格の功罪

極大利潤の追求に一定の制限を設けていたかのように見える台湾製糖の堅実主義は同社の経営にどのような影響をもたらしたのであろうか。そのプラス・マイナス両面の影響について最後に指摘しておきたい。まずは，台湾製糖の堅実主義が及ぼしたプラス面の影響についてジャワ糖買付を例に考えたい。

ここで注意を要するのが，ジャワ糖の輸入それ自体は精粗兼業化したいずれの製糖会社も行っていたわけで，ジャワ糖の買付がすべて問題だったわけではない点である。言い換えるならば，こうした原料糖目的以外のジャワ糖を商社が購入し，それを少なからぬ製糖会社が手持ち糖として保有し市場価格の上昇局面で売り抜くための投機買いを行っていたことが問題だったのである。1927年産糖処分協定をめぐる大日本製糖と明治製糖との激烈な販売競争の背景には，このジャワから輸入した大量の手持ち糖の存在が横たわっていたわけで，ジャワ糖が市場の攪乱要因として無視し得ない存在となっていた。

糖商によるジャワ糖をめぐる投機行動が横行するなか，台湾製糖の益田専務取締役が第36回定時株主総会において次のように発言している。

「若シ吾社ガ多少ナリトモ投機的ノ意味ヲ以ツテ必要以上ノ外糖ノ買約定ヲ致シテ居リマシタナレバ，今期ナドモ或ハヨリ以上ノ成績ヲ御目ニ懸ケ得ラレタカモ知レマセヌガ，御案内ノ如ク吾々ハ相変ラズ堅実主義ヲ以テ進ンデ居リマスル為ニ，今日提出致シマシタ結果ニ止マツタ」[43]と。

他社の手持ちジャワ糖が投機目的であることを批判したうえで，砂糖製造・販売を中心とした正常の企業活動からぶれないことが同社の堅実主義に他ならないことを1926年段階で表明したのである。そして，こうした投機的行動を回避する堅実主義こそが，長期的に安定した経営基盤を維持することによって近代製糖業を発展させ国益へと貢献するための重要な前提条件となっていた。

一方，台湾製糖の堅実主義のマイナス面を示す例として，同社の多角化に対

する姿勢について明治製糖と比較してみたい。後に第3章で検討するように，明治製糖は「多角化元年」の1916年12月に大正製菓（後の明治製菓）を設立し同年に南方ゴムの現地調査を実施する（18年9月スマトラ興業設立）など，創立後わずか10年という早い段階で多角化戦略を展開したのに対し，台湾製糖が本格的な多角化に着手するのは創立から四半世紀が経過した25年7月のこととなる。

　森永製菓との業務提携に際し約3割の株式を所有した台湾製糖からは，監査役となった武智直道とともに取締役として益田太郎が役員となったが[44]，1925年7月開催の森永製菓の臨時株主総会において益田は次のように述べている。

　　森永製菓は「世上稀に見るの大発展を遂げ来ったのみならず，前途尚頗る発展の余地ある，所謂時代に適応した一大工業であると確信した」[45]と。

　森永製菓との業務提携から11年もの月日が経過した1936年5月に同社と折半出資による森永食品を設立するが，以下は第55回定時株主総会における益田専務取締役の発言である。

　　「其遠き将来を思ひ，同時に国益の上から考へましても，我国に砂糖関係の工業を盛んならしむる事こそ，今後に於ける我糖業の根本的繁栄策で有ると信ずる」[46]と。

　この11年ものタイムラグの背景には前述した質的増産の進展によるコスト高問題の軽減という大きな変化があったとはいえ，日蘭会商問題や糖業連合会による税制改正陳情をめぐる菓子業界からの関税撤廃要求を機に[47]，ようやく消費者ニーズを理解し砂糖関連産業への多角化を本格化させた台湾製糖の消極的な姿勢を明治製糖の積極的な姿勢との対比において確認しておきたい。

　ほぼ時を同じくして発言に登場し始めるのが，航空燃料の代替燃料として重要度を増していく無水酒精についてである。アメリカからの航空機燃料輸入が禁止される1940年8月以降，戦時体制の深化にともない無水酒精製造の要請はますます強まっていくが，第56回定時株主総会が開催された37年10月という早い段階で益田専務取締役が燃料国策への貢献を口にしている点は注目される。

　　「燃料国策実行上の一策として，内地より六十万石，台湾より六十万石，合計百二十万石の無水酒精を造り，専売制度の下に法律を以てガソリン中

に一割乃至二割方混入してガソリン輸入の緩和を図らうと言ふ問題で有ります」[48]と。

堅実主義ゆえに多角化には積極的とは言えなかった台湾製糖が，高度な国策への貢献を期待される無水酒精の事業展開をめぐってはきわめて積極的であった点に[49]，皇室株を保有し続けた同社の「準国策会社」としての特殊性を見出すことができるのである。

むすび

　本章の最後に，革新的企業者活動の観点から台湾製糖の企業者史を整理した表13によって同社の企業経営の歴史を総括しておきたい。全体を鳥瞰して気づくのは，創立期と業界再編期にビジネスチャンスがもっぱら到来し，後発製糖会社のキャッチアップ以降に制約条件が到来した点である。近代製糖業のパイオニアとしてのメリットとデメリットが革新的企業者活動をめぐる経営環境の変化にも大きく影響を及ぼすと同時に，3つのレベルの革新的企業者活動に関してもビジネスチャンスの獲得が8と最も多い点が次章以降検討する3社との大きな違いとなる。

　そこでビジネスチャンスの獲得から表13を確認していくと，台湾製糖の優位性の源泉としてすでに指摘した資本面（①），原料調達面（②），販売面（③）の3つが指摘でき，1930年代までの長期にわたる競争優位を同社にもたらした点で◎と位置づけられる。3度にわたる業界再編のうち，第1次再編は台湾製糖に生産基盤の拡充をもたらす相次ぐ合併のチャンス（④）となったという点でビジネスチャンスの獲得に成功したので◎である。

　具体的には，大東製糖の合併（1907年4月），台南製糖の合併（09年8月），怡記製糖の合併（11年11月），埔里社製糖の合併（12年12月），台北製糖（16年5月）との合併であり，創立時高雄州を中心に有していた広大な原料採取区域の飛び地をつなげるとともに中部以北へも採取区域を拡大させる好機となった。また，第2次再編期の27年12月に塩水港製糖から旗尾と恒春を継承するし（⑥），第3次再編期の41年5月には新興製糖を合併することで（⑧）

むすび 57

表13 革新的企業者活動から見た台湾製糖の企業者史

	ビジネスチャンスの獲得	制約条件の克服	制約条件のビジネスチャンス化 ＝創造的適応
1900年	①皇室と三井物産の資本参加 ◎		
	②南部の原料採取区域と社有地 ◎		
	③三井物産との一手販売契約 ◎		
1911-12年			⑩2年連続の大暴風雨 ◎
1910年代	④第1次業界再編：相次ぐ合併のチャンス ◎		
1920年前後	⑤糖業黄金期の到来 ○	⑨船舶不足により砂糖輸送が厳しさを増す ○	
1920年代前半			⑪耕地白糖における塩水港製糖の優位性 ◎
1927年	⑥旗尾と恒春の事業継承 ○		
1920年代後半			⑫第2次業界再編：後発製糖会社のキャッチアップ ◎
1930年代	⑦耕地白糖の需要拡大 ◎		
1941年	⑧新興製糖との合併 ○		
1940年代前半		第3次業界再編：大日本製糖の猛追 ×	

(注) ビジネスチャンスの獲得に成功は◎。業績拡大をもたらす場合は◎。×は獲得の失敗をそれぞれ意味する。制約条件の克服に成功は◎。業績拡大をもたらすビジネスチャンス化の成功は◎。×は克服の失敗をそれぞれ意味する。なお、◎に付された番号については終章において言及される。
(出所) 筆者作成。

大日本製糖には逆転されるものの中核企業としての地位を維持するので○となる50。一方，耕地白糖の需要拡大（⑦）は当初から常に塩水港製糖をキャッチアップしトップ維持の主因の1つとなったことから，創造的適応に連動した点で◎と評価したい。

次に船舶不足による砂糖輸送面の制約条件（⑨）に対しては，1917年9月天海丸，18年4月台海丸をそれぞれ購入して委託運用し，18年竣工の木造船副海丸は高雄・香港・基隆・内地間に就航させることで克服するが，これには糖業黄金期（⑤）にともなう資金的余裕が大きく関係した。しかし，海運業界の情勢変化によってすべての船を売却するに至るので51，革新的企業者活動としては○のレベルにとどまる。そして，制約条件への対応のうち最も困難だったのは後発製糖会社への対応であったが，第2次再編期に大きくキャッチアップされる明治製糖や大日本製糖（⑫）に対しては，農事面での優位性を活かしつつ耕地白糖の生産体制も拡充させた点で◎と評価できるものの，第3次再編期の大日本製糖の猛追にあっては後発の大日本製糖に首位の座を逆転されたことから制約条件の克服に失敗したと言わざるを得ない。

制約条件のビジネスチャンス化についてはさらに2つの局面を指摘できる。まず，1911・12年に台湾を襲った大暴風雨（⑩）は暴風に弱いという甘蔗の脆弱性を露呈するものとなり，甘蔗が軒並み被害を被ったことで次年度用の蔗苗となる全茎ないしは梢頭部を失うという悲運に遭遇した。そこで高地に蔗圃を確保できる埔里社製糖と合併したことは，大暴風雨への短期的な対応にとどまらない将来に向けた新たな農事面での対応という点で◎と位置づけられる。

また，1920年前半まで塩水港製糖が圧倒的な優位を占めていた耕地白糖（⑪）についても同社とほぼ時を同じくして着手し，第2次再編期にM&Aをテコに一気にキャッチアップしてきた明治製糖と大日本製糖に対し，同設備を含む生産基盤の拡充によって生産シェアを大きく伸ばしたことは，ビジネスチャンスを獲得できた点で評価できることはすでに言及したところである。図7において確認した明治製糖と大日本製糖に劣らぬ台湾製糖の分蜜糖生産量の伸びとともに，20年代における大きな2つの制約条件への対応は単なる克服のレベルにとどまるものではなく，さらなるビジネスチャンスへと転化したことで創造的適応に値するものであった。

むすび 59

　一方，皇室の資本参加に象徴される台湾製糖の「準国策会社」的性格は民間企業が企業目的とする極大利潤の追求よりも国益への貢献を重視する形で個々の意思決定に多大なる影響を及ぼした。具体的には，国策に貢献するための余力を残すがごとくジャワ糖買付のような投機的な行動を回避し，長期的に安定した経営を生業とする堅実主義という最大の社是は鈴木藤三郎に始まる歴代の社長，取締役によって継承されていった[52]。その結果，明治製糖が推し進めたような本格的な多角化戦略は後手に回り，大日本製糖が展開した積極的 M&A 戦略も新興製糖との合併まで影を潜めることになった[53]。すなわち，極大利潤の追求という観点から見れば矛盾した行動と批判されかねない台湾製糖の一連の企業活動も，近代製糖業を発展させ燃料国策へも貢献するという国策遂行の観点から見ればあながち理解できなくもない。

　それゆえに，一民間会社ならばショッキングな出来事であったはずの首位逆転に際しても，なんら危機感を露わにすることなくいままで通りの堅実主義を貫いていったのである。事実，生産シェアで逆転され糖業連合会会長の座を大日本製糖の藤山愛一郎に譲って間もない 1941 年 3 月，新入社員向け挨拶のなかで益田社長は創立時を回顧しつつ次のように発言しており，同社創業の精神が社員にも共有されていた点で興味深い。

　　「台湾に砂糖会社を起して只金を儲けようといふのではなかつた……所謂国益の為めに，台湾が苟も我が帝国の領土内に編入された以上，同島に於ては是非とも糖業を起さねばならぬといふのが考の因であつた」[54] と。

　本章を終えるに当たり，持続的競争優位から首位逆転に至る台湾製糖の企業経営の歴史をパイオニア企業と「準国策会社」の功罪という視点から総括したい。パイオニア企業の功罪としては，数え切れない初期制約条件というデメリットを克服してあまりあるメリットが原料調達面と販売面を中心とする優位性であり，両者はまさにコインの裏表の関係にあった。そして，こうした先発性のメリットを内部化することでデメリットを克服できたがゆえに，本業重視の戦略を貫き近代製糖業の発展にも貢献するという「準国策会社」的性格のプラス面を発揮できたのである。

　具体的には，3 点の「準国策会社」的性格のメリットを指摘することができる。第 1 に質的増産の柱となる爪哇大茎種やハンドレフラクトメーターをい

表 14　台湾製糖の主要年表

		資本金 （万円）	台湾製糖及び近代製糖業の動向
1900年	12月	100	台湾製糖が創立し鈴木藤三郎が取締役社長，武智直道が常勤取締役に就任
1901年	1月		大株主協議会の開催
	2月		山本悌二郎を現地支配人に任命
	9月		総督府殖産課長新渡戸稲造が「糖業改良意見書」を児玉源太郎総督に提出
1902年	6月		台湾糖業奨励規則並びに施行細則の発布
	9月		三井物産と一手販売契約を締結
1903年	4月		新興製糖の創立
	12月		（旧）塩水港製糖の創立
1905年	2月		原料買収区域内の甘蔗栽培奨励を目的に第1回競蔗会を開催
	3月		鈴木社長の辞任にともない藤田四郎が取締役会長，山本と武智が常務取締役に就任
	6月		製糖場取締規則の発布により原料採取区域制度が実施
1906年	8月	500	500万円に増資
	12月		大日本製糖に台湾の製糖工場設立の許可
			明治製糖の創立
1907年	2月		東洋製糖の創立
	3月		塩水港製糖が創立し（旧）塩水港製糖の事業を継承
	4月	1,000	大東製糖と合併し資本金1,000万円に
1909年	4月		益田太郎が常務取締役に就任
	5月		林本源製糖の創立
	8月	1,200	台南製糖と合併し資本金1,200万円に
1910年	8月		台北製糖の創立
	10月		台湾糖業連合会の結成
			帝国製糖の創立
	12月	2,400	2,400万円に増資
			車路墘に耕地白糖設備（亜硫酸法）を加設
1911年	2月		神戸精糖の工場買収契約締結
	6月		The Bain & Company所有の鳳山（後壁林・橋仔頭区域に隣接）The Formosa Sugar and Development Company Ltd.所有の三崁店（車路墘・湾裡区域に介在）を合併する準備契約締結
	7月		怡記製糖を設立（工場を継承）
	8月		猛烈な大暴風が襲来し甚大な被害
	11月	2,550	怡記製糖と合併し資本金2,550万円に
1912年	9月		再び猛烈な大暴風が襲来し甚大な被害
	12月	2,750	埔里社製糖と合併し資本金2,750万円に
1913年	2月		台南製糖（昭和製糖の前身）の創立
			台東製糖の創立
1916年	5月	2,980	台北製糖と合併し資本金2,980万円に
1917年	9月		天海丸の進水
			南国産業の創立
			初めて台北にシュレッダーを据付け

むすび 61

			爪哇実生種と早植の普及が顕著に
1918年	4月	2,980	三菱合資より汽船台海丸を買受ける
	6月		木造汽船福海丸の進水
1920年	4月	6,300	6,300万円に増資
	10月		台湾糖業連合会が糖業連合会に改称
1921年	5月		爪哇大茎種 2725POJ, 2714POJ を初めて輸入
	10月		山本が取締役会長に就任
1925年	2月		ジャワ農業の権威ニッチマン氏を招聘し高雄上陸
	10月		山本が取締役社長, 武智と益田が専務取締役に就任
1927年	1月		ハンドレフラクトメーターについてツアイス光学社東京支配人レアンハルド氏と最初の打合せ
	4月		明治海運会社と汽船天海丸及び台海丸の売買契約を締結
			山本の農林大臣就任により取締役社長辞任, 武智が同社長に就任
			武智社長が糖業連合会会長に就任
	8月		ハワイ甘蔗農事試験所の昆虫学者コックス, フルラウェー両博士が来台
	9月		昭和製糖の創立
	10月		塩水港製糖の旗尾と恒春を買収
1928年	1月		草鹿砥祐吉考案によるハンドレフラクトメーターの試作品がツアイス光学社より届く
	12月		砂糖供給組合の結成
1930年	4月		嘉南大圳の通水開始
1932年	1月		砂糖消費税の改正
1933年	6月		昭和8年度産糖調節協定の調印
	11月		台湾総督府糖業試験所の開所式挙行
	12月		砂糖供給組合の解散
1934年	3月		昭和9年度産糖調節協定の調印
	6月		バタビアにて第1回日蘭会商の開始
	11月		後壁林を耕地白糖工場に改良する工事完成
1935年	5月		糖業連合会が日本糖業連合会に改称
1936年	5月		武智社長が任期満了により日本糖業連合会理事長を辞任
	9月		旗尾にて耕地白糖による角砂糖を試作し次年度から本格的製造へ
	11月		三崁店において耕地白糖の製造開始
1937年	10月		砂糖関税付加税の撤廃
1938年	4月		砂糖消費税の改正
	10月		製糖及び副業研究部研究室を本社構内に竣工
1939年	5月		台湾米穀移出管理令の公布
	10月		台湾糖業令の公布
			益田が取締役社長, 武智が相談役に就任
1941年	5月	6,420	新興製糖と合併し資本金を6,420万円に
	10月		武智勝と筧千城夫が専務取締役に就任
	12月		産業報国の社是と時局の重要性から各製糖所に産業報公団を組織
1942年	10月		益田が取締役会長, 武智勝が取締役社長に就任

（注）本年表には台湾製糖のみならず近代製糖業全般の重要事項が含まれている。
（出所）伊藤編 [1939] 所収「年表」1-111頁, 台湾製糖『報告書』各期版より作成。

ち早く導入し，独自の研究によってジャワの耕地白糖技術を改善するなど農事方面の研究開発に積極的に取り組むことによって，長期の競争優位を持続するリーディングカンパニーとして近代製糖業の発展をまさに牽引していったこと。第2に産糖処分協定をめぐる相次ぐ対立状況のなか，大日本製糖や明治製糖といった主要メンバーが脱会を辞さない危機的状況を打開したのも糖業連合会の利害調整機能の中核をなした台湾製糖のコーディネーター機能であったこと。そして，第3にジャワ糖をめぐる投機的行動を回避する堅実主義こそが，長期的に安定した経営基盤を維持することによって近代製糖業を発展させ国益へと貢献するための重要な前提条件となっていたこと。以上3点が台湾製糖の「準国策会社」的性格がプラスに機能した側面である。

その一方で，砂糖関連産業への積極的な多角化に後れをとり，日蘭会商問題や糖業連合会による税制改正陳情の際の菓子業界からの不満を機に，ようやく消費者ニーズの重要性を認識し多角化を本格化させていった台湾製糖の消極的姿勢については，やはり同性格のマイナス面と理解せざるを得ない。高度な国策への貢献が期待される無水酒精という副業展開をめぐってはきわめて積極的であったこととのコントラストを勘案するとき，「準国策会社」的性格が目指す方向性の違いは一目瞭然である。

すなわち，台湾製糖がパイオニア企業ゆえの優位性を維持できず首位の座を明け渡すに至った最大の要因もまた同社の営利目的にネガティブに作用した「準国策会社」的性格の負の側面に見出すことができるのであり，同性格はまさに諸刃の剣以外の何ものでもなかったことになる。

史料1　台湾製糖と三井物産の一手販売契約の変遷

【1905年9月10日契約書】（02年契約との比較）
第1条：旧第1・2条合体，追加「但場合ニ依リ双方協議ノ上特別ノ扱ヲナスコトアルベシ」
第2条：追加「販売ノ都合ニ依リ甲カラ乙ニ対シ砂糖ノ転送ヲ請求シタル場合ニハ甲ハ転送実費及其立換金ニ対スル日歩ノ外ニ乙ニ対シ手数料トシテ一俵ニ付金三銭ヲ支払フベシ」
第3条：追加「乙ハ台湾ニ於テ製造スル砂糖ニシテ甲ト同種類ノ他製造所ノ製品ヲ同一

地方ニ於テ販売セザルベシ　但予メ甲ノ承諾ヲ受クル場合ハ此限外トス」
第5条：追加「砂糖販売ノ方法ハ双方協議ノ上之ヲ定メ販売価段ハ甲ノ指定ニ従フベシ」
第6条：追加「甲乙相互間引合、計算書送達其他信書ノ往復等ハ総テ乙ノ取扱店ト甲トノ間ニ直接行ハルベキモノトス」
第10条（旧第8条）：修正「甲ハ販売及積出手数料トシテ第一条特別取扱ノ場合ヲ除キ其砂糖売上代金（割戻シヲナシタル場合ニ其割戻シ金額ヲ差引タル残高）ノ百分ノ一半（即チ百円ニ付金一円五十銭也）ヲ乙に支払フベシ」
第11条（旧第8条）：追加「但万一仲買口銭ヲ要スルトキハ予メ甲ノ承諾ヲ経ルモノトス」
第12条：追加「割戻金ヲナス場合ニハ予メ甲ノ承諾ヲ要スルモノトス」
第13条（旧11条）：削除「其金額及利息ノ割合ハ其時々甲乙協議ノ上定ムルモノトス」
追加「但乙ノ都合ニ依リ前項ノ融通ヲナサザル場合ニハ乙ハ甲ガ乙ニ委託シタル砂糖ヲ担保トシテ融通ヲ受クルニ対シ相当ノ便宜ヲ与フルモノトス」
第16条：追加「積出ニ関スル契約ハ別ニ之ヲ定ム」
第17条（旧第13条）：追加「政府ニ於テ砂糖専売執行セラレ若シクハ甲ガ他会社ニ合併セラレタルトキハ解約スルモノトス」

【1924年3月31日契約書】（05年契約との比較）
「砂糖並ニ酒精ノ内地ニ於ケル一手販売」
第1条（旧第1条）：追加「並ニ酒精ノ右地域ニ於ケル」
削除「本契約有効期間中ハ乙ノ手ヲ経スシテ他ト砂糖ヲ販売スルコトヲ得サルモノトシ」
追加「一、直接消費者ヘノ小口売並ニグラニユ糖角糖ノ如キ特種製品販売ニ対シテハ本契約ヲ適用セサルモノトス」
第2条（旧第3条全面修正）：「乙ハ予メ甲ノ承諾ヲ得ルニアラサレハ右地域内ニ於テ甲ノ製造スル以外ノ砂糖及酒精ヲ販売シ又ハ取扱ハサルヲ原則トスルモ外国糖ノ輸入販売又ハ取扱ニ就テハ此限リニ非ス」
第4条（旧第5条）：修正「販売ノ方法並ニ販売値段ハ双方協議ノ上之レヲ定ム」
第7条（旧第8条）：追加「但シ保険ヲ付スル能ハサル場合ニハ此限ニアラス」
第8条（旧第12条）：追加「割戻金、値引金、仲買口銭等ヲ要スル場合ニ於テハ乙ハ予メ甲ノ承諾ヲ得ヘキモノトスルモ至急ヲ要スル場合ニハ事後承諾ヲ得ヘキモノトス」
第9条（旧第10条）：修正・追加「甲ハ取扱手数料トシテ売上代金（前条ノ割戻、値引、仲買口銭等ヲ支払ヒタル場合ニハ是等ヲ差引キタル正味代金）ニ対シ左ノ割合ヲ

以テ乙ニ支払フヘシ

<u>分　蜜　糖　一分五厘</u>

<u>精糖耕地白糖　一　　分</u>

<u>酒精（税抜）　三分五厘</u>

但シ砂糖ノ直接消費向販売ニ限リ若シ消費税抜キニテ売約シタル場合ト雖其<u>取扱手数料ハ消費税ヲ加算</u>シタル金額ニ対シ<u>右規定ノ割合ニテ甲ハ之ヲ乙ニ支払フヘキモノトス</u>」

第10条：追加「台湾産砂糖ノ消費税ニ対シ甲カ担保入用ノ場合ニハ税額百五十万円ヲ限度トシ乙ハ有価証券ヲ以テ甲ノ為メ之カ<u>融通ヲナスモノトス　但シ之ニ要スル有価証券貸渡料ハ甲ノ負担トシ</u>其割合ハ予メ協定スルモノトス」

第11条（旧第13条）：追加「甲ハ乙ニ委託シタル砂糖ニ関シ<u>前借金ヲ要スル時ハ乙ハ該受託砂糖ヲ担保トシテ時価八掛ノ割合ヲ以テ金三百五十万円ヲ限度トシ貸金ヲ為ス</u>ヘシ此資金ハ其貸付同様ノ割合（前借金当時ノ時価ノ八掛）ヲ以テ砂糖売上代金ヨリ差引精算スルモノトスル……」

第12条：追加「砂糖ノ時価下落等ノ為メ<u>担保不足</u>ヲ来ス場合ニハ甲ハ<u>乙ノ請求ニ依リ何時ニテモ増担保</u>ヲ差入ルルカ又ハ<u>差金</u>ヲ支払フヘキモノトス」

第15条（旧第15条）：追加「一、約定製品ヲ取引先ニ引渡シタル後其取引先ニテ<u>債務不履行ノトキ</u>

一、製品ヲ税抜キニテ販売シタル場合戻税又ハ免税ノ手続ヲナスニ必要ナル<u>書類ヲ適法ノ期間内ニ取付能ハサルトキ</u>」

「一手販売製品取扱覚書」

第1条：「乙ハ甲ノ製品積出以後一切ノ取扱ヲ為スハ勿論移入台湾糖ノ<u>税務関係手続</u>ヲモ併セテ為スモノトス

但シ此税務取扱ニ付テハ規定販売手数料ノ外<u>別段取扱手数料ヲ要セサルモノトス</u>」

第4条（旧契約第9条）：追加「乙ノ手数料ハ其ノ取立金高ニ対シ一手販売契約第九条ノ料率トス」

第5条：「工業用酒精トシテ販売シタル場合其使用済証明書ハ遅クモ荷渡後六ヶ月目以内ニ取付クルモノトス若シ右期間内ニ取付能ハサル時ハ税額現金ヲ取立テ甲ニ支払ヒ後日証明書ノ交付アリタル時ハ甲ハ其金額ヲ乙ニ返戻スルモノトス」

【1929年3月26日】（24年契約との比較）

第9条：「甲ハ取扱手数料トシテ売上代金……ニ対シ左ノ割合ヲ以テ乙ニ支払フヘシ
　分蜜糖<u>一分</u>」

参考「昭和六年十月十二日　輸移出向製品販売手数料」

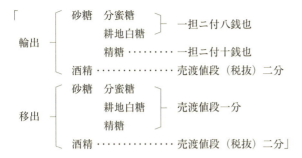

【1938年3月31日契約】(24年契約との比較)
「内地及朝鮮、樺太、台湾ニ於ケル一手販売」
第1条：削除「酒精」、追加「但シ日本糖業連合会ノ砂糖供給協定ノ規約ニ依リ<u>精製糖原料トシテ他ノ精糖会社ニ売渡ス場合又ハ</u>」
第2条：削除「酒精」
第6条：追加「事実乙ノ売約先ニ対スル<u>受渡完了迄ハ甲ノ負担トス</u>」
第7条：追加「<u>戦時保険又ハ前項記載以外ノ保険ヲ必要トスル場合ハ甲乙協議ノ上付保スルモノトス</u>」
第8条：削除「至急ヲ要スル場合ニハ事後承諾ヲ得ヘキモノトス」
第9条：追加「<u>輸出品ノ原料ニ使用セラルヽ砂糖ノ販売手数料ハ前項ニ拘ハラス別ニ協議</u>スルモノトス
第一条但書ノ場合ニ於テハ甲ハ乙ニ対シ<u>口銭支払ノ要ナキモノトス</u>」
第10条：修正「<u>国庫債券</u>」(←「有価証券」)
第15条：削除「一、約定製品ヲ取引先ニ引渡シタル後其取引先ニテ債務不履行ノトキ　一、製品ヲ税抜キニテ販売シタル場合戻税又ハ免税ノ手続ヲナスニ必要ナル書類ヲ適法ノ期間内ニ取付能ハサルトキ」
「一手販売製品取扱覚書」
第2条：削除「及既送製品ヲ甲ノ都合ニ依リ他ニ転送シタル場合」

(注)　甲は台湾製糖，乙は三井物産．下線は変更された重要な部分であり，細かい文言の修正については省略した．1929年3月26日については契約それ自体は存在せず，第9条に関する修正史料のみを確認した．なお，1902年9月に締結された最初の一手販売契約全文については，久保［1997］第5章所収の表17を参照されたい．
(出所)　台湾製糖［1903, 05, 24, 29, 38］より作成．

【注】

1 「準国策会社」とは民間会社でありながらも国策会社的な要素を見出すことのできる会社のことであり,台湾製糖の場合は皇室の資金参加や原料調達面の特権を付与されたことに加え,台湾総督府による資金援助を受けたことが同要素に当たる。詳しくは久保 [1997] 所収の第1章を参照されたい。
2 台湾総督府『第十四統計』36頁。
3 製糖会社が社有地を獲得する方法には官有地の払い下げと民有地の買収の2つがあり(根岸 [1942] 129頁),前者の中心をなしたのが台湾糖業奨励規則第3条によるものである。すなわち,「甘蔗耕作ノ為メニ官有地ヲ開墾スル者ニハ之ヲ無償ニテ貸付シ全部成功ノ後無償ニテ其ノ業主権ヲ付与ス」(台湾総督府殖産局特産課 [1927] 17頁)と規定され社有地の多くが取得された。
4 製糖会社の原料甘蔗調達方法はA.自営農園からの調達,B.小作地からの調達,C.その他一般の原料採取区域からの調達の大きく3つに分かれ,Bには製糖会社の所有地を貸し出した小作地,製糖会社が地主から借りた小作権取得地を小作地として貸し出した転小作地,それぞれからの調達地が含まれていた。小作権取得地は製糖会社にとって必ずしも有利なものではなかったが,会社自らが経営する農園を広げるために取得していた。転小作地をめぐってはまた貸しされた甘蔗作農民が製糖会社に小作料を支払い,製糖会社がまた地主に小作料を支払うという重層的な小作関係が存在したことになる。
5 原料調達面をめぐる優位性を「準国策会社」的性格の国策会社的側面と久保 [1997] では位置づけたが,第5章で明らかになるメインプレイヤー4社による激烈な企業間競争を前提として考えるとき,むしろパイオニア企業の優位性と捉えるべきである。とはいえ,広大な社有地購入をめぐる次の井上馨の発言などを見ると,将来のライバル企業を配慮した点で国策会社的側面も垣間見えよう。すなわち,「保護ト便宜トヲ有シテアル間ニ於テ当社ノ耕地ヲ買入置キ度キ希望ナリ」そうすれば「幾人ノ競争者来リテ同業ヲ起ストモ決シテ当社ノ憂フルニ足ラザル所ナリ」(台湾製糖 [1901b] 10-11頁)と。
6 台湾製糖 [1924] 3頁。
7 伊藤編 [1939] 9頁。
8 筆頭株主だったのが三井物産 1,500株であり全株式の7.5%を占めていた。なお,台湾製糖の創立に際し,内蔵寮(くらりょう:宮内省に設置された皇室経済を司る官庁)の長官である内蔵頭(くらのかみ)1,000株(5%)と毛利元昭はじめ華族 3,150株(15.8%)をあわせ皇室・華族関係で 4,150株と実に20.8%を占めていた(伊藤編 [1939] 83-87頁)。その背景については久保 [1997] 所収の第1章を参照されたい。
9 伊藤編 [1939] 133頁。
10 台湾製糖 [1903]。詳しくは久保 [1997] 所収の第5章を参照されたい。
11 台湾製糖 [1917] 13-14頁。三井物産の手数料が割安であったことは,「他ノ会社ガ依託販売ノ手数料トシテ出シテ居ル手数料ヨリハ安クトモ決シテ高クナイ」(台湾製糖 [1917] 14頁)という山本専務の発言にも示されている。また,同社に一方的に任せる販売契約でなかったことは山本の次の発言から明らかである。すなわち,「決シテ自由ニ任シテハ居リマセヌ,必ズ先方カラ相談ニ参リマシテ本社ノ販売ノ主任ト相談ヲ致シテ其都度協定ノ結果売約ヲ致スヤウナコトニナッテ居ル」(台湾製糖 [1917] 15頁)と。
12 久保編 [2009] 所収の第2章表2-3によれば,1918年7月~19年6月の三井物産のジャワ糖輸入割合は台湾製糖25.2%を大きく上回る38.2%を大日本製糖が占めていた。大日本製糖が三井物産から購入したジャワ糖には精製糖用原料糖分が多く含まれていたことはたしかだが,転売目的の投機色の強いジャワ糖買いも行っていたことになり,24年契約の伏線となっていた。
13 この三井物産側の配慮に関しては,武智社長に対する三井物産砂糖部長の文書からも明らかであ

【注】　67

る。すなわち，「世界ノ産糖ハ年々異常ノ増収ニテ糖価モ連年低落致シ……砂糖市況不振ノ折柄貴社（台湾製糖＝引用者）販売費節約ノ意味ニ於テ従来当社（三井物産＝引用者）ガ分蜜糖口銭トシテ壱分五厘頂戴致居候モノヲ……壱分ニ変更一層販売上ニ努力致度存候」（台湾製糖［1903, 05, 24, 29, 38］所収の「昭和四年三月十九日　台湾製糖株式会社社長武智直道殿　三井物産株式会社砂糖部長」）と。なお，この手数料の引き下げは両社協議のうえで決定された（同所収の「契約書　昭和四年参月弐拾五日」）。

14　1907年の輸入原料砂糖戻税法の改正により輸出精製糖が優遇されたことで内地消費向けにジャワ糖を使用するメリットは減り，内地向けは台湾分蜜糖，輸出向けはジャワ糖というすみ分けがなされるに至った。具体的には，和蘭標本色相15号未満の原料では内地消費用は1.95円，輸出用では2.25円の払い戻しとなった（『法律第二十六号（官報三月二十九日）』）。なお，同法については第2章注13を参照されたい。

15　台湾総督府『第二十九統計』156頁。1911年改正では和蘭標本色相21号未満の中双は18号未満の黄双（きざら）より0.9円高いために，ジャワ中双にわざわざカラメル着色を糖蜜に施して日本には黄双として輸入したため，多くの手間を要する分中双よりも高い価格で取引されるという変則事態が生じた。そこで内地精製糖業者としてはジャワ糖の現状に見あった税制に変えることを望んでいたが，27年関税改正によって標本色相11号以上22号未満の税率は3.95円へと統一されるに至ったのである（糖業協会編［1997］188頁，台湾総督府『第二十九統計』196-197頁）。

16　伊藤編［1939］157-158頁。
17　伊藤編［1939］160-161頁。
18　伊藤編［1939］166-167頁。
19　伊藤編［1939］183-184頁。
20　伊藤編［1939］193頁。
21　伊藤編［1939］237頁。
22　台湾製糖［1927b］9頁。
23　台湾製糖［1929a］13頁。
24　台湾製糖［1928］9頁。1941年段階における全製糖会社の甘蔗品種別の植付面積割合は2725POJ 21.7％，2878POJ 7.2％，2883POJ 33.6％で合計62.5％と爪哇大茎種が優勢であったとはいえ，台湾実生種であるF108も36.1％を占めていた（台湾総督府『第二十九統計』48-49頁）。一方，台湾製糖では29年段階で9割を爪哇大茎種が占めており，その普及に同社がいかに貢献していたかを確認できる。
25　台湾製糖［1928］8-9頁。
26　伊藤編［1939］246-248頁。甘蔗栽培に適した南部に原料採取区域を構え爪哇大茎種を積極的に採用していった台湾製糖とは対照的に，特殊地理環境下に採取区域を構えていたその他製糖会社は爪哇大茎種への品種指定とともに濃度賞与などによる歩留りの上昇が喫緊の課題となっていた。効果絶大のハンドレフラクトメーターであってもあくまでも甘蔗が成熟したタイミングを見逃さないための手段であって，甘蔗の糖度それ自体が低いようではおよそ歩留りの上昇は望めなかったのである。
27　伊藤編［1939］240-242頁。
28　糖業連合会の初代会長は山本悌二郎であるが，山本から第2代武智直道へと会長がバトンタッチされたのは農相就任にともなう台湾製糖社長の交代（1927年）を受けてのことであった（久保［1997］64頁）。したがって，27年協定後の大日本製糖と明治製糖の対立は武智が台湾製糖社長と連合会会長に就任した年に起きたことになり，武智にとっては就任早々の波乱の幕開けとなった。
29　糖業連合会の規約改正を紐解くとき（糖業連合会［1910］［1917］［1935］［1943a］［1944］），1910年規約第12条の新式製糖工場製糖能力1,000噸をもって1個の議決権となす（1,000噸未満も1議

決権）という方針は基本的に変わっていない。35 年規約で準会員が加わったことを受け，第 13 条において製糖能力 1,000 英噸のみならず精製糖の製造能力 200 噸（未満）も議決権 1 個と認めるという準会員用の議決権規約を定めていたが，43 年規約において準会員との区別はなくなる。以上からわかるように，連合会における議決権すなわち発言権の大きさは新式製糖工場の製糖能力の大きさに比例したものとなっており，第 1 回協議会（10 年 10 月 6 日）において選挙を行うことなく台湾製糖の山本社長が初代会長となったことや，第 2 代の武智も含め長期にわたって同社代表会員が会長を歴任したことの根拠も最大の製糖能力を保有した点に見出された。

30　台湾製糖［1935］11 頁。
31　台湾製糖［1929b］13 頁。
32　台湾製糖［1921］2 頁。
33　台湾製糖［1927a］6-7 頁。
34　伊藤編［1939］205 頁。
35　伊藤編［1939］206 頁。なお，台湾製糖が耕地白糖生産を本格化させたのは 1920 年台北に炭酸法による製造設備を設置してからである（伊藤編［1939］206 頁）。
36　1932 年 1 月の消費税改正によって和蘭標本色相第 18 号未満の第 2 種が 100 斤当たり 5 円から 4.55 円へ，第 22 号未満の第 3 種が 7.35 円から 6.75 円へ，精白糖（耕地白糖）である第 22 号以上の第 4 種が 8.35 円から 7.75 円へとそれぞれ引き下げられた（台湾総督府『第二十九統計』195 頁）。
37　耕地白糖が内地消費者に受け入れられていった要因として，1932 年の消費税減税や質的増産によって精白糖としていっそうの割安感が増していったことに加え，精製糖へと一段と近づいていった品質面での向上も忘れてはならない。その結果，分蜜糖生産に占める和蘭標本色相 22 号以上の割合が 32 年の 12.7％から 39 年には 23.1％へと大きく増大した（台湾総督府『第二十九統計』78-79 頁）。
38　序章図 2 や図 7 の生産量では産糖調節協定によって減少したにもかかわらず，序章図 1 の消費量が増加し続けたことは一見して矛盾しているが，1932 年までの供給過剰分が棚上げという形で貯蔵されたため，その棚上げ分を市場に放出することで消費は減少することなく増加し続けたのである。言い換えれば，砂糖消費を供給が上回ることによる値崩れを懸念して実施されたのが 33・34 年の産糖調節協定であった。
39　伊藤編［1939］206 頁。
40　神戸の角砂糖製造（精製糖）を旗尾の耕地白糖に移行すべく 1937 年に神戸の角砂糖製造機械を旗尾に移した（『砂糖経済』第 7 巻第 4 号，37 頁）。『統計』に台湾製糖の角砂糖生産が計上され出すのは 36 年のことであり，それ以降も角砂糖を生産しているのは同社だけであり（台湾総督府『第二十六統計』84-89 頁，『第二十九統計』84-89 頁），精製糖によって角砂糖を生産していた 24 年に 12,675 担だったのが，耕地白糖に移行した 39 年には 84,129 担へと 7 倍の伸びを示した（伊藤編［1939］208 頁）。なお，精製糖による角砂糖を初めて製造したのは大日本製糖であった（後述第 2 章注 37 参照）。
41　台湾製糖［1941a］14 頁。
42　伊藤編［1939］83-84 頁，台湾製糖『株主名簿（明治四十一年六月三十日現在）』1 頁。
43　台湾製糖［1926］10-11 頁。なお，第 32 回定時株主総会における益田常務取締役の以下の発言は，ハイリスクハイリターンを回避する同社の堅実主義が奏功した事実を示した点で興味深い内容である。すなわち，「平素堅実ヲ是トスル我社ハ爪哇糖買約ノ如キ比較的ノ投機ノ色彩ヲ帯ビマスル方面ハ成ルベク慎重ニ取扱ヒマスル結果，爪哇糖輸入ヨリ生ズル打撃ハ比較的ノ軽微ナモノデゴザイマシタ」（台湾製糖［1924］9 頁）と。
44　森永製菓［1954］197, 199 頁。
45　森永製菓［1954］198 頁。

46 台湾製糖［1937a］10 頁。
47 日蘭会商問題については久保［1997］所収の第3章，菓子業界からの関税撤廃要求については久保編［2009］所収の第5章をそれぞれ参照されたい。
48 台湾製糖［1937b］8 頁。
49 無水酒精の製造方法には①分蜜糖の副産物である糖蜜を原料として製造する方法と②甘蔗から直接製造する方法の2つがあったが，酒造酒から合成酒への切り替えにより米の食糧問題の緩和を目指し台湾製糖は1940年初頭に②による「合成酒製造計画」を発表した（『砂糖経済』第11巻第2号，55頁）。
50 伊藤編［1939］173-174 頁。なお，台湾分蜜糖の激増によって台湾糖を原料糖として内地精製糖を兼業化することが有利となるやそのビジネスチャンスを獲得すべく台湾製糖は他社に先駆けて神戸精糖を合併した（1911年2月）。
51 伊藤編［1939］197 頁。
52 台湾製糖の歴代社長を確認しておくと，鈴木藤三郎→藤田四郎（会長）→山本悌二郎→武智直道→益田太郎→武智勝と6代にわたるトップが存在したが（久保［1997］所収の表6参照），鈴木の勇退を受けた藤田会長を除き，台湾製糖の創立に関わった鈴木，山本，武智，同じく創立時に関わった三井物産の益田孝と武智の息子である太郎，勝が歴代のトップを継承することで，同社創立の経緯を熟知した経営陣によって「準国策会社」的性格と堅実主義経営は継承されていった。
53 第66回定時株主総会の席上，益田社長は新興製糖合併の意義を次のように述べている。すなわち，「之に伴ひ当社が四十年来堅持し来れる耕地開拓，蔗作改善のための土地所有は其の面積実に五万甲を突破したのであります」（台湾製糖［1941c］6頁）と。分蜜糖製造の「心臓部」が原料甘蔗にあったとはいえ，原料採取区域の拡大をもって合併の意義とするところに農事方面を重視した台湾製糖の姿勢を確認できる。なお，第1次再編期まで積極的にM&A戦略を展開した同社であったが，1927年に旗尾と恒春を塩水港製糖から買収して以降10年以上にわたり影を潜めた。
54 台湾製糖［1941b］3 頁。なお，この発言は前述した台湾製糖のコーディネーター機能をめぐる3つの仮説との関連で注目される。なぜなら，台湾製糖の創立が単なる民間パイオニア企業の誕生ではなく，近代製糖業の発展を通じた国益への貢献をミッションとして誕生した経緯を社長自らが新入社員に説いている点に，近代製糖業のリーダー企業としての責任感の前提条件として「準国策会社」的性格が埋め込まれていたことを確認できるからである。

第2章

大日本製糖の失敗と再生
―藤山雷太・愛一郎の革新的企業者活動と後発企業効果―

はじめに

　大日本製糖は内地精製糖業のパイオニア企業であり，事実上の経営者鈴木藤三郎が1895年12月に日本精製糖としてスタートした。同時に，明治最大の疑獄事件とまで言われた日糖事件によって一度は破産寸前の状況にまで追い込まれるものの，そこから再生・飛躍を果たし長期にわたり首位の座にあった台湾製糖をついに逆転するに至る。大日本製糖の企業経営の歴史は「失敗と再生の経営史」そのものであり，本章のリサーチクエスチョンも同社の失敗の本質とは何だったのか，みごと再生しトップ企業にまで飛躍できたポイントは何かという2つの点に集約される。

　まず，日糖事件に至る意思決定上の過誤が経営環境の変化への認識・対応いずれのレベルに見出されるのかがポイントとなる。次に，近代製糖業のトップ企業にまで飛躍させたプロセスを藤山雷太・愛一郎（以下，雷太・愛一郎と称す）による革新的企業者活動を中心に彼らの意思決定プロセスに焦点を当てつつ論じていくが，その際に失敗から学んだ教訓をいかに活かしていったのかが重要となる。

　本章では序章で言及した3つのレベルの革新的企業者活動，失敗と再生，後発企業効果という3つの分析視角を用いるが，日糖事件による失敗と後発性のデメリットという二重の制約条件にあって，雷太と愛一郎の2人の経営者が3つの革新的企業者活動，なかでも創造的適応によって同社に後発企業効果をもたらしたプロセスの解明が最も重要となる。

　最後に，失敗・再生・飛躍の各局面をあらかじめ確認しておきたい[1]。失敗

局面については当期利益金が大幅に赤字転落し無配を余儀なくされた 1909 年前期をもって位置づけたい。日糖事件が起きたのが同年 4 月であることからも大日本製糖の失敗局面と呼ぶにふさわしい。また，失敗局面前の 08 年後期の利益水準に回復し復配を実現した 11 年前期を再生局面と位置づける（後出図 15 参照）。なお，飛躍局面については生産実績も勘案しトップの生産シェアをもって台湾製糖を逆転した 40 年と位置づけたい（序章図 6 参照）。

I 大日本製糖の失敗に至る経緯

1 鈴木藤三郎と日本精製糖

大日本製糖の歴史は鈴木藤三郎が経営する小名木川[2] の小規模な製糖所を基礎に 1895 年 12 月に設立された日本精製糖[3] に遡るが，まずは鈴木がいかにして精製糖業と関わったのかについて触れる必要がある。そこで彼の生い立ちを遡りつつ，鈴木がどのようにして糖業と出会い日本精製糖業のパイオニアと称されるに至ったのかを確認しておきたい。

鈴木の思想に多大な影響を及ぼしたのは二宮尊徳であり，実家にたまたまあった『報徳の教え』に出会ったことが彼の人生を大きく変える。尊徳の教えとは「誠を尽して，よく働いて，自分の分度を守って倹約して，余したものは世間に推譲せよ」[4] という報徳訓を基礎としていたが，その教えを徹底研究して悟りを開いた鈴木が「人は，金銭や名誉を目的として働くのは間違っている。国家や社会のために，その真の幸福を増進することを目的として，仕事をするのが本当である」[5] と述べているように，58 年の生涯はこの思想の実践史に他ならなかった。

鈴木はきわめて実行的な人間であり尊徳の教えを実践すべく家業の菓子製造も「荒れ地の力で荒れ地を拓く」という方法で始めていたが，同時に氷砂糖や白砂糖の製法研究を志していた。しかし，氷砂糖を実際に製造していた家は当時 1, 2 軒だけでしかも他人には見せないという有様だったため絶望的な状況であった。東京の本屋で吉田五十穂訳『甜菜糖製造書』を手に入れるも，甘蔗糖の漂白や氷砂糖の製造には触れていなかったため鈴木を落胆させた[6]。

数年の時が経った1882年秋に尊徳の27回忌の法会が営まれる野州（現在の栃木県）今市へと森町報徳社の仲間と旅に出た帰路，宇都宮の宿屋で夜中目を覚ました鈴木は隣室で結晶の学理について議論しているのをたまたま耳にする。そして，いままでの度重なる実験が失敗に終わった原因にようやく気づいたのであった。後に精製糖事業が大成したとき「あれは尊徳の霊が，彼の熱心さに感応して，ああした奇跡を現したのだ」[7]と述べるが，満5年の歳月をかけて苦しみ抜いていた鈴木だからこそ偶然を必然へと変えることができたとも言えよう。

「国家や社会のために」という人生訓はそのまま氷砂糖の製法研究にも当てはまっていた。若い頃から砂糖を用いて菓子製造に携わりつつ高価格低品質だった氷砂糖の製法を研究する鈴木の頭には，当時日本の入超要因の1つであった砂糖を自給することへの強い思いがあった。すなわち，「国内で大量に機械生産すれば安値で売ることができ，国益にもなる」[8]と考えていたのである。自己流ながらも氷砂糖の製法を編み出した鈴木は[9]，欧米視察から帰国した99年に表した『日本糖業論』のなかで次のように述べている。

「文化ノ進歩ト共ニ精製糖ノ需用増加スルコト世界万国一軌同轍ナリ……将来自国ニ原料ヲ得ルノ望アルニ於テハ誰レカ将タ我国ノ香港ニ優ルヲ疑フモノアラン」[10]と。

2　経営環境の変化

大日本製糖の失敗分析の前提となる経営環境の変化について，まずは市場・技術両面から検討したい。図13の内地砂糖消費市場の推移が示すように，日本精製糖が設立された1895年とはまさに内地消費市場が勃興せんとする時期にあり，この96年から98年に至る砂糖消費の伸びをもって第1の市場面での環境変化と捉えたい。その後関税の改正により輸入量が減少したため（後出表16参照），一時的に消費は減るもののすぐに上昇傾向を辿った。ところが01年10月の砂糖消費税の導入によって市場は冷え込み，3年後の非常特別消費税の導入によって停滞状況を呈する。ようやく拡大しつつあった内地砂糖消費市場を停滞させてしまった砂糖消費税導入こそが失敗要因との関係で重要となる市場面の第2の変化であった。

Ⅰ　大日本製糖の失敗に至る経緯　73

図13　内地砂糖消費量と台湾からの砂糖移入量の推移

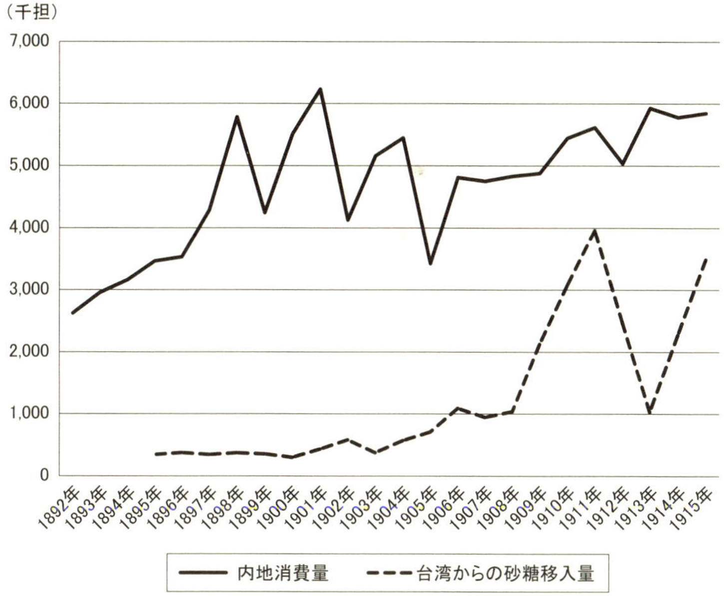

(出所）台湾総督府『統計　大正五年』5頁より作成。

　そこで砂糖消費税の沿革を表15によって確認していくと，赤糖・赤双（第1種），中双（第2種），原料糖（第3種），精製糖（第4種）への消費税率が大きく異なっていた点がまずは注目される。1904年4月から賦課された非常特別消費税分の負担増という点では赤糖・分蜜糖・精製糖ともに同じであったものの，税率は通常の税率とともに精製糖が常に高く推移しており，消費税導入以降の影響がとりわけ精製糖において大きかったことを示している[11]。事実，図13では砂糖消費税の導入で落ち込み回復基調にあったところに非常特別消費税の導入で市場は再び大きく落ち込んでおり，内地の砂糖消費市場はまさに消費税に翻弄される形となっていた。
　1904年10月の税制改正では非常特別消費税が第1種でなくなり第2種の税率が3円から2.3円に引き下げられたのに対し，第3種と第4種の精製糖関係では高い税率が維持され両者の税率負担の差は広がっていった。08年2月に恒久税率として一本化された段階ですべての税率が引き上げられたものの，引

表 15 砂糖消費税の沿革

(百斤当たり，円)

分類		1901年10月	1904年4月	1904年10月	1905年1月	1908年2月	分類の改正		1910年4月
第1種	和蘭標本色相第8号未満及糖蜜	1.00	1.00	1.00	1.00	3.00	和蘭標本色相第11号未満	甲:黒糖	2.00
						2.00		乙:白下糖	2.50
	非常特別消費税		1.00		1.00			丙:其他	3.00
第2種	同 第15号未満	1.60	1.60	1.60	1.60	5.50	同 第15号未満		5.00
							同 第18号未満		7.00
	非常特別消費税		3.00	2.30	2.80		同 第21号未満		8.00
第3種	同 第20号未満 (糖水含む)	2.20	2.20	2.20	2.20	8.50	同 第21号以上		9.00
							氷砂糖		10.00
	非常特別消費税		3.30	3.30	4.30		棒砂糖		
							角砂糖		
第4種	同 第20号以上 (氷砂糖含む)	2.80	2.80	2.80	2.80	10.00	砂糖を製造する時生じたる物	甲	2.00
								乙	3.00
	非常特別消費税		3.70	3.70	4.70		其他	甲	3.00
							糖蜜	乙	重量百斤に付9円の割合をもって算出した額
							糖水		8.00

(出所) 台湾総督府『統計』「大正五年」2頁より作成。

I　大日本製糖の失敗に至る経緯　75

き上げ幅は第1種1円，第2種1.1円であったのに対し第3種2円，第4種2.5円と大幅に引き上げられ両者の差は広がる一方であった。そして，導入後わずか6年あまりの間に分蜜糖・精製糖ともに砂糖消費税は実に3倍以上引き上げられたことになる（表15参照）。基本的に拡大基調を示しつつあった内地砂糖消費市場の停滞要因とは砂糖消費税の相次ぐ増税であった。この停滞状況について大日本製糖に改称（日本製糖と合併）後の社長に就任した酒匂常明は次のように述べている。

　「何故砂糖の消費はさう殖えぬか，是は簡単にして而して極めて有力なる理由である，是は即ち税の関係です，明治三十五年までは無税であったが……税が段々著しく毎年上がつて来る，是では幾ら文明が進んでも，砂糖はどうも殖える訳には行かない……是は実に遺憾に存じて居る所であります，其れが即ち原因である」[12] と。

　砂糖消費税とともに精製糖業の発展にとっての大きな障害が外国糖の輸入であった。輸入関税の沿革をまとめた表16が示すように，1899年の第1次条約改正までは関税自主権がなかったため外国糖は容赦なく流入していた。だが，同年の改正以降自ら税率を設定できるようになった結果，第1種（赤糖・赤双）・第2種（中双）は低い関税の恩恵を受けるに至ったのに対し，第3種（原料糖）・第4種（精製糖）は外国から輸入する際に協定税率分含め高い関税が上乗せされ，外国糖を原料糖として使用することが不利になった。

　そこで政府が講じた施策が1902年3月公布の輸入原料砂糖戻税法[13] であった。同法の効果により03年後期から市況がようやく活況を呈し，精製糖会社を設立しようとする気運が高まる。03年秋に鈴木商店経営の大里製糖所，05年には横浜精糖，湯浅精糖所（08年神戸精糖に改称）と次々と誕生。折からの起業ブームも手伝ったとはいえ，既存の日本精製糖（小名木川）や日本精糖（大阪）とあいまって内地精製糖業は乱立状態を迎えた。図13で確認した消費市場の停滞状況にあって，実に需要の3倍を超える供給過剰状態へと突入していたのである。

　大日本製糖に失敗をもたらした第2の外的要因として技術面での経営環境の変化があった。具体的には，台湾分蜜糖業の品質向上が内地精製糖市場の停滞状況をいっそう深刻化させたのである。図14は台湾製糖の創立以降台湾にお

表16 砂糖輸入関税の沿革

(百斤当たり，円)

分類		旧条約時代(~1898年12月)	1899年2月	1903年4月	1904年10月	1906年11月	分類の改正		1910年4月	1911年7月
第1種	和蘭標本色相第8号未満	0.126	0.204	0.271	0.271	1.650	第1種	和蘭標本色相第8号未満	1.650	2.500
	非常特別関税	-	-	-	1.256	-		同 11号未満	2.250	-
第2種	同 第15号未満	0.236	0.204	0.271	0.271	2.250	第2種	同 第15号未満	2.250	3.100
	非常特別関税	-	-	-	1.256	-	第3種	同 第18号未満 固定	3.250	3.350
								協定	0.743	
第3種	同 第20号未満 固定	0.236	1.523	1.540	1.540	3.250	第4種	同 第21号未満 固定	3.250	4.250
	協定							同 20号未満 協定	0.748	
	非常特別関税		0.748	0.748	0.748	0.748		同 第21号未満 固定	3.500	
								同 20号以上 協定	0.828	
第4種	同 第20号以上 固定	0.236	1.828	1.601	1.601	3.500	第5種	同 第21号以上 固定	3.500	4.650
	協定							協定	0.828	
	非常特別関税		0.827	0.827	0.827	0.827				
氷砂糖		0.315	2.213	2.449	2.449	4.900	第6種	氷砂糖・角砂糖・棒砂糖類	4.900	7.400
								その他	3.500	
糖蜜		従価5分	0.157	0.131	0.131	0.850	蜜		0.850	1.300
	非常特別関税	従価5分	従価1割	従価1割	0.244	従価4.5割				2.500
糖水		-	-	従価1割	従価1割		水		従価6割	15.300
	非常特別関税	-	-	-	従価2割					10.700

(出所) 台湾総督府『糖統計』大正五年 3頁より作成。

I　大日本製糖の失敗に至る経緯　77

図14　台湾における製糖場数と製造能力の推移

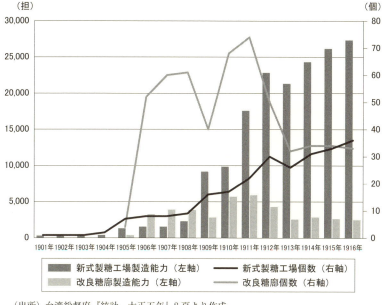

（出所）台湾総督府『統計　大正五年』8頁より作成。

いて発展していった新式製糖工場を中心とする生産設備の推移を示しており，とりわけ09年以降新式工場の著しい発展プロセスを読み取ることができる。なお，06年以降旧式糖廍と入れ替わるように普及していった改良糖廍も11年をピークに12年以降減少傾向を辿り，近代製糖業の主役を担う新式製糖工場が大きく伸びていくことになる。

　近代製糖業の躍進を受けて台湾から内地への砂糖移出量も1910年まで増大の一途を辿った（図13参照）。こうした台湾糖の移出増加が内地の精製糖市場をさらに冷え込ませ精製糖の生産過剰状況にいっそう拍車をかけたのであった。消費者からすれば消費税の負担増加によって価格が上昇した精製糖を買い控えていたところに，精製糖に近い品質を有した割安の台湾糖という代替品が登場したのであった。

　以上，大日本製糖が失敗局面を迎えるに至った経営環境の変化について整理しておくならば，ようやく拡大しつつあった内地消費市場を停滞させてしまっ

た相次ぐ消費税の増税，その停滞状況に拍車をかけた台湾糖の内地市場への流入，双方あいまって内地精製糖市場は精製糖会社の思惑とは反する形で低迷し続けたのである。その一方で精製糖会社の乱立は内地需要をはるかに上回る生産過剰状態をもたらし，限られた消費市場をめぐる過当競争が展開されていったのである。

3 失敗の本質

続いて，経営環境の変化に対して経営者がいかなる認識のもと対応していったのかという失敗の内的要因について検討していきたい。まず，市場面の変化への認識を消費税導入まもない1903年6月の『営業報告』によって確認すると，「前々期砂糖消費税法ノ実施以来，至大ノ打撃ヲ被ムリ，久シク悲境ニ沈淪セル」[14]とせっかく拡大傾向にあった市場に消費税導入は水を差したとの認識であった。また，非常特別消費税が再び引き上げられた05年12月の『営業報告』では消費税増税によって産糖調節を余儀なくされたとの厳しい認識を次のように示している。

「砂糖消費税法ノ発布アリテ重税ヲ課セラレタルノミナラス時局ノ為メ増徴又増徴左ナキタニ需要減退ノ折柄収支相償ハサルヲ以テ一時工場休業ノ止ムヘカラサル悲運ニ際会シタル」[15]と。

次に技術面の変化に対する認識だが，ここで問題となる台湾分蜜糖の品質向上は分蜜糖・精製糖の消費税率の違いとあいまって，従来までの精製糖消費分を奪う形で台湾糖が内地市場へと浸透していくことを可能とした。この点に関して1905年6月の『営業報告』は次のように述べている。

「非常特別税ニ據レル増徴ノ割合大ニ其平衡ヲ失シ精製品ニ対シテハ頗ル重税ヲ負担セシムルニ関ハラス粗糖ニ至リテハ其賦課比較的軽少ナリシヲ以テ世上一般ノ需要ハ悉ク一種二種ノ下等品ニ移リテ当社製品ノ主脳トモ謂ッヘキ三種四種ノ如キ精製品ノ需要ヲ減シ」[16]たと。

以上から明らかなように，近代製糖業における技術変化も含め内地市場の冷え込みという環境変化への認識は誤ったものではなかった。であるとするならば，大日本製糖失敗の本質は認識レベルではなく対応レベルに見出されたのであろうか。市場の停滞状況とは対照的に精製糖会社は減るどころか増える一方

であった。精製糖会社が乱立する供給過剰状況にあって，日本精製糖と日本精糖（大阪）が共倒れへの危機感から指導的役割を担いつつ合併へと動き出す。

まず，日本精製糖では1906年春に支配人磯村音介・参事秋山一裕らが重役就任以前から気脈を通じていた大阪の伊藤茂七らと大里製糖所ともども東京・大阪の両精糖会社を合併するという共同経営論を唱え，株主同士を糾合して有志団体なるものを組織した。そして，鈴木ら経営陣に対し5ヶ条に及ぶ実行条件を迫ったのである[17]。市場が停滞しているからこそこれ以上の拡張を自制し市場が好転する時期を待つべきであるとの慎重論を展開した鈴木らに対し，合併によって共倒れを防止することを急ぐべきであるとしたのが磯村ら有志団体であった。この共同経営論について酒匂は社長就任後の「砂糖共同経営に就て」と題する講演のなかで次のように述べている。

「結局共同経営の目的は，寧ろ積極的と云ふよりは消極的である，損を免れやうと云ふ方の側である……唯だ利益のみに拘泥して，直段を騰げることに努めたならば需要が減ずる，其れで直段を低くして需要を増す，直段を低うするには生産費を減ずるより仕方が無い，其生産費を減ずると云ふのが此共同経営を為すに至つたのであります，生産費を減じて直段を廉くし，需要を多くしてさうして相当の利益を得たいと云ふのであります」[18] と。

共同経営論の実践に向けた一連の合併計画は単なる経営合理化の域を超えており，鈴木ら旧経営陣が許容できる範囲を逸脱したあまりに拙速な展開であった。もはや鈴木ら創業時の中心メンバーには会社を去る他に途は残されておらず，1906年7月の臨時株主総会において鈴木は益田太郎，藤田四郎，田村武治らとともに取締役辞任を申し出て退場したのである[19]。

磯村・秋山を中心とする新経営陣のもと11月には大阪の日本精糖との合併を実現，会社名を大日本製糖と改め12月台湾分蜜糖へと進出する一方でついに共同経営論の実践に向け動き出した。翌年8月に鈴木商店経営の大里製糖所を650万円の巨費（750万円の社債募集）を投じて買収すると，08年4月には横浜精糖・神戸精糖との製造協定を成立させ創業準備過程にあった名古屋精糖を横浜・神戸両精糖会社と共同で買収するなど，わずか1年足らずの共同経営論の実践は急進主義以外の何ものでもなかった。

ここで新旧経営陣が交代する1906年7月の臨時株主総会を前後する両者の

力関係を表17の大株主（700株以上）の異動によって確認してみると，11月になって大幅に所有株式を減らすことになる旧経営陣側の株主は5月の段階で鈴木藤三郎はじめ8名17,780株，22.2％という過半を大幅に下回る所有株式にとどまっており[20]，経営陣交代に向けたお膳立ては整っていた。7月10日の臨時株主総会における旧経営陣の退場を受け，磯村・秋山ら新取締役だけで事業経営に当たることが筆頭株主の村井吉兵衛の主唱によって開催された7月20日の大株主会において決議された。一方，大阪の日本精糖においても時を同じくして事業拡張を主張する株主側と現状維持をよしとする経営陣との間で対立が見られたが，日本精製糖でも5名の合同交渉相談役が決定され8月19日には合併に関する仮契約が結ばれた[21]。

日糖事件の背景となる経営難を脱するための打開策として[22]，① 輸入原料砂糖戻税法の期限延長運動，② 砂糖消費税増税への反対運動，③ 増税必至と

表17　大日本製糖改称時の大株主（700株以上）の異動　　　　　（株）

株主氏名	1906年5月	同年11月	株主氏名	1906年5月	同年11月
村井吉兵衛	4,770	0	三井物産合名会社	800	1,000
福川フジ	4,324	3,680	鈴木久兵衛	800	0
福川忠平	4,230	4,232	中村富三郎	710	790
富倉林蔵	4,180	10	武智直道	700	0
鈴木久五郎	3,795	3,745	中村郁次郎	0	2,495
鈴木藤三郎	3,580	500	中村清蔵	180	1,380
吉川長三郎	1,520	300	中村伍作	290	1,120
磯村音介	1,400	1,600	鈴木善五郎	0	1,100
益田太郎	1,320	0	中村三郎	130	1,050
根岸亀吉	1,100	3,520	江崎礼二	270	1,020
鈴木トヨ（登代）	1,100	1,100	金子慎二	200	1,000
石原政雄	1,070	1,090	林猶吉	0	870
秋山一裕	1,000	1,200	大野藤三郎	0	820
山口仙次郎	982	982	山村源七	405	805
安部幸兵衛	910	600	堤德蔵	566	766
村上太三郎	844	1	浅野潤太郎	0	710

（出所）日本精製糖『第二十一回営業報告書』『第二十二回営業報告書』添付の『株主姓名簿』より作成。

見ての見越し輸入，④砂糖官営運動[23]，⑤会計上の不正処理[24]を行っていたが，失敗へと結果する意思決定上の問題点が3つあったことに気づく。第1にリスクの高い見越し輸入によるフル稼働生産へと踏み切ったこと，第2に消費税増税案や砂糖官営案をめぐり政界裏工作を行ったこと，第3に会計上の不正経理によって経営危機の実態を隠蔽しようとしたことであり，急進主義をめぐる負のスパイラルは政界裏工作や不正経理といった闇の世界にまで触手を伸ばすことになった。

しかし，酒匂社長でさえも与り知らない不正処理問題と闇から闇に葬られたかに見えた水面下での政界工作もついに白日のもとにさらされる時を迎えた。「市場の花形」と言われた大日本製糖株も1908年12月中旬から暴落が始まり下落はとどまるところを知らなかった[25]。こうした状況に追い討ちをかけたのが日糖事件であり[26]，新生大日本製糖の経営を引き受けることはまさに火中の栗を拾うようなものであった。

最後に，大日本製糖が破綻寸前の失敗へと至った本質について，経営環境の変化に対する認識・対応を整理した表18を見ていきたい。大日本製糖の失敗には経営環境の変化という外的要因すなわち市場面と技術面の環境変化があり，とりわけ失敗局面との関連で重要となるのは消費税増税による内地砂糖市

表18　大日本製糖経営陣の経営環境の変化への認識と対応

経営環境の変化		変化への認識	変化への対応
市場の変化①	内地消費市場の勃興 →精製糖会社設立相次ぐ	○ 旧経営陣も前向き	○ 生産規模の拡大
市場の変化②	消費税導入 →市場の冷え込み →供給過剰に	○ 供給過剰に危機感	△ 共同経営論の実践 ←急進主義
技術の変化	台湾分蜜糖の品質向上 →台湾糖の移入増大	○ 脅威と可能性	近代製糖業へ進出

（出所）筆者作成。

場の冷え込みであった。また，台湾糖の品質向上も市場を停滞させ供給過剰状況を招いていった。

　では，こうした環境変化に対する経営陣の認識と対応はどうだったのか。まず認識レベルでは，鈴木を中心とした旧経営陣時代を含めいずれの環境変化への認識もできていた。とりわけ，消費税の相次ぐ引き上げと台湾糖の品質向上にともなう過剰供給状況に対する認識は新経営陣にも確認することができ，大日本製糖失敗の内的要因は認識レベルに見出すことはできない。問題とすべきは市場の停滞による過剰生産状況に直面した経営者の対応であり，新旧経営陣の考えは真っ向から異なっていた。市場の状況を見極めるべきであるとの旧経営陣の慎重論を押し切る形で，日本精糖との合併を皮切りに共同経営論の完遂に向け新経営陣は急進主義を推し進めていったのである。

　そこで失敗の本質との関係で問題とすべきは，対応レベルの過誤をいずれの段階に見出すべきかという点である。対応レベルの過誤が最も指摘されるべきは過剰生産体制による共倒れへの危機感にもとづいて展開された共同経営論の実践である。では，磯村・秋山ら新経営陣に対応を誤らせた失敗の本質とは何であったのであろうか。それは共同経営論の実践を急ぐあまり機が熟するのを待つことのできなかった拙速さにこそ見出されよう。

　それでは，彼らをして過度の急進主義へと駆り立てたものとは何であったのか。それは株主主導の経営ヴィジョンが懸命な状況判断を曇らせ，あまりに拙速な共同経営論の実現へと急がせたのであった。たしかに企業の経営目的は極大利潤の追求にあり，結果として配当が高いことは資本主義の原理から見てなんら問題はない。しかし，それは正当なる経営がもたらす利潤の結果としての高配当であり，現実の経営状態を隠蔽し見せかけの高配当を演出するような虚業を正当化するものでは決してない。因果関係はまったく逆であった。

　要は，新経営陣が共同経営によって共倒れを回避しようとした対応の方向性それ自体は間違っていたとは言い難い。むしろここで問題とすべきは創業者の反対を押し切ってまでも拙速に物事を運ぼうとしたタイミングの問題と，その結果もたらされた経営危機を隠蔽し経営とは別世界の政界裏工作をもって打開しようとした倫理観の欠如，以上２つの対応レベルの過誤が失敗の内的要因として指摘されるべき具体的中身であった。その誤った対応策が向かった先に待

ち構えていたものとは，およそ純粋経営的な失策だけをもってしては訪れようのない破産寸前の失敗であり，株主的発想から抜け出せなかった実業観念の欠如こそが大日本製糖を失敗へと導いた本質であった。

II　整理から再生へ

1　再生請負人の登場と失敗からの教訓

　日糖事件が発覚して2週間あまり経った1909年4月27日，大日本製糖は運命的な日を迎える。この日開催された臨時株主総会の場で藤山雷太が新社長に就任したのである。渋沢栄一が再生請負人として白羽の矢を立てたのは王子製紙の整理をともに成功させた雷太だったのである[27]。大日本製糖が失敗へと至った本質が企業の市場価値をカモフラージュしようとした虚業家だったことからも実業家こそが再生請負人にはふさわしく，それを体現する人物が雷太に他ならなかった。しかし，倒産寸前の会社の再生は困難を極めることは想像に難くなく，雷太は社長を引き受けるに至った心境について就任挨拶のなかで次のように開陳し，相談役を承諾した渋沢[28]とともに困難極まりない会社再建へと歩み出した[29]。

　　「私は是はどうしても，十分の調査をして此精糖業の為に此会社の存立を謀るべき義務があるものと吾々は信じて居りますから私は此任を潔く引受けると云ふ事を今日諸君の前に告白して置きます……是は単に大日本製糖会社の存亡では無い，私立会社の存亡では無い，国家工業の興廃であると信じます」[30]と。

　大日本製糖の再生から飛躍に至るプロセスをふり返るとき，新生大日本製糖は破綻寸前までの失敗からいかなる教訓を学びその後の革新的企業者活動にいかなる形で活かされていったのかが重要となる。具体的には，失敗からの教訓として以下の5点が指摘できよう。

　①　大日本製糖の失敗の本質であった過度の急進主義への反省にもとづき，市場の動向を見極めつつしかるべきタイミングで一気呵成に実行へと移すことの重要性である。なお，この教訓は需要に見あった将来性のある事業

とは何かを見極めるという観点から，内地精製糖よりも将来性のある台湾分蜜糖へと事業の重点をスライドさせM&A戦略を積極的に展開していく過程でとりわけ活かされることとなる。
② 資金面での悪循環への反省から将来的に返済のめどが立たない過度の借り入れは回避すべきであるという教訓が生まれ，可能な限り借入に依存しない方法で自己資本による堅実経営を行うという経営方針が貫かれていったのであり[31]，東洋製糖合併から本格化していくM&A戦略に活かされていく。
③ 短期的なブームに踊らされることなく長期的なヴィジョンにもとづく堅実経営を心がけることの重要性を学んだ。そして，実際の経営においては第1次世界大戦後の糖業黄金期という一種のバブルに翻弄されないという形で活かされ，一気に債務返済を完了させることのできるチャンスであるとの認識のもと，さらなる飛躍に向けて余力を蓄えるという未来志向の対応へと結実する。
④ 堅実経営の結果としての株主配当という教訓であり，経営陣の堅実方針を理解できる健全な株主との関係は良好な労使関係の存続とともに不可欠となる。
⑤ トップ自らが本業に精通することの重要性を学んだ雷太は5度にわたる海外糖業視察に出かけ[32]，現場を経営者自身の目で見ることによって製糖業そのものを学ぶことを心がけていく。

2 教訓の実践と再生の完了

　大日本製糖の整理段階から再生へと至るプロセスを概観するとき，大きく2つのポイントがあったことに気づく。同社の当期利益金，社債・借入金と配当率の推移を示した図15に目をやると，第1のポイントとして雷太の手によって初めて株主配当を可能とした1911年前期を，第2のポイントとしてすべての社債・借入金を返済し再生段階を完了させた20年前期をそれぞれ指摘できよう。第1のポイントにまずは着目し，整理段階における再生のための基礎固めについて検討していきたい。
　雷太が再生に着手した当初いくつかの初期制約条件が存在したが，なかでも

図15　大日本製糖の当期利益金，社債・借入金と配当率の推移

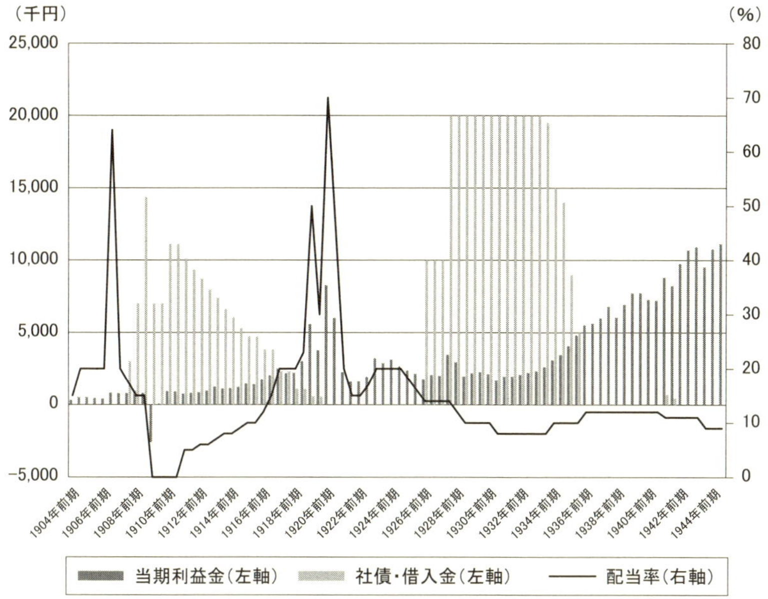

（出所）日本精製糖『報告』『営業報告』，大日本製糖『営業報告』『営業報告書』各期版より作成。

　深刻だったのが多額の債務を返済することであった。この制約条件を克服するためには内地精製糖業を活性化させることが重要であり，供給過剰状況をいかに改善していくかが課題となり，精製糖の新たなる販路を海外市場に見出すことで本業を建て直していったが，これが第1のポイントと関係する。10年間の無配当を覚悟してほしい旨を株主に伝えたほど厳しい状況のなか[33]，わずか4期2年で5％の株主配当を実現した雷太による再生スピードの速さを可能としたものとは，まさに供給過剰の活路を海外へと見出した新たなる精製糖業の展開であり，とりわけ重要な市場となったのは日露戦争以後に開拓され始めた中国市場であった[34]。

　新体制発足間もない1909年7月大阪にあった商務本部を東京本社へと移して商務部と改称，ここを拠点に上海駐在員からの情報にもとづき揚子江沿岸都市を中心に市場を開拓していったのである[35]。台湾からの原料糖移入がいまだ少ないため輸入原料糖を用いた輸出向け精製糖の生産によってフル操業を続け

同社の業績は急速に好転したのであり，雷太社長は中国輸出について次のように述べている．

「私ガ此会社ニ就任シテ以来大ニ支那市場ノ開拓ニ努メ今日ニ於キマシテモ各所ニ人ヲ派出シテ絶エズ支那市場ノ開拓ニ努メテ居リマス」[36]と．

1910年9月に製糖会社5社（台湾，明治，塩水港，東洋，新高）によって台湾糖業連合会が結成された当時，大日本製糖はすでに台湾分蜜糖業に進出してはいたものの（06年12月），あくまでも内地精製糖が主力事業であったため連合会の立ち上げには加わらなかった．その結果，加盟5社にとって原料糖売買協定の最大の交渉相手は他でもない大日本製糖となったわけである．

こうした状況のなか台湾分蜜糖会社による精粗兼業化の動きが活発となり，1911年2月に台湾製糖が神戸精糖と同年6月には明治製糖が横浜精糖とそれぞれ合併契約を結び，精製糖との兼業を開始したため大日本製糖の優位性は大きく揺らいだ．その結果，連合会における原料糖売買交渉をめぐる同社の優位な立場も弱まることになり，同年12月に連合会に加盟せざるを得なくなったのである．

台湾における分蜜糖生産は1914年から上昇の一途を辿り，17年に台湾総督府が製糖能力制限を撤廃することによってさらに上昇していった．こうした状況を受け各社は兼業化の動きをいっそう活発化させていった．台湾製糖と明治製糖が精製糖工場を増設したのに続き，帝国製糖（16年6月），新高製糖（同年7月）も精製糖に進出した．塩水港製糖が同時期に精製糖に進出しなかったのは耕地白糖の生産を11年には本格的に開始していたからであり，台湾製糖と明治製糖も耕地白糖への進出を果たしていった．

製糖会社各社の精粗兼業化が活発化していった結果，内地精製糖における優位性が大きく揺らいだ大日本製糖の危機感はさらに高まることとなったため，1916年6月に600万円の増資を行い大里製糖所の拡充や氷砂糖・角砂糖の製造設備の増設を進めていった[37]．以上，中国向け輸出の増大と内地精製糖生産の拡充の甲斐あって当期利益金は増加し社債・借入金も順調に減少していき（図15参照），大日本製糖の整理段階は再生段階へと大きく踏み出すことになったのである．

そして，1920年をもって第2のポイントとなる大きな節目を迎えることに

なった.図15の社債・借入金がこの年の後期を最後になくなっているように,再生請負人としての使命であった大日本製糖の整理は19年後期に完成したのである.「就任の当初十年を期して整理を完成す可しと声明」[38] した約束を雷太自身遵守したわけだが,それを可能にした原動力とは初期制約条件を克服させた中国市場向け精製糖輸出もさることながら戦略の重点を移していった台湾分蜜糖業が軌道に乗ったことにあった.と同時に,時を同じくして訪れた糖業黄金期を負債整理のチャンスとして利用すべく合併解禁を遅らせ株主配当を抑えることで債務返済に集中した点も忘れてはならない[39].

以上の再生局面が雷太の手によっていかに迅速に進行したかを物語る発言として,1915年5月藤山邸で開催された就任5周年祝賀会において大日本製糖の再生が雷太の尽力の賜物以外の何ものでもなかったことを渋沢は次のように強調した.

「固より種々の苦心は之れ有りたるならんと雖も,整理の月日の甚だ僅少なりしを見て其御手際の鮮なるに敬服するものなり」[40] と.

3 飛躍に向けた戦略転換

わずか10年で再生を成し遂げた大日本製糖は飛躍に向けて新たなるスタートを切る.雷太が最初に着手したのは内地精製糖用の原料糖を確保するための製糖業の充実であり,すでに1906年12月に台湾総督府の許可を受けて進出,11年7月には台湾第2を建設して製糖能力は第1とあわせて2,200噸となっていたが,およそ精製糖生産に要する原料糖を賄うレベルではなかった.しかし,製糖会社各社がひしめき原料採取区域を拡大する余地がほとんどない以上(序章参考地図参照),原料糖の自給率を上げるためには台湾とは別の地に新たなる製糖業の拠点を見出す以外方法はなかったのである.

そこで雷太が最初に目をつけたのが台湾やジャワの甘蔗とは異なる甜菜を原料とする朝鮮の製糖業であった.具体的には,新たなる精製糖用原料糖の調達先を求めて朝鮮半島の甜菜糖に目をつけ,1917年8月に朝鮮製糖を設立し雷太が社長に就任した.そして,朝鮮製糖との合併が再生局面の最終段階となる18年10月に実行され21年8月に製糖作業が開始されたのであり[41],大日本製糖の飛躍に向けた最初の動きとなった.なお,朝鮮製糖では分蜜糖のみなら

ず精製糖も製造されていた。一方，朝鮮とともに原料糖の調達先として注目されたのは甘蔗を原料とするジャワの製糖業であった。23年7月の内外製糖との合併によってゲデレンにおいて大日本製糖はジャワ製糖業に着手したわけだが，いずれの設備も「古色蒼然たるもの」[42]で同工場の製糖が開始されるのは設備改善も含めた拡張工事が完成する27年6月のことであった。

　精製糖業を主，製糖業を従とし両者の相互補完的な発展をもって飛躍に向けた第一歩を踏み出した矢先，大日本製糖に思いもよらぬ制約条件が到来した。内外製糖との合併が確定してわずか1ヶ月後の1923年9月の関東大震災によって，本社社屋の崩壊は免れたものの東京工場が崩壊したのである。大規模な修繕のため機械を取り除き建物以外の被害は少なかったとはいえ，26年6月の再建にともなう出費はこれから飛躍への道のりを歩み出そうとした同社には大きな痛手だった。なお，25年4月には台湾第1の製糖能力を3,200噸に増強し台湾における分蜜糖生産の基盤を着実に固めつつあった。

　大日本製糖は1927年大きな転機の年を迎えた。6月に拡張工事を終えたゲデレンでの製糖が開始されるとともに，新高製糖を傘下に収め7月には東洋製糖を合併した。原料採取区域が隣接し自社以上の分蜜糖工場を有していた東洋製糖との合併は，原料甘蔗の供給と分蜜糖生産能力を一気に拡大することを可能にしたという点でまさに大きな転機となった。事実，四大製糖の分蜜糖生産シェアの推移を示した序章図6に再び確認してみると，大日本製糖のシェアは28年に大きく伸びて明治製糖に肉薄するとともにトップ台湾製糖との差を大きく縮めることになった。

　そこで大日本製糖飛躍の出発点ともなった1927年についてより詳細に検討を加えていきたい。新高製糖・東洋製糖双方に変化をもたらした経営環境の変化とは同年に起きた金融恐慌に他ならなかったが，新高製糖が大日本製糖傘下に入ることになった主たる要因は新高製糖側の経営悪化にあった。戦後反動不況のため業績はふるわず26年後期に突如19万9,226円の損失を被った矢先[43]，今度は金融恐慌による糖業界の大動揺である。こうした状況を受け新高製糖の大株主であった大倉は「斯様な四囲の状勢に顧み，糖業の経営に気乗りせず，その持株を大日本製糖会社に売渡して糖業から脱退」[44]するとの意思決定を下したのである。いま一方の大株主である高島家が残っていたため新高

製糖との合併は35年まで待たざるを得なかったが[45]，雷太が社長に秋山孝之助取締役が常務取締役にそれぞれ就任し，事実上の経営権を大日本製糖が掌握したのである[46]。

新高製糖の経営権掌握と並んで金融恐慌によって大日本製糖に好機をもたらしたのが，当時1.5倍もの分蜜糖生産能力を有していた東洋製糖との合併である。金融恐慌の煽りを受けて台湾銀行が経営危機に陥り，同行にもっぱら融資を仰いでいた鈴木商店が破綻するという近代製糖業にとって重大な局面を迎えた。そこで鈴木商店が経営権を握っていた東洋製糖が売却されることとなり，朝鮮製糖や内外製糖の合併によって朝鮮やジャワに新たな原料糖の調達先を開拓しつつあった大日本製糖にとっては，台湾において広大な原料採取区域と6工場を有していた東洋製糖との合併はまさに渡りに船以外の何ものでもなかった。

雷太社長自らが「精製糖原料ノ不足ト云フ事ニ就テハ非常ナル心配ヲ持ツテ居ル」[47]と述べたように，台湾における製糖業の事業展開を本格化させることは緊急課題となっていたのである。そして，東洋製糖合併の最大の意義はそれまで内地精製糖中心であった事業を台湾分蜜糖中心へとギアチェンジさせることにあった。この点について1930年10月株主に対して出された声明書のなかで雷太社長は次のように述べている。

「小生の新方針としては台湾の粗糖業に力点を移し，自産自給の国産々業として吾が糖業の確立に努力すると共に，原料糖の製造より優秀製品たる精糖の供給に至るまで糖業の全過程を一貫して均整ある経営を為すの必要を認め，爾来台湾に於ける事業の拡張を企図し来り候処，往年偶々機会を得て東洋製糖を合併するに及び始めて所期の目的に到達し」[48]たと。

要するに，東洋製糖との合併を機に台湾製糖業へと重点をシフトさせることは内地精製糖業を軽視することを意味するものではなく，精製糖と分蜜糖との同時進行的発展に向けての事業の重点移動に他ならなかった[49]。また，合併により広大な原料採取区域が1つになることによる鉄道や運輸といった輸送面での利便性とともに人員面の効率化について言及している点は注目される[50]。

決定的に重要な意味を有した東洋製糖の合併ではあったが，スムーズにすべての工場を傘下に収めたわけではなく南靖と烏樹林については原料採取区域が

隣接していた明治製糖に事実上売却した[51]。耕地白糖設備と1,750噸の製糖能力を有した2工場[52]をなぜ同社に売却するとの意思決定を下したのだろうか。実は東洋製糖には破綻した鈴木商店の債権600万円が損失として存在しており，両工場の売却によって得た資金と東洋製糖の積立金をもって鈴木商店に対する損失を償却しようと考えたのである。雷太社長は明治製糖への売却について次のように述べている。

「処理ガ出来レバ，片付ケテ，債務ヲ減ジ借金ヲ少クシテ引受ケルノガ吾々トシテハ最モ利益デアルト信ジタノデアリマス」[53] と。

理由はそれだけではなかった。大日本製糖は前述した関東大震災にともなう工場の復旧費800万円のために1,000万円の社債を発行し，加えて東洋製糖の1,000万円分の社債を引継いだためあわせて2,000万円の社債を抱えることとなった（図15参照）。したがって，東洋製糖の鈴木商店への損失については合併以前にどうしても処理しておく必要があったのである。広大な原料採取区域[54]も含め両工場を売却することは惜しかったであろうが，負債を限りなくゼロに近づけた健全な経営基盤のうえで台湾分蜜糖業を本格展開することが失敗からの教訓からも重要となった。事実，雷太社長はこの点に関して次のように述べている。

「工場ノ固定資本ハ自分ノ資本ニ仰ガナケレバナラヌト云フコトヲ平生考ヘテ居ル，又サウデナケレバ安全デナイ」[55] と。

同じく東洋製糖との合併には失敗から学んだ教訓が他にも活かされていた。市場の動向をじっくりと見極めるという第1の教訓である。ブームに踊らされないという第3の教訓とも関連して，合併の希望は長年有していたもののその実行には慎重であったことを雷太社長自ら次のように開陳する。

「大戦争後ノ砂糖ノ暴騰カラ，砂糖ノ工場モ沢山出来マシタケレドモ，其間他ノ工場ヲ合併スルト云フ様ナコトハ，却ツテ自分ノ会社ノ基礎ヲ危クスル様ナコトニナリハシナイカト思ヒマシテ，多年其志ヲ持ツテ居リマシタケレドモ，十分ニ其目的ヲ達スルコトガ出来ナカツタノデアリマス」[56] と。

Ⅲ　トップ企業への飛躍

1　雷太から愛一郎へのバトンタッチ

　東洋製糖との合併をもって飛躍を図ろうとした大日本製糖であったが，そのためには克服すべき2つの制約条件が待ち構えていた。合併にともなって積立金や準備金を切り崩し経営状態が逼迫したことが第1の制約条件である。こうした状況に加え，1927年の消費税改正によって精製糖よりも品質の劣る（和蘭標本色相の号数の低い）直消用の分蜜糖への税率が低くなったため，内地における精製糖の生産量は大きく落ち込んだ[57]。台湾製糖業へと事業戦略の中心をスライドさせたとはいえ，精製糖用の原料糖を中心とした分蜜糖生産が大部分を占め直消糖の生産をいまだ重視していなかった大日本製糖には，まぎれもない第2の制約条件の到来であった。

　まず第1の制約条件についてだが，合併後の経営状態が芳しいものではなかったことは，当期利益金が1928年後期にかけて落ち込みその後持ち直すものの30年後期以降しばらく停滞していたことを示す図15から明らかである。雷太社長が「東洋製糖ヲ合併シタ後二ヶ年位ノ間ハ随分困難ヲシタ」[58]と述べていたことからも当時の苦労が窺われる。

　では，こうした苦境をどのようにして克服したのであろうか。1930年8月に固定資金の一部を償却するとともに，運転資金の充実と事業遂行の円滑化のために株金の振込み徴収を11月に発表したのである。時あたかも不況時における振込みの発表は市場に大きな衝撃を与え株価は暴落したが，雷太社長は長文の声明書を株主に発送し株主の理解を求めた結果，31年4月にすべての振込みを完了することができた[59]。資金面での危機を乗り切ることができた大日本製糖は北港の製糖能力を1,000噸増設し[60]，生産基盤拡充に向けて再び動き出したのである。

　第1の制約条件を克服した大日本製糖は当期利益金（図15）・分蜜糖生産（図16）ともに順調に伸ばし飛躍への第一歩を踏み出したが，こうした大きな節目を迎えようとした1934年4月，雷太は就任25周年を区切りに社長を引退

表 19 大日本製糖の主要株主の推移

(株, %)

	1930年	1931年	1932年	1933年	1934年	1935年	1936年	1937年	1938年	1939年	1940年	1941年	1942年	1943年	平均
集成社	45,140	45,140	45,140	45,140											58,892
	4.4	4.4	4.4	4.4											4.0
藤山同族	2,000	2,000	2,000	2,000	68,140	85,936	85,936	85,936	85,936	86,936	93,640	93,640	93,640	93,640	11,885
	0.2	0.2	0.2	0.2	5.5	6.9	6.9	6.9	6.9	5.8	4.9	4.9	4.9	4.8	1.0
藤山雷太	10,000	10,000	10,000	10,000	10,000	15,000	15,000	15,000	15,000						
	1.0	1.0	1.0	1.0	0.8	1.2	1.2	1.2	1.2						
藤山愛一郎	666	666	666	666	666	666	8,900	2,430	2,430	16,330	16,330	16,430	16,430	16,430	7,107
	0.1	0.1	0.1	0.1	0.1	0.6	0.7	0.2	0.2	1.1	0.8	0.9	0.9	0.9	0.4
藤山関係計	57,806	57,806	57,806	57,806	78,806	107,836	109,836	103,366	103,366	103,266	109,970	110,070	110,070	110,070	77,884
	5.6	5.6	5.6	5.6	6.4	8.7	8.9	8.3	8.3	6.9	5.7	5.7	5.7	5.7	5.7
全体	1,028,332	1,028,332	1,028,332	1,028,332	1,239,400	1,239,400	1,239,400	1,239,400	1,239,400	1,488,400	1,923,400	1,923,400	1,923,400	1,932,200	1,368,631

(注) 表12に同じ。なお、集成社は1919年2月に雷太によって創立された損害保険会社 (初代社長は愛一郎) である。
(出所) 大日本製糖『株主名簿』各期版、大坂屋商店編 [1931-42]、証券引受会社編 [1943] [1944] より作成。

し長男愛一郎へとバトンタッチしたのである。引退を表明した臨時株主総会の席上雷太は次のように述べ、引退後もなんら心配がないほど磐石な経営基盤を作り上げたことを自負する。

「是は私が明言して置きます。どんなことがあつても，もう危険はない。基礎は充分固まつた。此場合私が辞退しても諸君は安心して居られて宜しい」[61] と。

まさに飛躍へのお膳立てをしたうえでの社長交代であったわけだが，愛一郎への交代を念頭に着実に所有株式を増大させ経営基盤を固めていたのである。表19の主要株主の推移から明らかなように，愛一郎が社長に就任直後の1934年6月藤山関係株を藤山同族という形で集約し，藤山関係の割合を5.6%から6.4%へと増やしたのである。具体的には，雷太が設立し愛一郎が初代社長を勤めた集成社45,140株を「藤山同族株式会社取締役社長 藤山雷太」に移行し，30年12月から始まった「財団法人藤山工業図書館理事兼館長 藤山雷太」とあわせ藤山同族は68,140株となった。その後36年には藤山関係の割合は8.9%にまで増加し，雷太が逝去した39年には雷

太株はそのまま愛一郎へと引き継がれた。要するに、社長の座を退いた雷太であったが、相談役としてのみならず大日本製糖の大株主として愛一郎社長を強力にバックアップしたのである。

2 耕地白糖重視への戦略転換

次に第2の制約条件への対応だが、社長を引き継いだ愛一郎が最初に手がけたのが耕地白糖の本格化に向けた意思決定であった。東洋製糖合併によって同設備を有する斗六を獲得し生産をスタートさせたわけだが、あくまでも既存設備を受け継いだレベルにとどまり本腰を入れてはいなかった。台湾分蜜糖に事業の重点を移したとはいえあくまでも内地精製糖用の原料糖を中心としたものであって、耕地白糖をも含めた文字通りの分蜜糖生産へのシフトとは言えなかったのである。

こうした状況にあって耕地白糖へと本格化する転機となったのが虎尾第2における生産開始であった（1935年12月）。32年の消費税改正で精白糖の税率も引き下げられたこともあり、いっそう品質が向上した耕地白糖による精製糖への圧迫は必至であった。虎尾第2における耕地白糖生産の意思決定を表明した37年12月の株主総会の席上、愛一郎社長は次のように述べている。

「虎尾ノ第二工場ヲ白糖化スルコトニ決定イタシマシテ……耕地白糖ノ将来ト云フモノニ対シテハ私共相当ニ考慮シナケレバナラヌ」[62] と。

精製糖を中心に発展してきた大日本製糖が内地において精製糖と競合しかねない耕地白糖の本格的生産へと踏み切ったことは、一見して矛盾した意思決定のようにも見える。しかし、精製糖製品より手頃で劣らぬ品質を有する耕地白糖が内地消費者に好まれていた状況を考えるとき、その進出はごく自然な成り行きであった。耕地白糖の増加によって精製糖の内地販売は減少するが、その分を中国市場を中心とした外国市場へと輸出するというすみ分けによって、一見矛盾するかに思われた耕地白糖と精製糖の同時実現を可能としたのである。言い換えるならば、精製糖市場の低迷という第2の制約条件を克服するためには、停滞の主たる要因でもあった台湾分蜜糖、とりわけ耕地白糖の本格的生産に自ら乗り出すことが最善の策だったのである。その後も相次ぐM&A戦略の甲斐あって同設備を有する工場は増加していった。

雷太時代の東洋製糖を皮切りにスタートした大日本製糖のM&A戦略は愛一郎時代に入り新たなる展開を迎えた。事実上の経営権を握っていた新高製糖を35年6月まずは合併したが，隣接する原料採取区域が1つになることの効率化とともに分蜜糖生産能力が増大した結果，35年にはトップ台湾製糖についに追いつくのである（序章図6参照）。耕地白糖の本格化も含め愛一郎社長の手によって大日本製糖の飛躍に向けた道のりがスタートしたのである。大日本製糖がパイオニア台湾製糖と肩を並べつつあるなか，36年5月に愛一郎が日本糖業連合会理事長に就任した。大日本製糖の製糖能力が台湾製糖を上回るのは38年段階となるが，精糖能力を含めた糖業連合会における最大議決権を持つに至ったことで連合会の長となったのである[63]。内地精製糖のパイオニア企業とはいえ台湾への進出という点では後発であり，一時は存続さえもが危ぶまれた大日本製糖がついに近代製糖業の議長役にまでなったことは，同社が再生から飛躍へと大きく踏み出したことを示す象徴的な出来事であった。

　当期利益金も大きく増大していくなか（図15参照），アルミニウム生産という新規事業へと展開すべく日東化学工業を1937年8月設立し愛一郎が社長に就任するが[64]，自社用の硫安を製造することが目的であった[65]。そして，戦時体制の深化によって近代製糖業をとりまく環境も大きく変化していった。その最たるものが39年10月に公布された台湾糖業令にともなう統制経済のスタートであり，低物価政策によって糖価は低く抑えられる一方で生産費が著しく暴騰したため，製糖会社は経営的に困難な状況に追い込まれた[66]。近代製糖業に共通した変化とはいえ大日本製糖には再び大きな制約条件が訪れたことになる。価格が抑えられるなか利潤を確保するためにはいままで以上に生産コストを削減する以外方法はなく，規模の経済をいっそう追求するためさらなるM&A戦略を推進することが不可欠となった。

　金融恐慌期の第2次再編に次ぐ大きな業界再編の必要性に迫られた近代製糖業にあって，大日本製糖は第3次再編のメインプレイヤーとして機能し1939年に昭和製糖，40年に帝国製糖を相次いで合併していく[67]。そして，昭和製糖の合併で最大の製糖能力を有するに至り（序章図4参照），帝国製糖との合併によってその地位は揺るぎないものとなった[68]。なかでも当該業のトップ企業となった昭和製糖合併の意義は大きく，図16でも39年の分蜜糖生産能力と

図16 大日本製糖の分蜜糖生産能力と生産量の推移

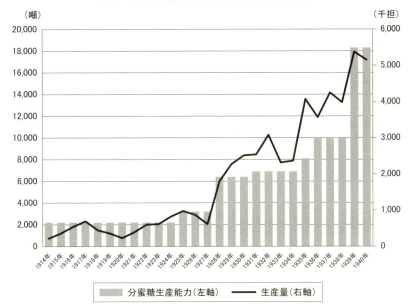

（注）生産能力については合併にともなう増加が合併の登記完了年月とはなっていないため，昭和製糖合併にともなう増加が1939年となっている。
（出所）台湾総督府『統計』所収「新式製糖場一覧表」各期版，『第十七統計』82-89頁，『第二十統計』84-86頁，『第二十三統計』86-91頁，『第二十六統計』84-89頁，『第二十九統計』84-89頁より作成。

生産量が大きく伸びるに至っている。

　そこで大日本製糖の一連のM&A戦略によって製糖能力と生産量がいかに拡大していったのかを図16によって確認すると，東洋製糖，新高製糖，昭和製糖との合併にともなう製糖能力の増加が1928, 36, 39年にそれぞれあらわれている。その一方で，生産量を規定する他の要因が存在したことにも気づく。33・34年に代表される同じ製糖能力で生産量が大きく減少する動きは製糖能力だけをもってしては説明できない。製糖会社の生産量を左右する要因として製糖能力とともに重要だったのが原料甘蔗の収穫量であり，序章でも言及した米糖相剋と糖業連合会による産糖調節が大きく影響していたのである（序章図2参照）。

3 M&A 戦略の功罪

　雷太を引き継いだ愛一郎が大日本製糖をトップ企業へと飛躍させることに成功した最大のポイントとは，金融恐慌や統制経済といった環境変化をむしろビジネスチャンスとして受け止め，業界再編の中心プレイヤーとして着実に原料甘蔗収穫量と製糖能力を拡充していった M&A 戦略の成功に他ならなかった。そこで同社の M&A の歴史をいま一度ふり返ることで同戦略の功罪を明らかにし，そのマイナス面をいかに克服していったのかについて検討したい。

　まず，大日本製糖が所有する新式製糖工場がどのように変化していったのかを表 20 によって確認することから始めたい。同表の製糖能力（1941 年 3 月）に着目すると，東洋製糖から譲り受けた北港が 3,200 噸と際立っており虎尾第 1・第 2 の合計 4,900 噸に次ぐ製糖能力となっている。東洋製糖との合併時には 1,500 噸であったが[69]，その原料採取区域の潜在的可能性に鑑み製糖能力も拡大されていったのである。それ以外にも新高製糖から譲り受けた彰化，大林（旧嘉義），昭和製糖から譲り受けた苗栗，玉井といった工場も 1,000 噸以上の製糖能力を有していたが，なかでも帝国製糖から譲り受けた崁子脚，新竹，潭子，台中第 1・第 2 は 1,000 噸以上の製糖能力を有するだけでなく耕地白糖設備を有していた点で大きく貢献した。

　と同時に，二結，新竹，竹南，苗栗，月眉，沙鹿，斗六，北港，玉井の 9 工場が大日本製糖と合併した昭和，帝国，東洋の各製糖会社にかつて合併された台南，南日本，新竹，北港，沙鹿，斗六の各製糖会社所有であり，2 度にわたり所有が変化した経験を持つことに注目したい（表 20 参照）。なぜなら，各原料採取区域が米糖相剋や特殊地理環境といった制約条件に対峙することそれ自体は，複数所有会社にまたがる変遷にあっても変わらなかったからである。

　多くの原料採取区域を中部以北に有していた大日本製糖ゆえに米作との競合や特殊地理環境は一貫して深刻な課題となり，様々な甘蔗奨励策を栽培奨励規程によって付与せざるを得なかった。後発企業として甘蔗栽培に有利とは言えない中部以北に工場を構えざるを得ず，その後の相次ぐ合併によっても南部への進出はなし得なかった大日本製糖にとって，米糖相剋や特殊地理環境という大きな制約条件をいかに克服していくかが同社の発展を左右する最重要課題となったわけである。1916-39 年の平均で 3 割の原料甘蔗を自営農園で自社調

達できた台湾製糖とは異なり，9割を原料採取区域からの買収に依存せざるを得なかった大日本製糖の場合（第1章表9参照），採取区域の農民に米ではなく甘蔗を栽培してもらうためのインセンティブを様々な形で付与しつつ質的増産を目指すことは不可避であった（後出第4章表40・表41参照）。そして，この最大の制約条件を克服できたこともトップ企業へと上り詰め飛躍局面を迎えるうえで重要なポイントとなったのである。

むすび

　大日本製糖の失敗の本質は内地精製糖市場の冷え込みと台湾糖の品質向上という2つの経営環境の変化への認識レベルではなく，対応レベルに意思決定上の過誤は見出された。そして，創業者鈴木藤三郎を社外へ追いやってまで内地精製糖業の共同経営論の実践を急いだ急進主義経営，その結果もたらされた経営危機を隠蔽し政界裏工作をもって打開しようとした倫理観の欠如，以上2つの対応レベルの過誤が失敗をもたらした具体的中身であり，その担い手が実体をともなわない企業の市場価値を操作せんとする虚業家であった点にこそ同社失敗の本質は見出された。

　大日本製糖を再生から飛躍へと導いていった藤山雷太・愛一郎が革新的企業者活動の担い手に値するアントレプレナーであったのかどうかを最後に検討するため，同社の歴史を革新的企業者活動の観点から整理した表21に検討を加えていくことにしよう。

　まず，ビジネスチャンスを獲得した局面として次の4つの局面が指摘できる。債務返済を完了させるための絶好の機会と糖業黄金期を捉え過剰な先行投資を行うことなくみごと債務をなくした局面（①）。金融恐慌による第2次再編期に新高製糖の事実上の経営権を掌握し東洋製糖を合併することで業界再編の中心プレイヤーとなった局面（②）。相次ぐM&Aも含めた設備拡張によって耕地白糖を中心とする需要拡大に対応した局面（③）。そして，統制経済による第3次再編期に新高製糖，昭和製糖，帝国製糖を相次いで合併し近代製糖業のトップ企業へと飛躍した局面（④⑤⑥）である。なかでも②④⑤⑥につい

表 20　大日本製糖所有に

所在地			製糖能力(噸)	製糖所・工場名		
台北州	羅東郡	五結庄	800（白）	宜蘭製糖所	宜蘭第1工場	宜蘭製糖所第1工場
				台南製糖（1917）	台南製糖（1919）	台南製糖（1926）
				宜蘭第2工場	宜蘭製糖所第2工場	
				台南製糖（1920）	台南製糖（1926）	昭和製糖（1928）
新竹州	中壢郡	中壢街	1,200（白）	崁子脚製糖所	崁子脚製糖所	
				帝国製糖（1939）	大日本製糖（1940）	
	新竹市	錦町	1,000（白）	新竹工場		新竹製糖所新竹工場
				南日本製糖（1915）	帝国製糖（1916）	帝国製糖（1926）
	竹南郡	竹南街	750	中港工場		新竹製糖所中港工場
				南日本製糖（1913）	帝国製糖（1916）	帝国製糖（1926）
	苗栗郡	苗栗街	1,000（白）	苗栗製糖所	苗栗製糖所	
				新竹製糖（1920）	昭和製糖（1933）	大日本製糖（1939）
台中州	豊原郡	内埔庄	800	月眉工場		月眉製糖所
				北港製糖（1914）	東洋製糖（1915）	東洋製糖（1915）
		潭子庄	1,600（白）	潭仔墘工場	潭仔工場	台中製糖所潭子工場
				帝国製糖（1918）	帝国製糖（1930）	帝国製糖（1937）
	台中市	高砂町	1,500（白）	第1工場	本工場	台中第1工場
				帝国製糖（1912）	帝国製糖（1912）	帝国製糖（1916）
			550（白）	第2工場	分工場	台中第2工場
				帝国製糖（1912）	帝国製糖（1914）	帝国製糖（1916）
	大甲郡	沙鹿庄	500	沙轆工場	沙鹿製糖所	
				沙轆製糖（1922）	昭和製糖（1933）	大日本製糖（1939）
	大屯郡	烏日庄	800	烏日製糖所		
				東洋製糖（1922）	大日本製糖（1927）	
	彰化郡	和美庄	1300（白）	彰化工場	彰化第1工場	彰化製糖所
				新高製糖（1911）	新高製糖（1921）	大日本製糖（1935）
				彰化第2工場	（事業継承→廃止）	
				新高製糖（1921）	大日本製糖（1935）	
	竹山郡	竹山街	600	竹山製糖所		
				大日本製糖（1940）		
台南州	虎尾郡	虎尾街	3,300	台湾第1工場	虎尾製糖所第1工場	
				大日本製糖（1909）	大日本製糖（1927）	
			1,600（白）	台湾第2工場	虎尾製糖所第2工場	
				大日本製糖（1912）	大日本製糖（1927）	
	嘉義郡	大林庄	1,600（白）	嘉義製糖所	大林製糖所	
				新高製糖（1913）	大日本製糖（1935）	
	虎尾郡	土庫庄	1,600	龍巌製糖所		
				大日本製糖（1936）		
	斗六郡	斗六街	800（白）	斗六製糖（1912）	斗六工場	斗六製糖所
					東洋製糖（1914）	東洋製糖（1914）
	北港郡	北港街	3,200	本工場	北港工場	北港製糖所
				北港製糖（1912）	東洋製糖（1915）	東洋製糖（1915）
	新化郡	玉井庄	1,000	噍吧哖工場，二重渓工場	噍吧哖工場	噍吧哖製糖所
				台南製糖（1913）	台南製糖（1915）	台南製糖（1917）

（注）（出所）表 11 に同じ。

至る新式製糖工場の変遷

及び所有製糖会社の変遷			
	（事業継承→廃止）		
昭和製糖（1928）	大日本製糖（1939）		
二結製糖所			
大日本製糖（1939）			
新竹製糖所			
帝国製糖（1937）	大日本製糖（1940）		
新竹製糖所竹南工場	竹南製糖所		
帝国製糖（1930）	帝国製糖（1937）	大日本製糖（1940）	
大日本製糖（1927）			
潭子製糖所			
大日本製糖（1940）			
台中製糖所第1工場			
帝国製糖（1937）	大日本製糖（1940）		
台中製糖所第2工場			
帝国製糖（1937）	大日本製糖（1940）		
大日本製糖（1927）			
大日本製糖（1927）			
玉井製糖所			
台南製糖（1924）	昭和製糖（1928）	大日本製糖（1939）	

むすび　99

表21　革新的企業者活動から見た大日本製糖の企業者史

年代	ビジネスチャンスの獲得		制約条件の克服		制約条件のビジネスチャンス化＝創造的適応	
1900年代後半			相次ぐ増税による内地市場の冷え込み→生産過剰状態に	×		
1900年代後半			⑦米糖相剋や特殊地理環境下の原料採取区域	○	⑫近代製糖業の後発企業	◎
1909年			⑧日糖事件による多額の債務返済	○	⑬失敗局面からの再スタート	◎
1910年代					⑭製糖各社の精糖兼業化、台湾分蜜糖の品質向上→精製糖における優位性が揺らぐ	◎
1910年代後半			⑨精製糖の業績不振	○		
1920年前後	①糖業黄金期の到来	◎	⑩精製糖用原料糖の不足	○		
1927年	②東洋製糖の合併	◎	⑪関東大震災で焼けた工場の再建	○	⑮鈴木商店の多額の負債	◎
1930年代	③耕地白糖の需要拡大	◎				
1935年	④新高製糖の合併	◎				
1939年	⑤昭和製糖の合併	◎				
1940年	⑥帝国製糖の合併	◎				

（注）（出所）表13に同じ。

ては金融恐慌や統制経済というマクロの経営環境の変化それ自体は制約条件となり得たわけだが，環境変化によって経営危機に陥った製糖会社を傘下に収める側としてビジネスチャンスの獲得に成功したので◎である。

では，制約条件ともなり得た経営環境にあっても M&A 戦略を遂行するためのビジネスチャンスと位置づけることができたのはなぜか。その理由として経済変動をビジネスチャンスとして活用できた経営基盤の強固さがあげられる。早い段階で負債整理を完了し過度の借入金に依存しない財務体質を確立していたことが強固な経営基盤を可能とした。また，内地砂糖消費市場の拡大と関税改正によって内地精製糖と台湾分蜜糖の有機的連関が可能となり，台湾分蜜糖への戦略転換を図る機が熟したこともたしかに大きかったが，合併のタイミングを慎重に見極めつつ将来に向けた準備を怠らなかった点をここでは業界再編を主導できた最大の要因として指摘したい。

次に，制約条件の克服という第2のレベルの革新的企業者活動の最初に指摘したいのが，月眉，烏日はじめ多くの原料採取区域が中部以北に位置していたため米糖相剋の重層構造という制約条件（⑦）と常に対峙しなければならなかった点である。台湾製糖のような自営農園の割合が大きい先発製糖会社とは異なり，採取区域の一般農民からの買い上げに多くを依存しなければならなかった大日本製糖にとって，月眉や烏日に代表される水田奨励（序章表6参照）など様々な奨励金を付与することは米糖相剋を緩和するうえで重要な方策となった。事実，農民に対して提示された甘蔗栽培奨励規程は合併を重ねながら全社的な統一を模索しつつも，特殊地理環境に配慮した区域独自の奨励策が盛り込まれていた点で○と評価できる。

雷太が大日本製糖の再建をスタートした当時3つの大きな初期制約条件が横たわっていた。具体的には，日糖事件による多額の債務返済（⑧），冷え切った内地消費市場にあって本業である精製糖業が生産過剰状態に陥り不振であったという制約条件（⑨），精製糖業を拡大させるための原料糖が不足したという制約条件（⑩），以上3つである。

三重苦とも言うべき制約条件のなかにあって大日本製糖がまず着手したのが新たなる消費市場の開拓であり，中国市場へと輸出を増大させていくことで精製糖生産を活性化させ本業を建て直していった。そして，10年は無配当を覚

悟していたにもかかわらずわずか2年で株主配当を実現し約束通り10年で整理を完了させたのである。要は，⑧⑨の初期制約条件を克服していくことを可能にしたのが海外への販路開拓であったわけだが，⑩の克服にも海外展開が奏功したことになる。

　活性化し始めた精製糖業であったが，肝心の原料糖が不足し新たな供給先を模索する必要に迫られた。そこで雷太が着手した原料糖増産策とは，台湾の製糖能力を拡充する一方で賄い切れない分を補うべく朝鮮とジャワへと進出することであった。朝鮮製糖を設立して朝鮮甜菜糖・精製糖業へ進出するとともに，内外製糖との合併によってゲダレン農場を経営しジャワ製糖業へも進出を果たす。なかでもジャワ原料糖の輸入については，ジャワ糖のコスト面の優位性を活用しつつ関税の払い戻しが継続された海外輸出向け精製糖用の原料糖として位置づけられていた。

　同じく原料糖輸入との関連では，協定関税が廃止され関税率が上昇したため内地消費向けの精製糖用の原料糖には台湾分蜜糖の移入が有利となり，製糖会社各社は相次いで精粗兼業化へと動き出したため，糖業連合会の原料糖売買交渉における大日本製糖の優位性は大きく揺らぐ（⑭）。雷太はこの制約条件を克服すべく600万円の増資を実行し，大里製糖所の拡張と氷砂糖や角砂糖の製造に力を入れたのである。以上，内地精製糖市場の冷え込みという制約条件の克服には失敗したので×であるものの，日糖事件後の⑧⑨⑩の3つの初期制約条件の克服には成功したので○となる。

　しかし，台湾糖の品質向上は内地消費市場における優位性を高め，製糖各社の精粗兼業化の進行とともに精製糖を祖業とした大日本製糖にさらなる危機的状況（⑭）をもたらした。この新たなる制約条件をめぐり大きな戦略上の転機の年を迎える。1927年に新高製糖を傘下に収め東洋製糖を合併することで，それまでの内地精製糖から台湾分蜜糖へと戦略を転換させたのであり，この戦略転換は耕地白糖生産を本格化させることで決定的なものへとなっていく。なお，東洋製糖の合併に際しては鈴木商店に対する同社の多額の負債が存在するという制約条件（⑮）とともに先の関東大震災で焼けた東京の工場再建に費用を要するという制約条件（⑪）が存在したが，南靖と烏樹林を明治製糖に事実上売却するという現実的な意思決定によって克服し，負債ゼロの健全な財

政基盤に立脚した事業戦略の転換を実現したのである。東洋製糖の合併後しばらく資金繰りが悪化するという制約条件を迎えたが，株式の振込みを社長自らが株主を説得する形で事業転換を文字通り成功へと導いたので⑪は○となる。一方⑮に関しては，2工場売却による健全な財政基盤の確立が④⑤⑥の相次ぐM&Aを可能とした点で◎の創造的適応とするのが妥当であろう。

そして，第3のレベルの革新的企業者活動である制約条件のビジネスチャンス化であるが，先にビジネスチャンスの獲得成功と位置づけた②の東洋製糖合併をめぐる意思決定が大きく関係した。既存の製糖会社を傘下に収めることで分蜜糖生産能力を増大させていくM&A戦略は後発企業であるという後発性のデメリット（⑫）を逆手にとり，内地市場において台湾分蜜糖に精製糖が駆逐されるという制約条件（⑭）を単に克服レベルにとどめることなく，その後の飛躍をもたらすM&A戦略の礎を築く制約条件のビジネスチャンス化となった点で2つともが◎となる。

では，こうした数々の革新的企業者活動のうちどの局面の企業者活動が最も創造的適応の名にふさわしい革新だったのか。内地精製糖業から台湾分蜜糖業への戦略転換を可能とし愛一郎時代にも継承される一連のM&A戦略の礎を築いた1927年の東洋製糖合併をもって，文字通りの制約条件のビジネスチャンス化が実践された局面であると結論づけたい。既存の製糖会社を合併し原料採取区域の拡大と製糖能力の増大を同時実現するという新しい戦略を根づかせた点で，創造的適応の名に値する企業者活動に他ならなかったのである。

ここで重要なポイントを忘れてはならない。この創造的適応を中心とした数々の革新的企業者活動が実践されるうえで，日糖事件に至る失敗から学んだ5つの教訓が個々の意思決定を根底から支える役割を果たした点である。失敗からの教訓なくして創造的適応や後発企業効果は現実のものとはならなかった。そして，この失敗からの教訓が慎重かつ堅実な経営に立脚したM&A戦略の展開をめぐって雷太から愛一郎へと継承されたことが親子2代にわたる累積的な革新的企業者活動を可能としたのである。なかでも大日本製糖をみごと再生させM&A戦略による生産基盤の拡充という新たなる戦略をスタートさせた雷太は，創造的適応の担い手であった点で再生請負人の名にふさわしいまぎれもないアントレプレナーであったと言えよう[70]。

表22　大日本製糖の主要年表

		資本金 (万円)	大日本製糖の動向
1895年	12月	30	日本精製糖の創立，長尾三十郎が取締役社長，鈴木藤三郎が専務取締役に就任
1896年	6月	60	60万円に増資
1899年	3月	200	200万円に増資
1904年	10月	400	400万円に増資
1906年	7月		鈴木ら経営陣が退く
	9月		酒匂常明が取締役社長に就任
	11月	1,200	1,200万円に増資し大日本製糖に改称
	12月		斗六庁管内に原料糖工場設立許可の指令を台湾総督府より受ける
1907年	8月		臨時株主総会にて大里製糖所合同の仮契約と社債750万円以内募集を決議
1908年	4月		横浜精糖，神戸精糖と製造額協定契約の成立
	9月		横浜精糖，神戸精糖と精糖共同販売契約の成立
1909年	1月		財産状態紊乱の責任を負い酒匂社長以下全重役が辞任
			事業財産状況報告のため大株主会を招集し株主は整理を全監査役に一任
	3月		大株主会を招集し後継役員選定尽力委員として藤山雷太以下5名を選出
	4月		日糖疑獄事件起こる
			全役員改選により雷太が取締役社長に就任
	7月		商務本部を大阪から本社に移転
	10月		最終債権者大会にて対債権者整理案が妥結
1910年	7月		現有工場に工場財団を設定し消費税担保及び年賦借入金のための胎権設定を決議
1911年	7月		台湾第2の落成
	8月		2度にわたり大暴風雨襲来
1912年	7月		雷太社長が欧米視察へ
1914年	10月		名古屋精糖の全財産を譲受ける
1915年	9月		雷太社長が満鮮支那視察へ
1916年	6月	1,800	1,800万円に増資
1917年	8月		朝鮮製糖が創立し雷太が取締役社長に就任
1918年	10月	2,050	朝鮮製糖と合併し資本金2,050万円に
1921年	8月		朝鮮製糖にて製糖開始
1923年	1月	2,725	内外製糖と合併し資本金2,725万円に
	3月		雷太社長が欧米視察へ
	9月		関東大震災により本社社屋が焼失し東京工場が崩壊
1925年	7月		雷太社長が南洋視察へ
	8月		臨時株主総会にて社債募集の協議
1926年	6月		東京新工場の竣工
1927年	6月		ゲデレン工場の拡張工事が竣成し製糖を開始
			新高製糖が傘下に入り雷太が取締役社長に就任
	7月	5,141.66	東洋製糖と合併し資本金5,141万6,600円に
1929年	9月		雷太社長が満州支那視察へ
1932年	3月		朝鮮製糖の甜菜糖製造を中止（精製糖は継続）

	11月		精製糖が重要産業統制法の指定を受ける
1933年	12月		第3・4回社債低利借替のため第5回社債1,500万円募集を決議
1934年	4月		雷太が社長を辞任し相談役に，愛一郎が取締役社長に就任
1935年	1月	6,197	新高製糖と合併し資本金6,197万円に
	12月		虎尾第2にて耕地白糖を製造開始
1936年	5月		愛一郎社長が日本糖業連合会理事長に就任
1937年	8月		日東化学工業が創立し愛一郎が取締役社長に就任
1938年	2月		昭和製糖との共同出資で台湾パルプ工業を設立
	6月		虎尾無水酒精工場の製造開始
	12月		雷太相談役の逝去
1939年	9月	7,442	昭和製糖と合併し資本金7,442万円に
	12月		福大公司が傘下に入り愛一郎が取締役社長に就任
1940年	5月		日本砂糖配給が創立し愛一郎が取締役社長に就任
	11月	9,617	帝国製糖と合併し資本金9,617万円に
1941年	5月		海南島事業部を設置
	6月		(財) 日東理化学研究所を設立し愛一郎が理事長に就任
1942年	9月	9,661	中央製糖と合併し資本金9,661万円に
1943年	7月		朝鮮製糖の工場閉鎖
			愛一郎が台湾パルプ工業取締役社長に就任
	11月	15,000	1億5,000万円に増資し日糖興業に社名変更

(出所) 西原編［1934］295-330頁，塩谷編［1944］153-168頁より作成。

　要するに，藤山雷太による創造的適応を中心とした革新的企業者活動とそれを継承した愛一郎[71]による革新的企業者活動，両者の密接な連携が大日本製糖に後発企業効果をもたらしたのである。

【注】
1　どの時点をもって失敗・再生局面と捉えるかその基準を何に求めるかという点は，失敗と再生を論じるうえで最も重要な分析フレームワークとなるが，先行研究においてもその基準は明示されていない。そこで当期利益金が赤字に転落し株主配当がゼロになった時点を失敗局面，当期利益金が黒字化し配当が復活した時点をもって再生局面と捉えたい。なお，飛躍局面は生産実績を含めかつて経験したことのない業績を達成した時点とする。
2　小名木川の工場からは台湾製糖取締役となった草鹿砥祐吉や明治製糖取締役になった久保田富三はじめ多くの技術畑出身の経営者が巣立つなど技術者の修行の場となった（月岡［1959］14頁）。
3　創立時の社長は長尾三十郎，専務取締役が鈴木藤三郎であったが，日本精製糖の事実上の経営者は鈴木に他ならなかった。
4　鈴木［1956］12-14頁。
5　鈴木［1956］16-17頁。
6　鈴木［1956］24, 30-32頁。
7　鈴木［1956］34-37頁。
8　地副・村松［2010］6頁。
9　地副・村松［2010］7-8頁。1884年福川泉吾の資金援助を受け氷砂糖工場を建設した後，95年精製糖工場を完成し個人経営の鈴木製糖所を日本精製糖へと株式会社化し，そして，96-97年機械

購入と技術習得のため欧米製糖事業の視察へと赴いた。
10　地副・村松［2010］82頁。
11　精製糖である第4種の税率は上昇傾向を辿る。1901年10月に2.8円の消費税が導入されて以降04年4月には非常特別消費税3.7円を加え実質6.5円に値上がり，05年1月非常特別消費税がさらに1円増加して7.5円に，08年2月にはついに10円に増加する（表15参照）。なお，台湾分蜜糖の移入が本格化していなかった当時，内地消費市場の主役は赤糖であった。内地砂糖消費市場における精製糖，赤糖，分蜜糖の3年ごとの平均を見ていくと（単位：千斤），167,347，214,401，99,605（1906-08年），147,845，233,143，136,785（9-11年），139,251，212,214，124,206（12-14年）と赤糖の消費量が最も多くなっている（台湾総督府『統計　大正三年』27頁より算出）。
12　酒匂［1908a］837頁。
13　輸入砂糖（和蘭標本色相第14号以下）を原料とし輸入後1年以内に政府の承認を得て精製糖または氷砂糖を製造するものは，その原料に対して納付した輸入税に相当する金額の下付を政府に請求できるとした（「法律第三十三号（官報三月二十六日）」）。なお，1907年改正については第1章注14を参照されたい。
14　日本精製糖『第拾五回営業報告』4頁。
15　日本精製糖『第二十回営業報告』3頁。
16　日本精製糖『第拾九回営業報告』6-7頁。
17　有志団体名で鈴木社長に要求された実行条件とは，① 内地・台湾における既存製糖会社との大合同，② 精製糖用原料糖を確保するため台南に工場を新設，③ 清国への販路拡張のため同地に工場を新設，④ 以上の計画を実行するため未払込資本金100万を振込，⑤ 必要に応じ800～1,000万円を増資，以上5項目であった（西原編［1934］6頁）。
18　酒匂［1908b］885頁。
19　西原編［1919］6頁。磯村ら新経営陣との経営方針をめぐる対立だけをもって自らが創立した会社を去ることはやはり考え難い。実は，磯村たちに会社を乗っ取られるに至った背景には，創立以来女房役として日本精製糖を切り盛りしていた吉川長三郎が病床に倒れ，鈴木の名代として同社の経営をチェックできなくなるという事情があった。鈴木が日本精製糖の経営を行う一方で，台湾製糖の社長，製塩法と醤油醸造法の改革，衆議院議員等の激務を兼任できたのもひとえに吉川のおかげだった。1905年に社長を辞した台湾製糖ともども糖業にこだわらなくなった理由について鈴木は，「もはやだれにでも経営できるこの事業は希望者に任せて，自分は製塩法や醤油醸造法の改革に専心して，発明の才能を与え給うた天意に随順したいという使命感に，強く促されていたから」（鈴木［1956］241頁）と語っている。
20　8名のうち象徴的存在が筆頭株主であった村井吉兵衛4,770株であったが，日本精製糖の株主でなくなる直前の1905年6月に台湾製糖の大株主として登場する。しかも三井物産1,650株，毛利元昭1,350株に次ぐ第3位の1,100株という保有株式であり（台湾製糖『第五回報告書』所収の「株主姓名表」（明治参拾八年六月参拾日現在）19頁），その後も長期安定株主として所有面から台湾製糖を支えていった。
21　西原編［1919］168頁，西原編［1934］7頁，糖業協会編［1962］336頁。
22　西原編［1939］305-306頁。
23　日露戦争の不景気と税制改正によって内地の精製糖業は経営が困難になっていたため，台湾の分蜜糖業へと移行すべきとの認識は新経営陣にもあった。磯村らの考えは台湾の虎尾に建設中の分蜜糖工場に注力し内地精製糖業は政府の専売事業として買収してもらうというもので，これが「砂糖官営運動」の中身に他ならなかった（月岡［1959］13頁）。
24　ここで1つの疑問が残る。経営の実態は火の車であったにもかかわらず，1906年後期の64％配当を筆頭に高配当が続き当期利益金も計上されていたのである（大日本製糖株式会社『第二十二回

営業報告』15頁)。また，株価においても大日本製糖の株式 (50円振込み) は「市場の花形」とまで称され一時は170円の最高値を記録した (西原編 [1934] 10-11頁)。実は，現実の経営状態とのギャップにはからくりがあった。営業成績については虚偽の会計処理によって表面上はなんら問題ないように見せかけていた。同じく高い株価を維持できたのにもからくりがあった。当時政府は砂糖消費税の担保として会社自身の株券を国庫に預け入れることを認めており，これに即応して百数十万円の株券を預けていた。そこで重役陣は「日夜其の会社の株式をして騰貴せしめんことを欲」し，「其の相場下落すれば之を買入れて消費税の担保として国庫に供託し，其相場騰貴すれば，現金を納めて株券を引出し，之を市場に売却」(渋沢 [1909a] 3頁) したのであった。こうして操作された株価は会社の経営内容とは切り離されたレベルで展開していったのである。

25 「株式の市価は忽ち百七十円から四十二年の発会には五十円台を割り九月には四十二円に転落し」(西原編 [1939] 310頁) た。

26 日糖事件にいたる一連の意思決定プロセスにおいて酒匂社長の影が薄いことに気づく。渋沢栄一は「酒匂君は案外計算の事に疎い人であつた。即ち計算上の事に関しては，極く軽く云へば呑気な人，悪く言へばボンヤリした人であつた。若し酒匂君が今少し早く会社の計算に疑惑を懐いて呉れたならば，或は頽瀾を既倒に回す事が出来たのであつたかも知れない」(渋沢 [1909b] 453頁) と述べている。

27 1896年6月雷太は王子製紙に入社し渋沢栄一社長を大川平三郎とともに専務取締役として支えたが，大川専務と齟齬を来すことが多く渋沢社長に対し，「あなたは王子製紙の社長をやめて貰ひたい……大川君が居ては私は責任を以て経営する事が出来ません」(西原 [1939] 189頁) と直訴し，結果として大川は平取締役技師長となり雷太だけが専務となったという逸話が残されている。一悶着あったにもかかわらず再生請負人として雷太に白羽の矢を立てたのは他でもない渋沢その人であり，就任を固辞した雷太を数回にわたり説得した渋沢の指名について，「渋沢男爵の御厚誼に感激して」と雷太は述べている (西原 [1939] 320, 323頁)。

28 大日本製糖『第二十八回営業報告』3頁。

29 紆余曲折を経て滞納税金の処理が完全に終了したのは1911年1月だった。なかでも政府の滞納税金をめぐっては桂太郎大蔵大臣及び若槻礼次郎大蔵次官の「深厚なる同情」がどれほど日糖の整理を進捗させたか計り知れないと雷太は回顧している (西原編 [1934] 58頁)。

30 西原編 [1919] 33-34頁。

31 とはいえ，社債・借入金にまったく依存しなかったわけではない。図15の社債・借入金の推移を見ると1926年前期から再び増加し始めていることがわかるが，これは第2の教訓が活かされていなかったのではなく磯村たちの時代とは意味するところが異なっていた。すなわち，台湾分蜜糖業に事業の中核を移しその生産基盤を確固たるものにするための設備拡充であり，再生を果たした大日本製糖がいっそうの飛躍を遂げるうえで不可欠な事業拡大となった。

32 雷太の海外視察は1912年7月欧米視察，15年9月満鮮支那視察，23年3月欧米視察，25年7月南洋視察，29年9月満州支那視察，以上5回である (表22参照)。

33 西原 [1939] 553頁。

34 香港の二大精製糖会社 (太古糖局，怡和製糖公司) が強固な地盤を有していた中国市場へと進出できた前提として (西原編 [1934] 62-63頁)，輸入原料砂糖戻税法によって低廉な輸入原料糖を使用できたことが大きかった。

35 西原編 [1919] 80-81頁。この中国向け輸出の拡大については雷太社長の次のような発言がある。すなわち，「六年前支那輸出糖総額は僅に一ヶ年二十四五万俵に過ぎなかったものが漸次支那に販路を拡張した結果段々と数量を増加し昨年 (1928年＝引用者) は百五十万俵以上に達しました数量の点から申せば日本内地の消費以上に支那に出る様になりました」(「砂糖工業に就て　大日本製糖株式会社々長藤山雷太氏講演」『中央新聞』大正4年8月30日付) と。

36 大日本製糖［1916］6頁。
37 西原編［1919］115-117頁。角砂糖は1907年12月大日本製糖の大阪工場工務長に就任した松江春次が初めて製造に成功したものであり、台湾製糖は後に耕地白糖による角砂糖の製造をスタートさせる（第1章注40参照）。なお、松江は雷太の社長就任に際し宿願の台湾糖業の開発を目指し大日本製糖を去った後、斗六製糖の専務取締役や新高製糖の常務取締役を歴任し、21年11月には南洋興発の設立を主導しサイパンにて製糖作業を開始した（武村編［1984］78-79, 145-147頁）。
38 西原編［1934］99頁。
39 その一例が、ライバル3社に比べ低く抑えた株主配当によって確認できる。ピーク時である1920年前期の当期利益金と配当率を比較すると（単位：千円、％）、台湾製糖15,331と100、明治製糖8,450と108、塩水港製糖10,385と100に対して大日本製糖は8,260と70という具合に配当を低く抑えていた（台湾製糖『第弐拾参回報告書』20頁、明治製糖『第二十一回営業報告書』16頁、塩水港製糖『第十六回営業報告書』17-18頁、大日本製糖『四拾九回報告書』14-15頁）。利益規模の違いがあるとはいえ、ほぼ同じ利益を計上した明治製糖との38％の違いが借入返済を急ぐ雷太社長の姿勢を物語っている。
40 西原編［1919］105頁。
41 一連の合併をスタートさせる1919年（朝鮮製糖合併）とは大日本製糖の整理が完全に完了する20年の直前である点にも注目したい。社債・借入金がゼロとなることが確実となった段階で合併へと動き出したことに第2の教訓が活かされていた。
42 西原編［1934］120頁。
43 西原編［1935］40頁。
44 西原編［1935］42-43頁。
45 近い将来新高製糖を合併したいとの希望を有していたことを雷太社長の次の発言が示している。すなわち、「新高製糖ト云フモノヲ吾々ハ今経営シツヽアル、即チ私ガ社長トシテ経営ヲシテ居ル、是レモ矢張リ隣接シタ所ニアリマシテ、若シ将来合同スルヤウナ機会デモ生ジマシタナラバ、合併ガ出来ハシナイカト云フ希望ヲ私ハ持ツテ居リマス」（大日本製糖［1927］10-11頁）と。
46 塩谷編［1944］86頁。
47 大日本製糖［1927］1頁。
48 西原編［1934］185頁。
49 本業の精製糖生産と矛盾するものではなくむしろ相互促進的な関係にあったことは、① 精製糖工場の製糖能力を満すだけの原料糖を当時の台湾2工場だけでは賄い切れないこと、② 直消用の分蜜糖と精製糖の共存は双方あいまって営業の基礎を強化すること、以上2つの理由からも明らかである（西原編［1934］156-157頁）。
50 「台湾ニ於テハ採取区域ト云フモノハ政府ガ定メテ……非常ニ接近シタモノデモ他ノ方へ持ツテ行ク事ハ出来ナイ。……ソレガ今度ハ広イモノガ一緒ニナツテシマフ、鉄道モ便利、運輸モ便利、其他、人モ減ラシ重役モ減ラス事ガ出来ル、経営上ニ於ケル有形無形ノ利益ハ大ナルモノガアラウト思フ」（大日本製糖［1927］10頁）。
51 東洋製糖が南靖と烏樹林を（新）明治製糖に事実上売却することによって、東洋製糖が抱えていた負債を背負うことなく同社を大日本製糖は合併した。なお、2工場売却をめぐる詳細については第3章の注53を参照されたい。
52 台湾総督府『第十五統計』6頁。
53 大日本製糖［1927］4頁。同じく2工場を明治製糖に売却することは株主にも歓迎されるであろうと、雷太社長は次のようにも述べている。「大日本製糖会社ノ株主モ、従来ノ東洋製糖会社ノ株主モ、安全ナル財産状態ノ下ニ於テ株主ニナルヤウニシナケレバナラヌ……其結果、東洋製糖ノ一部ノ工場ハ他ニ売却スル方ガ利益デアルト云フコトヲ私ガ裁断シタノデアル」（大日本製糖［1927］

【注】 109

54 南靖と烏樹林をあわせた所有地は4,000甲と明治製糖5工場の所有地全体よりも1,400甲も多く(「台湾糖各社(八)」『国民新聞』昭和2年7月22日付)、耕地白糖設備とともに同社にとって魅力的な買収となった。逆の見方をすれば、それだけ大日本製糖にとっては惜しい2工場の売却だったことになる。
55 大日本製糖［1927］3頁。
56 大日本製糖［1927］2頁。
57 内地精糖の生産量は1928年に867万担であったのが消費税改正によって減少傾向を辿り、32年には521万担まで減少した(台湾総督府『第二十九統計』157頁)。
58 大日本製糖［1932］9頁。
59 西原編［1934］182-184頁。
60 西原編［1934］327頁。
61 西原編［1939］556頁。
62 大日本製糖［1934］7頁。愛一郎社長は「単ニ耕地白糖ノ問題バカリデナク将来台湾ニ於キマシテ白イモノヲ作ルト云フコトガ我々ノ目的ノ一ツデナケレバナラヌ」(大日本製糖［1934］7頁)と述べるが、ここでの「白イモノ」とは耕地白糖による耕地精糖のことである。なお、精製糖に最初に着手した大日本製糖が1940年2月には東京の精製糖工場を閉鎖する。外国糖輸入の禁止や公定価格制定による精製糖と耕地白糖の同一価格販売といった戦時事情があったとはいえ(『砂糖経済』第10巻第3号、59頁)、耕地白糖が精製糖を凌駕したことを雄弁に物語る出来事であった。
63 1936年3月段階の製糖能力は11,330噸と9,950噸であり(台湾総督府『第二十四統計』6頁)、それを踏まえた糖業連合会における議決権(千噸未満当たり1)は12と10であったわけだが、精糖能力は台湾製糖350噸、大日本製糖850噸で議決権(200噸未満当たり1)は4と9となり、製糖能力分をあわせると議決権は16と19と大日本製糖が台湾製糖を上回っていた(第1章注29参照)。愛一郎が日本糖業連合会理事長に就任するだけの製造能力を大日本製糖が保有していたことになる。
64 「軍需工業ノ確立トフヤナ、非常ナ時節的ナ呼声ニ依ツテ此仕事ヲ始メタノデハナイノデアリマシテ……一時的ナ際物ノ仕事ヲ始メルト云フ風ニ御考ヘヲ戴キタクナイノデアリマス……相当ニ深イ確信ト、長イ間ノ研究調査ニ依リマシテ仕事ヲ進メテ来タヤウナ次第デアリマス」(大日本製糖［1937］18頁)。大日本製糖所有の北大東島から出る燐酸礬土砿にアルミナが50%近く含まれたことから研究が開始され、アルミニウム、硫安、化成肥料の3つが主たる製品だった(大日本製糖［1937］15-16頁)。
65 月岡［1959］16頁。
66 塩谷編［1944］124-125頁。
67 合併の時期については株主総会において決議された年に統一しているため、『統計』に記載される月の違いから図16の1940年には帝国製糖合併の成果が盛り込まれていない。
68 帝国製糖合併後の1941年末の製糖能力を同年3月段階の製糖能力をもとに算出してみると、大日本製糖25,500噸、台湾製糖17,750噸、明治製糖15,500噸(43年台東製糖合併で16,400噸に)という具合に(台湾総督府『第二十九統計』6, 8頁より算出)、大日本製糖と台湾製糖の差が大きく拡大している。なお、相次ぐ合併に際しても愛一郎社長がかつての失敗から学んだ堅実経営と合併による生産力拡充の重要性を次のように強調している点は注目される。すなわち、「今後私共ガ会社ヲ経営シテ参リマスルト致シマスルナラバ、何ガ一番今後ニ於テ必要デアラウカト申スコトハ、無論資産ノ内容ガ堅実デアルト云フコトハ第一デアリマス……更ニ会社トシテ生産力ヲ持ツト云フコトガ今後ノ時代ニ最モ必要ナコトニナツテ来ル」(大日本製糖［1940］4頁)と。
69 台湾総督府『第十六統計』6頁。

70　1934年4月の社長引退祝賀会において若槻礼次郎は次のように発言している。すなわち,「大日本製糖会社を更生せしめるが為めに立派な整理案を作つて,而して今日は此の祝賀会を開いて藤山君の功績を称へなければならぬやうになされたのは,総て藤山君の精力と誠意との結果である」(西原編［1939］343頁)と。

71　雷太から愛一郎へと継承された革新的企業者活動の連続性の一方で,両者の相違点に関わる逸話として,大日本製糖をみごと再生させたことへの自負から雷太が「大日本製糖はおれのものだ」,「一番の大株主もおれだ」(愛一郎［1952］57頁)と言って憚らなかったのに対し,愛一郎は「もうそういう時代じゃないんだ」と反論した。また,雷太の死ぬ2年前のある日,雷太と経営方針をめぐって大喧嘩となり,愛一郎は1ヶ月半家に帰らなかったほどであった(愛一郎［1952］57-58頁)。

第3章
明治製糖の多角的事業展開
―相馬半治・有嶋健助の革新的企業者活動と後発企業効果―

はじめに

　本章では明治製糖の企業経営の歴史を2つの観点から論じていきたい。1つは，パイオニア台湾製糖の創立から後れること6年後の1906年12月に創立した明治製糖が，大日本製糖とともに台湾製糖をキャッチアップし激烈な企業間競争を演じるに至る。そして，トップ企業の台湾製糖を逆転するには至らなかったもののそれに迫る猛追を実現したという点で後発企業効果を発揮した。この観点からはなぜ明治製糖は後発企業効果を実現することができたのか，後発性のメリットをいかに内部化し後発性のデメリットをいかに克服したのかという問いに対し，相馬半治がいかなる革新的企業者活動を実践したのかが重要なポイントとなる。

　いま1つは，近代製糖業のメインプレイヤーでありながら分蜜糖生産だけに固執することなく早い段階で多角化戦略を展開し，「大明治」と称されるまでに成功を収めた点である。この本格的な多角化からは次の問いが想起される。そもそも分蜜糖生産を主たる事業とする当該業にあってなぜそれ以外の事業部門へと踏み出したのか。「平均保険の策」という相馬の革新的なヴィジョンと関連させつつ論じていきたい。

　また，重層的な多角化展開が成功したポイント，言い換えるならば，本業と他の事業を両立させ相互促進的に発展させていったポイントは何に見出すことができるのか。具体的には，相馬とのベストパートナーシップをもって「大明治」の革新的企業者活動を現実のものとした有嶋健助の存在にも注目したい。そして，明治製糖の多角化を成功へと導いた相馬・有嶋の革新的企業者活動こ

そが後発企業効果を同社に発揮させた点で，2つの論点は密接に関連していたことが明らかにされる。

I　明治製糖の多角化方針

1　相馬半治と明治製糖

　1869年7月8日相馬半治は尾張国（現在の愛知県）丹羽郡犬山町に生まれたが，96年7月東京工業学校（後に東京高等工業学校→東京工業大学）応用化学科を最優等で卒業して助教授，応用化学科工場長となり，99年5月文部省より製糖業と石油業研究のため米独英へ3年間の留学を命ぜられた。その途中のジャワを皮切りに欧米3ヶ国における視察・研究が相馬にとっての製糖業との出会いとなったが，製糖業への理解を深めるうえでドイツの甜菜糖工場視察は特に有益であったと留学を回顧して次のように述べている。

　　「恥しながら砂糖製造に就ては，まだ一知半解のものであつたが，独逸の各所……に大体の事柄を会得し，続いて米国に於て甘蔗，甜菜糖業とも相当の上塗をなし，帰途布哇の本場に立寄つて仕上をなし」[1]た，と。

　なかでも相馬の人生を大きく変えることとなったのが東京工業学校の先輩で当時日本郵船ロンドン支店長だった小川鋿吉からのアドバイスだったと，明治製糖の取締役として相馬を支えた久保田富三は次のように回想する。

　　「小川氏から今後，製糖業が日本でも必要なことを力説されたのです。これが相馬氏の生涯を決めたといえるでしょう」[2]と。

　視察から帰国した相馬は1903年7月東京高等工業学校教授と再び応用化学科工場長となるが，大きな転機となったのが04年2月台湾総督府からの嘱託で黎明期にあった近代製糖業を視察したことであり，「業況甚だ振はない」台湾糖業の現状を目の当たりにする[3]。こうした相馬の思いをいっそう強くさせたのは，04年台湾総督府糖務局技師を兼務することになり12月から3月の製糖期間に台湾の糖業改善に関与してからである。11月には台南糖務支局糖務課長に就任するが[4]，その間視察した内容については祝辰巳糖務局長に進言した以下の発言から明らかである。

「かゝる小規模の工場では経済上存立の見込がないのみならず，寧ろ後日，大工場の出現を妨害するものであるから，今後は一層大規模工場を奨励するの良策たる」[5]と。

なお，この進言が現実のものとなるのは1910年に台湾総督府が新式製糖工場の製糖能力制限を撤廃する段階であり，08年の2,300噸から11年には17,600噸へと製糖能力は大きく増大した[6]。その後05年6月には大島，沖縄，天草，四国等を視察する機会に恵まれ日本国内において「大組織の製糖業興起の見込は少い」ことを実感する一方，結果を残していなかった台湾分蜜糖業に対しては「台湾の地勢風土が製糖業に好適なるは，最近二箇年間の調査研究によつて，十分な自信を得ることゝなつた」[7]と明治製糖創立に向けて自信のほどを覗かせた。そして，当該業を自らの一生の生業とすることを決意したことは以下の述懐からも明らかである。

「社会的には己れの事業を通して多少なりとも国家に貢献し，社会に奉仕したい，これが私の最後の目的であつた。この目的を達せんため，私は製糖業を選択した。蓋し，砂糖は人生の必需品であつて，将来大に発展の余地ある事業と信じたからである」[8]と。

近代製糖業が有望であることを確信した相馬は，台湾から帰国した1906年5月小川に対し収支計算書を見せつつ日産750噸の工場建設を再び進言した。それに同感した小川は同僚の浅田正文と祝台湾総督府財務局長兼糖務局長を訪ね糖業振興策の今後について質問したところ，「多額の物質的補助を為す能はず。されども飽くまで行政的方法にてその奨励を持続するの意あり」と回答したため明治製糖創立の許可を懇請する。しかし，祝局長は時期尚早と難色を示すものの後藤新平民政長官との数回に及ぶ電報交渉の結果，「大資本家が強ひて補助を依頼せず，堅忍持久の意気込を以て本業を経営する」ことを条件に7月には台湾総督府も歓迎したのである[9]。

1906年12月29日明治製糖の創立総会は開催され創立委員長であった渋沢栄一を相談役，小川を取締役会長，相馬を専務としてスタートした[10]。会社関係の大株主としては1,300株の相馬が筆頭で，500株の渋沢，小川が続いていた[11]。小川が東京本社，相馬が台湾事務所を担当することになったため相馬は明治製糖創立にあわせて東京高等工業学校教授などの官職を辞している。同社

創立に際し台湾製糖と旧塩水港製糖がすでに事業をスタートしていたが,「台湾製糖と共に苦心惨憺,事業の進展に努めて居たが,何れも十分な成績を挙ぐることが出来なかつた」[12]という相馬の評価通りの状況であった。そこに大きな変化をもたらしたのが本格的な台湾糖業振興策となる製糖場取締規則公布による原料採取区域制度のスタートであり,明治製糖の創立以降も大日本製糖の台湾進出(06年12月),東洋製糖(07年2月),塩水港製糖の創立(同年3月),林本源製糖(09年5月)の創立が相次ぐことになる[13]。そして,同振興策は後発企業としてスタートした明治製糖に後発性のメリットとして機能したのである。

2 近代製糖業の制約条件と「平均保険の策」

その一方で,明治製糖には後発性のデメリットも存在した。この制約条件こそが同社の多角化方針と密接に関連していたのであり,相馬は多角化の目的について次のように述べている。

> 「明治製糖会社の事業は創立以来順調に発展し,諸積立金は年と共に増加して社運隆昌の機運を示した。然るに台湾の糖業は最早拡張の余地に乏しく,内地の精製糖も亦殆ど行詰りの観があつた。こゝに於て一には資金の利用と砂糖販路の拡張を図り,二には年の豊凶により兎角業績不安の製糖事業に対してこれが平均保険の策を講ぜんがため,一面砂糖を原料とする工業に投資し,他面甘蔗栽培より得たる経験を更に熱帯地方の事業に利用せんことを思ひ立つた。前者は明治製菓株式会社,後者はスマトラ興業株式会社である」(傍点=引用者)[14] と。

多角化が必要である理由を以下の3点に見出していたわけだが,とりわけ注目されるのは不安定要因という制約条件を多角化によって克服しようとした「平均保険の策」という相馬独自の考えである。

① 蓄積した収益資金の有効活用
② 新たな砂糖需要を創出するための関連産業の開拓
③ 自然環境に左右されるという製糖業の不安定要因への対策

明治製糖の制約条件としては製糖業の不安定要因と後発企業という二重の制約条件が存在した。前者には暴風雨の到来といった自然環境に左右される不安

定要因に加え，国際市場に連動して砂糖価格が決定されるという価格決定面での不安定要因が存在した。後者の制約条件としては多くの優位性を持つパイオニア台湾製糖の存在があり，なかでも原料甘蔗の栽培に有利な台湾南部の原料採取区域を獲得できなかった点は大きな制約条件となった。

では，こうした制約条件を克服するために明治製糖はいかなる方針のもと経営戦略を展開していったのであろうか。そして，その制約条件の克服と同社の多角化はいかなる関係にあったのであろうか。相馬が明治製糖設立に向けた構想を温めていた当時，近代製糖業に発展の余地は残されてはいたものの台湾製糖が目指す路線を単に踏襲しては見込めず，砂糖の新たなる用途の開拓による「科学主義産業」[15] の展開を考えていた。それでは，相馬の多角化に対する考えはどのように形成されていったのであろうか。後発ゆえの制約条件と関連させつつふり返っていきたい。

まず，近代製糖業に進出するに際して明治製糖に課せられた最大の課題とは台湾製糖との差別化をいかに図るのかという点にあった。そして，同社をキャッチアップしていくためにもマーケット自体のパイを拡大することが急務であり，その有効な具体策が多角化に他ならなかった。

多角化に対する相馬のヴィジョンとは近代製糖業に共通した原料供給面と価格面の不安定要因を単に克服するものではなく，台湾総督府による特権的な援助を期待せずとも後発会社ゆえの二重の制約条件を同時に克服することを目指すものであった。同じ不安定要因を抱えながらもまさかのための「保険」として内部留保を蓄積していった台湾製糖とは対照的に[16]，その「保険」の意味する中身は大きく異なっていた。こうした相馬独自のヴィジョンが革新的企業者活動の出発点となり得たのかどうかも含め以下検討を加えていきたい。

II 「大明治」の重層的多角化

1 「大明治」と傍系事業会社

明治製糖の多角化は以下の四本柱から成り立っていたが，製菓業とゴム栽培は「大明治」において本業の製糖業とともに重要な地位を占め大正製菓（24

年明治製菓に）は1916年，スマトラ興業（37年昭和護謨に）は18年という早い時期に創立された。

① 明治製糖（1906年12月）：甘蔗糖→甜菜糖[17]→精製糖→酒精
② 大正製菓[18]（1916年12月）：菓子→乳製品→食品→市乳→牧場経営
③ スマトラ興業（1918年9月）：ゴム園経営→ゴム製品
④ 明治商店（1920年11月）：「大明治」製品の販売網

　明治製糖の多角的事業展開を語るうえで避けて通ることのできない文書が存在する。砂糖消費増進のために砂糖加工業としての製菓・煉乳事業を経営することの重要性を痛感していた相馬が，同事業の調査・研究を続けた成果にもとづいて重役会に報告した「製菓事業ニ関スル調査書」（1916年10月）である。明治製糖の多角化の原点とでも言うべきその内容を確認しておくと，「調査書」冒頭の以下の一文に製菓事業への早期進出を願った相馬の考えがあらわれている。

　「酒精工場ハ糖蜜ノ販路ニシテ，角糖ハ精糖ノ販路トナリ，又精糖ハ粗糖ノ販路タルガ故ニ，従来当社ノ事業ハ自衛上自然ノ発展ヲ遂ゲ来リタルモノト云フ可シ。既往然リ，将来ノ事亦自ラ知ルベキノミ。精糖ノ販路豈只角糖ノミヲ以テ安ンズ可ケンヤ。氷糖，粉糖ノ製造将ニ其設備ヲ必要トシ，更ニ一歩ヲ進メテ製菓糖果ノ事業ヲ今ヨリ鋭意之ニ着手ス可キモノナリト信ズ」[19]と。

　注目すべきは相馬が製糖業と製菓業の有機的連関を想定していた点であり，この点は「生産系統上直接連鎖ヲ有スル砂糖会社ガ是ニ着眼スルコトノ遅々タルハ寧ロ奇異ノ感ナクンバ非ズ」[20]との文面からも明らかである。その最大の動機は，「更ニ手ヲ代ヘ品ヲ換ヘ品種ヲモ増加シテ砂糖ノ銷路ヲ開拓セザル可カラズ」[21]とあるように砂糖販売増大のための用途拡大にあった。多くの製糖会社が1930年代に入って実感するに至る砂糖消費拡大のための関連産業の開拓という考えが16年段階ですでに示されていた点は特に注目されるが，「調査書」には次のようにも記されていた。

　「資力ノ余剰ヲ見ルコト炳カニシテ其用途ノ如キモ直接連鎖ヲ有シ且ツ有

益ト認ムル事業ニ対シ放資流用スルコトハ尤モ時勢ニ適合スル策タルコトヲ感ジ爰ニ他ノ砂糖会社ニ率先シテ自カラ製菓会社ノ新設経営ニ当ラントスル所以ナリ。想フニ金利以上ノ純利益ヲ挙ゲ，将来発展ノ望アル同一生産系統ノ事業ナラバ，工業会社トシテ是カ経営ニ従事スルハ寧ロ当然ノ順序ナルベシ」[22] と。

なお，「製菓事業ニ関スル調査書」が重役会に提出された 1916 年は南方への現地調査も行われた点で「多角化元年」と位置づけることができ，明治製糖の

表23 明治製糖の主要傘下会社一覧（1941年）

	創立(合併)年月	資本金(千円)	明治製糖の持株率(%)	配当率(%)	事業内容
明治製菓	1916年12月	11,000	63	8	菓子，乳製品，食料品 等
樺太製糖	1935年7月	5,000	63	無配	甜菜糖，パルプ，乳製品，畜産品
満州明治製菓	1939年5月	5,000	99	8	菓子，乳製品，食料品
明治乳業	1917年12月	1,500	71	8	牛乳，乳製品
明治牛乳	1933年6月	170	94	無配	牛乳，乳製品
満州明治牛乳	1938年11月	1,000	61	8	牛乳，乳製品
満州乳業	1940年3月	1,500	67	6	牛乳，乳製品
明華産業	1939年11月	5,000	98	6	製糖，製菓，牛乳，乳製品，ゴム製品
東満殖産	1941年4月	3,000	50	無配	牛乳，乳製品，味噌，醤油
熱帯農産	1938年11月	500	41	無配	カカオ，キャッサバ，鳳梨
昭和護膜	1937年6月	10,000	44	9	ゴム，ゴム製品，熱帯産物
三田土ゴム製造	1922年10月	1,200	60	8	ゴム製品
日本再生ゴム	1934年9月	500	48	9	再生ゴム
明治商店	1920年11月	7,000	99	8	「大明治」傘下各社の製品販売
河西鉄道	1924年11月	2,000	98	無配	甜菜工場との運搬，貨客運輸
南投軽鉄	1914年10月	120	85	10	原料運搬，貨客運輸
山越工場	1925年8月	750	58	12	機械，器具
鴨ノ宮砂利	1941年3月	60	94	無配	砂・砂利・石の採集
日本農産輸出	1938年5月	1,000	56	無配	鶏，その他農畜産
明治薬品	1941年3月	150	96	無配	売薬，薬品
合計・平均		56,450	72.3	5.0	

（注）資本金は合計，明治製糖の持株率と配当率は平均である。明治製菓の創立年月は大正製菓が創立した 1916 年 12 月とした。また，40 年 12 月の明治乳業発足は極東煉乳の社名変更によることから，明治乳業の創立年月は極東煉乳が創立した 17 年 12 月とした。なお，明治製菓の製乳事業を明治乳業に委託したのは 40 年 12 月のため明治製菓の事業内容には牛乳は含まれておらず，他にも掲げられていない傘下会社が存在する。

（出所）松下編 [1942] 108 頁,明治乳業 [1969] 483, 498-499 頁,明治製菓 [1958] 86 頁,相馬 [1939b] 158-160 頁より作成。

第3章 明治製糖の多角的事業展開

図17 明治製糖の当期利益金と配当率の推移

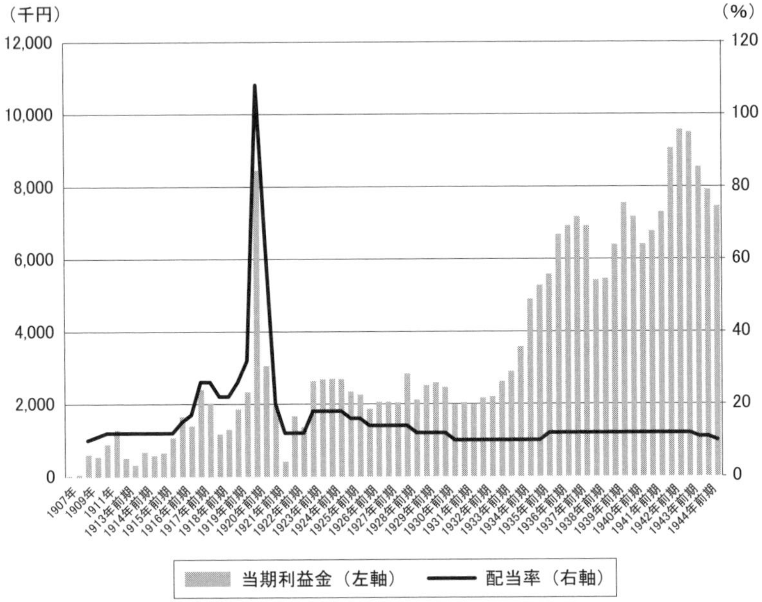

(出所)明治製糖『事業報告書』『営業報告書』各期版より作成。

本格的事業展開の中心をなす東京菓子とスマトラ興業への多角化は同じ年に展開されたのである。

　明治製菓（東京菓子）とスマトラ興業（昭和護謨）の企業経営を分析するに先立ち，「大明治」の全貌をまずは鳥瞰しておきたい。表23は明治製糖傍系会社の一覧を示したものであるが，先に「大明治」の四本柱と指摘した明治製菓，昭和護謨，明治商店の3社が資本金から見ても際立っており，菓子，乳製品，市乳，食品，牧場経営，ゴム栽培・加工といった経営の多角化が3社を軸に展開されていった。また，山越工場の機械製造，熱帯農産のカカオ栽培，明治薬品の薬品といった新規事業への展開も積極的に試みられた。

　そこで明治製糖と傍系事業会社との関係を知る1つの手がかりとして，各傍系会社の総株数に占める明治製糖の所有株数の割合を表23によって確認すると，傍系会社20社のうち3社を除いて50％以上，平均72.3％の株式を明治製糖が所有しており，同社の強力な支援体制のもと「大明治」の事業展開が推進

II 「大明治」の重層的多角化　119

されていったことがわかる。

　序章図6の分蜜糖生産シェアを見る限り,「多角化元年」と位置づけられる1916年においてはパイオニア台湾製糖の競争優位が際立ち大きく引き離された後発3社が三つ巴競争を展開していたが,なかでも明治製糖は塩水港製糖にもシェアで劣るというのが本業である分蜜糖生産における当時の状況であった。そこで当時の経営状態を確認するため明治製糖の当期利益金と配当率を示した図17を見ていくと,15年後期から利益金が大きく伸び出し株主特別配当金が上乗せされて配当率が15%から17%へとなろうとしていたのが16年であり,同社が経営基盤を固め大きく成長し始めた時期に当たった。換言するならば,確固たる経営基盤にもとづいて積極的な経営を推し進めようとした時期に,その余力を多角的事業展開へと活用しようとしたのが相馬の戦略的意思決定に他ならず,ライバル各社とは明らかに異なる方向性を目指す意思決定であった。

2　明治製菓の多角化展開

(1)　明治製菓の生成・発展と変貌

　「製菓事業ニ関スル調査書」にもとづき砂糖加工業の発展と国産菓子の海外進出を図るための第一歩を踏み出すべきとの意見の一致を見たのが1916年10月の東京菓子創立であり,17年3月には大正製菓を合併して(資本金250万円)本格的にスタートする。その後東京菓子は本社を大久保町に移したが,17年11月にはキャラメル,ビスケット,ドロップなどを発売し,製菓業進出の第一歩を踏み出した[23]。

　関東大震災後の東京に生まれた新しい風俗文化のおかげでチョコレート需要が急速に高まったのを受け,東京菓子は1924年2月チョコレートの新商品を製造・販売し森永製菓と肩をならべるわが国二大菓子メーカーの1つとなった。同年9月には社名を明治製菓に変更し「大明治」のグループ企業であることを積極的にアピールしようとしたことは,「社名変更理由書」の次の記述からも明らかである。

　「今般増資を機とし,この際,むしろ『明治製菓』と改称することは当社の姉妹会社にして,かつ原料砂糖の供給者たる明治製糖会社および同社なら

びに当社の販売機関たる明治商店との関係を一層明瞭にするのみならず，叙上の欠点をも除却する所以となる」[24]と。

明治製菓への社名変更の意義は消費者や社会に対する対外的なアピールにとどまるものではなかった。社名変更に先立ち会社組織としての基盤を揺るぎないものとする2つの定款改正がなされた。1つが取締役会長または社長を置くとの役職制度の改正である。これは取締役であった相馬を取締役会長として最高責任者に据え取締役社長であった有嶋を専務取締役として実質的な現場責任者に位置づけたものであり，「大明治」傘下の中核企業の1つとして新たなるスタートを切るに当たって経営姿勢を内外に示すねらいがあった。

いま1つの定款改正とは300万円から500万円への増資だったが，単なる200万円の増資ではなかった。1923年9月の関東大震災は川崎工場を中心に多大な被害をもたらしたため，この大震災による損失を補塡すべく資本金300万円をいったん100万円へと200万円の減資を行ったうえで400万円の増資を行った点に注目したい。明治製菓への社名変更に際し，「大明治」傘下の主要企業である同社を支えるだけの経営基盤を強化するための増資だったのである[25]。

関東大震災という思いもよらぬ制約条件の到来に対し克服という域にとどまることなく新生明治製菓として生まれ変わるビジネスチャンスと読み替えていった企業者活動は，制約条件をビジネスチャンスへと転化させた点で革新の名に値するものであった。そして，こうした革新的企業者活動を実践するうえで相馬が取締役会長として陣頭指揮することは不可欠であり，役職改正と大幅増資をセットで実施した定款改正は明治製菓の新たなる船出に向けた重要な意思決定となった。

1932年に同業他社に先駆けて板チョコをはじめとする各種チョコレートの大量生産を開始したが，それに向けて決定的に重要な意思決定が下された。25年4月川崎と並ぶ明治製菓の主要工場であった大久保工場が半焼するというアクシデントを転禍為福と理解し，川崎工場の隣接地に計画していた近代設備の大製菓工場の建設への着手を早めたのである。そして，9月には早くも第1期工事となる近代的製菓工場を開設し，半焼から7ヶ月足らずの11月には同新工場においてキャラメル，ドロップ，キャンディ，スポンジ菓子その他の製造

を開始した。

　1926年1月には第2期工事分のチョコレート，ビスケット，ウェハー工場が完成し，5月ドイツに発注したチョコレート製造機械の据え付けを完了させドイツ人技師キャスパリの指導のもと本格的なチョコレート製造を開始した。森永製菓から後れること8年後の26年ついにミルクチョコレートを発売し，「チョコレートは明治」の礎がここに築かれることとなった。なお，同じくドイツに発注したソフトビスケットとウェハー製造機械の据え付けが27年2月完了しドイツ人技師ベースの指導により製造を開始した[26]。

　大正末以降のチョコレート需要の拡大というビジネスチャンスを獲得するうえでも，大久保半焼という大きな制約条件に対して昼夜兼行の復旧作業によって半月で製造を再開したのみならず，1926年5月以降の本格的なチョコレート増産体制の基盤を支える川崎増設工事を前倒したことは，制約条件をむしろビジネスチャンスへと転化させた点で創造的適応の名に値するものであった。

　明治製菓（東京菓子）による重層的な多角化展開を検討するに先立って，同社の当期利益金と配当率の推移を示した図18によってその歴史を大きく4つの時期に区分したい。

(I) 1928年前期までの当期利益金がほとんど計上されず配当率も低迷していた時期
(II) 1932年前期までの利益金が計上され5％配当率が実施された時期
(III) 1940年後期までの利益金が順調な伸びを示し配当率も8％を中心に順調に実施された時期
(IV) 1941年前期以降の利益金が大きな伸びを示すものの配当率は8％で抑えられ利益の減少とともに配当も減少するに至った時期[27]

　まず，創立以来経営的に低迷した(I)の時期と経営基盤がようやく確立した(II)の時期を画するのが，大久保工場の半焼を逆手にとって着工を早めた新川崎工場において1926年にチョコレートの生産ラインが本格化した点である。営業成績を著しく向上させた(III)の時期については，31年9月の満州事変を契機として軍需産業が活況を呈し続く金輸出再禁止によって輸出が好転したことで，菓子業界も飛躍的発展を迎え川崎工場も狭隘を告げる。年間990万円の売り上げだった菓子類を1,200万円に引き上げる計画によって35年に川崎工場の設

図18 明治製菓（東京菓子）の当期利益金と配当率の推移

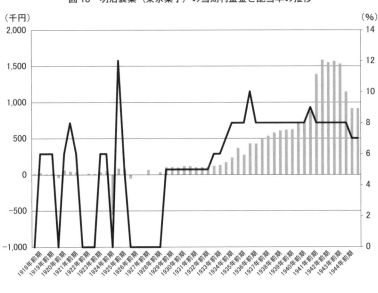

(注) 1935年後期と40年後期にはそれぞれ2％と1％の記念配当が加わっている。
(出所) 明治製菓［1968］292-293頁。

備を増強する一方で，36年11月に福岡県戸畑に工場を新設し九州，中国地方及び朝鮮方面の需要拡大に対応していった[28]。

　図18の(Ⅲ)から(Ⅳ)の時期において注目されるのは，当期利益金が順調な伸びを示す一方で配当率は1935年後期と40年後期の記念配当期を除き5％から8％に抑えられていた点である。これには内部留保金の動向が関わっているため表24の諸積立金と後期繰越金それぞれの利益金に占める割合を確認すると，1933年までは繰越金の割合が70.9％，65％，49.4％と高く利益金を生産設備の拡充へと回していた。その一方で34年以降は20％台へと減少していき，36年以降は諸積立金の割合が32.9％，34.6％，32.4％と増加することで後期繰越金の割合と拮抗するに至る。これは戦時体制が深まるにつれ将来への備えとなる積立金を増やす傾向が強まったことを示しており，配当率を抑えた点では共通しているもののその意味するところは時期によって異なっていた。なお，

表24 明治製菓の内部留保割合の推移

	諸積立金 (千円, ①)	後期繰越金 (千円, ②)	当期純益金 (千円, ③)	純利益に占める諸積立金の割合 (%, ①/③)	純利益に占める後期繰越金の割合 (%, ②/③)
1931年後期	7	73	103	6.8	70.9
1932年後期	10	80	123	8.1	65.0
1933年後期	15	85	172	8.7	49.4
1934年後期	125	96	371	33.7	25.9
1935年後期	75	100	431	17.4	23.2
1936年後期	162	135	493	32.9	27.4
1937年後期	200	176	578	34.6	30.4
1938年後期	200	246	618	32.4	39.8
1939年後期	200	291	705	28.4	41.3
1940年後期	250	365	878	28.5	41.6

(出所)明治製菓『第二十九期営業報告書』～『四十七期営業報告書』後期各期版より作成。

こうした配当率を抑えた傾向は図17の明治製糖でも確認することができ，配当率は31年以降安定した推移を示した。

(2) 乳業部門の発展と明治乳業

「大明治」の重層的な多角化展開を象徴するのが製菓から乳業への発展であり，乳業部門の事業展開には2つの流れが存在した。具体的には，明治製菓(東京菓子)における乳業部の発展と極東煉乳の経営引き受けという2つが明治乳業の誕生という形で1つに結実する。

まず明治製菓乳業部をふり返ると，1917年4月に事業拡張の必要から資本金を100万円に増資しようとした房総煉乳(16年8月創立，資本金7.5万円)に対し，明治製糖は増資分の半額を引き受けることで乳業進出という記念すべき第一歩を踏み出す[29]。房総煉乳の事業である煉乳と東京菓子の事業である製菓の関連性を重視して20年12月両社は合併され，後の明治製菓乳業部がここにスタートしたのである。

川崎工場の新設によって着実に発展を遂げていた製菓部門とともに，明治製菓(1924年9月社名変更)の乳業部も27年10月に両国に製乳工場を新設しアイスクリームと清涼飲料水の製造を開始した。また，翌28年10月からは新式の低温殺菌設備を備え明治牛乳のブランドで市乳販売を開始し[30]，同年4月

の定款改正において牛乳，その他乳製品，清涼飲料水の製造・販売が新たに事業目的に加えられた（後出表27参照）。

いま1つの流れである極東煉乳については，明治乳業はそもそも極東煉乳からスタートしたと言えるほど1917年12月の極東煉乳の設立（資本金150万円）は画期的な出来事であった。同社は当初静岡県三島町及び札幌市に乳製品工場，札幌市外に軽川牧場を経営しており，明治製菓，森永製菓とともに三大乳業会社の1つに数えられるほどであった。ところが，極東煉乳は「大明治」傘下にある明治製菓と工場が同一地方にあったことから，明治製菓が原乳供給者である農民の希望に沿って35年12月極東煉乳の経営を引き受けたため[31]，40年当時の明治製菓の乳製品生産量は7割のシェアを占めるまでに至った。そして，37年の日中戦争の勃発により次第に統制色が強まる国内経済にあって事業ごとに経営を行うことが得策となったため，40年12月に極東煉乳は明治製菓乳業部の経営委任をも引き受け明治乳業へと社名を変更した[32]。ここに「大明治」の乳業部門は明治製菓から分離・独立する方向へと大きく踏み出したのである。

以上，一連の提携の方法から明らかなことは当初明治製菓の多角化展開としてスタートした煉乳会社や製菓会社との提携が1935年段階に至り明治製糖の所有に移行された点であり，明治製糖を中核とした「大明治」としての体制作りは35年という年をもって本格的に進められたことになる。事実，同年10月の定款改正によって明治製菓の事業目的に食料品，化粧品及び売薬部外品の製造・販売が新たに加わり（後出表27参照），翌36年1月には提携関係にあった山陽煉乳と函館菓子製造それに系列会社の明治製乳の3社と合併し，資本金も631万2,500円から1,000万円へと大幅に増資した。

3 「大明治」の南方進出

(1) スマトラ興業とゴム栽培への早期着手

相馬独自のヴィジョンであった「平均保険の策」のうち，スマトラ興業の創立をめぐっては積立金の有効活用とともに自然条件という制約条件をいかに克服するかが大きなポイントを握っていた。1911・12両年に台湾を襲った大暴風雨が相馬に製糖業以外の事業へと積極的に進出することを決断させたのであ

る[33]。12年から詳細な現地の調査研究のために数人を南支，南洋，インドに派遣した結果，オランダ領スマトラ島においてゴム栽培を行うことが有望であるとの結論に至る。そして，18年9月資本金500万円でスマトラ興業を設立するが，その半分は明治製糖が引き受け半分は明治製糖の株主が出資する形をとり，相馬自らが取締役社長の重責を負った。

南洋方面への「大明治」の新天地開拓となるスマトラ興業の初期事業としては，スマトラ島においてオランダ人によって経営されていたシロトワ栽培会社の全株式を引き受けシロトワ農園の間接経営を行った。続いて同ゴム園の生産量の低さを補うべく同地に隣接するプロマンデ農園を1920年1月に買収して2月にはシロトワ栽培を解散しスマトラ興業の直接経営へと移行した。ここにシロトワ，プロマンデの2農園を拠点とする同社のゴム栽培事業は本格的に始動した。様々な熱帯植物の栽培を試みつつも[34]，当初の目的であった優良ゴム樹の植付が2農園の中心的な事業となっていく。

ゴム園の経営を軌道に乗せるべく事業を展開したスマトラ興業に大きな試練が訪れる。ゴムの最大の需要国であるアメリカにおける大恐慌の発生は1930年後期にはとりわけ深刻な不況をもたらし，ゴム需要は激減し価格は未曾有の大暴落を来したのである。製糖業の制約条件を克服すべく進出したゴム栽培が外国市場に再び制約されたことは皮肉としか言いようがないが，価格大暴落によってスマトラ興業の業績は厳しい状況を迎えた。こうした状況を確認するため図19のスマトラ興業の当期利益金と配当率の推移を見ていくと，とりわけ26年にかけて利益金が伸び配当率も12％まで伸びを示したが，30年代に入り利益金・配当率ともに再び底をついてしまう。21年以来のゴム業不況のため400万円に減資していたスマトラ興業であったが，30年代の深刻な業績不振を受けて32年には経営合理化のため300万円へと減資することを余儀なくされたのである。

こうした厳しい状況に対してスマトラ興業の経営権を実質的に握っていた明治製糖はいかなる対応をとったのだろうか。なかでも自らが初代社長として陣頭指揮をとった相馬の企業者活動が注目の的となるが，ここでは2つの意思決定，すなわち，先述した1932年の減資と原料供給部門のゴム栽培からゴム製品の製造部門への前方統合に着目したい。30年代初頭の業績不振に至った最

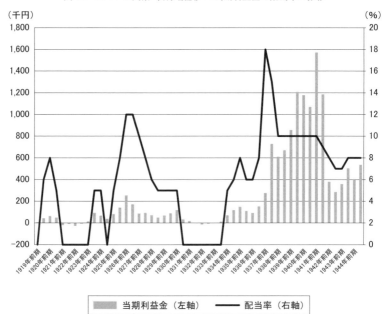

図19 スマトラ興業（昭和護謨）の当期利益金と配当率の推移

（注）1937年前期には6％の記念配当が加わっている。
（出所）小川編［1937］34-37頁，昭和護謨編［1962］207頁より作成。

大の要因は何であったかというと，それは国際市場におけるゴム相場の低迷とゴムの最大需要国であるアメリカの経済不況にあった。

これら二重の外的要因に翻弄されたことに対し相馬は次なる発展の教訓を見出した。すなわち，スマトラ興業がゴム栽培という機能に特化していたことがそもそもの原因でありゴム製品の生産機能をも併せ持てばよいのである，と。とはいえ，ゴムの最大需要国であるアメリカ自動車産業の状況に影響を受けなくなったわけではなく，その不安定性はそのままスマトラ興業の不安定要因ともなった。そして，ゴム製品生産部門への進出とともに重要な意味を有していたのが，健全な経営基盤の整備でありそのための経営合理化の実行であった。

そこで1932年の400万円から300万円への減資に至る経緯を検討しておきたい。なぜなら，これは単純な100万円の減資ではなかったからである。32年4月の臨時株主総会において議決された減資案とは，まずは資本金400万円

を80万円へと320万円減少させたうえで新たに220万円を増加して資本金を300万円にするという複雑な内容であった。では，なぜこうした回りくどい方法をとったのか。この減資のポイントは単なる損失補塡にとどまらない株主構成の変化にあった。32年後期の『営業報告書』には，80万円から300万円への増資をめぐる定款改正について次のように記されている。

「資本減少後更ニ資本金二百二十万円ヲ増加シテ総資本金三百万円トナス 右方法ハ増資新株式四万四千株ヲ昭和七年六月三十日現在ノ株主ニ対シ其希望ニ応シ任意引受ケシムルコト」[35] と。

創立時とは異なる新しい株主体制を赤字を一掃したうえで再スタートさせることをこの定款改正は意味しており，1930年代初めの厳しい経営状況にあってもスマトラ興業経営陣を支えようとする株主だけを厳選することをも加味した減資であったのである。事実，この定款改正が実行された前後の31-33年の時期とは経営が軌道に乗る以前の20年代初期と同様の困難な経営状態にあったことを無配当の連続が物語っている（図19参照）。言い換えるならば，無配当にもかかわらず減資に際しても株を売却することなくスマトラ興業の経営を支えようとする株主とともに再スタートを図ろうとしたのが，32年の定款改正に他ならなかった。

その結果，新たな株主体制に占める親会社明治製糖の地位がいっそう高まったことは想像に難くない。減資決定後の総株数6万株のうち実に5万3,373株，89％を明治製糖が所有し創立時の58.5％（10万株中5万8,480株）から大きく増加した[36]。減資という一見消極的に見られた意思決定のコインの裏側には，「大明治」のメンバー企業としてのスマトラ興業への明治製糖による強力なバックアップというきわめて重大な意思決定が存在した。先述したゴム製品生産部門への進出という重要な意思決定の節目に見られた明治製糖の投資行動に「大明治」としての揺るぎない経営的基盤の存在を思い知るとともに，強固な経営基盤に支えられてはじめて相馬の革新的企業者活動も現実のものとなったのである。

日本国内のゴム加工業はいまだシートゴムを原料とする段階のもので，アメリカやドイツにおいて浸透しつつあったゴム原液であるラテックスを原料として直接製造する段階にはいまだ至っておらず，高品質のゴム製品はもっぱら輸

入に依存する状況にあった。ゴムを栽培しラテックスを採液してシートゴムの製造・販売を行っていたスマトラ興業を経営する明治製糖としては，ゴム原料から製品への一貫生産へと大きく前進するためにもラテックス工業の研究と経営に本格的に乗り出す必要があったのである。

具体的には，1933年9月に資本金50万円で明治護謨工業を設立し株式の大部分を明治製糖が引き受けるとともに，当時専務取締役であった有嶋が社長として経営に当たり相馬が相談役としてバックアップした。明治護謨工業は日本ラテックス製造所の事業を継承してラテックスゴム工業の経営に着手し，手袋，氷嚢，海水帽，ゴム糸等の製品を「大明治」傘下の明治商店に一手販売委託したのである[37]。

(2) 昭和護謨とゴム製品の一貫生産

「大明治」傘下のスマトラ興業と明治護謨工業との関係とは別に，ゴムの栽培から製品製造までの一貫生産を行う関係がいま1つ存在した。森村系の南亜公司と東京護謨工業である。南亜公司は森村家を背景として1911年10月資本金50万円をもって設立した会社で，マレー半島トロスンガ，スンガラン，リオの3農園でゴムの栽培を行い27年には資本金350万円に増資するまでの発展を遂げた[38]。17年5月南亜公司は傍系会社として東京護謨工業（資本金200万円）を設立し各種ゴム製品の製造・販売を行っていた[39]。

森村系の南亜公司と東京護謨工業，明治製糖系のスマトラ興業と明治護謨工業の4社は，創業以来の転変浮沈の絶え間ない業界にあって幾度か危機はあったものの鋭意経営の合理化を図り難関を突破し活路を切り開いてきたが，ますます激しさを増す外国資本との競争にあって事業の安定と積極経営を行うためには相当の大資本を要した。ゴム加工業はゴム栽培事業と密接不離の関係にあり原料から製品までの一貫生産により採算の合理化を図るためには小規模経営では不利であり，かねてより会社のみならず個人的にも親近の間柄にあった森村家が経営する同業2社と合併し合同経営をするのが得策であるとの構想が浮上した。中小資本同士が競合するよりは4社合併により一大資本会社として経営合理化を図り，規模の経済を追求する方が欧米列強資本との競争上有利との現実的認識であった[40]。

この合併はゴムの原料栽培からゴム製品の製造までの一貫生産体制を強固なものにする垂直統合でもあった。1937年6月まずは母体会社として資本金300万円の昭和護謨を創立し9月にこれら4社を合併して資本金を1,000万円とした。マラヤ及びオランダ領地区でのゴム栽培事業は租借面積約1万1,500ヘクタール，ゴム植付面積約1万6,455ヘクタールとなり，生ゴム生産量も年間4,500トンに達した[41]。一方，内地でもゴム工業の一貫生産として北千住と巣鴨の2工場の運営を強化しつつ着々と経営の合理化を図り，45年には当社と同じく明治製糖系で最も古い歴史を有する三田土ゴム製造[42]を合併し資本金を1,340万円にまで増加させるに至った。

　スマトラ興業による南方のゴム栽培と明治護謨工業によるゴム製品の製造。外地と内地をゴムの一貫生産体制という形で結びつけ南方への新天地開拓を果たした「大明治」は，森村系2社との合併による昭和護謨の誕生をもって南方開発を多角化の重要な柱と位置づけるための確固たる基盤を確立した。こうした明治製糖の多角経営の一環としての内外地ゴム事業に対する相馬の多年の熱意と抱負は昭和護謨の発足によりいっそうの発展を見せた。そして，戦時体制下にあって広大なゴム，油椰子の栽培及びゴム製品製造等の受命事業を経営し内地では軍需工場として徴用されるなど岩田善雄社長を陣頭に活発なる事業活動を続けたが，敗戦により南方ゴム園はすべて喪失し内地事業に依存する以外に術はなくなったのである。

　そこで図19の当期利益金と配当率にいま一度目をやると，合併効果も手伝って昭和護謨の創立とともに利益金と配当率は2倍を上回る結果を計上したが，特に配当は創立20周年記念6％を含む18％という高いものとなった。しかし，38年から利益は大きな変動を余儀なくされたため配当は10％から減少傾向を辿り，安定して推移した明治製糖や明治製菓とは好対照の結果となった（図17・図18参照）。これは国際市場におけるゴム相場の変動によるものであったが，同じように国際市場に翻弄されていた製糖業のリスク分散という観点から進出を図ったゴム経営だっただけに，ゴム価格の不安定性は「大明治」にとって皮肉以外の何ものでもなかった。同じ「大明治」傘下の事業展開にあっても明治製菓のように安定した収益を見込める事業もあれば昭和護謨のように見込めない事業もあったわけで，それゆえにグループ全体としての利潤

追求がなおさら重要となったのである。

4　明治商店設立による自社販売網の確立

　明治製糖の内地販売は増田商店，輸出入は増田貿易とそれぞれ一手販売契約を結んでいたが，1908年10月以来続いていた両社との関係は20年の財界動揺期に増田商店が整理状態に陥ったのを機に販売契約を解除せざるを得なくなった。そこで輸出入は三菱商事に委託したものの，内地販売は従来の代理店を発展させる形で同年11月に明治商店を新たに創立し直営販売方式へと大きく転換するに至った[43]。

　では，明治製糖はなぜ直営販売方式の道を選択するに至ったのであろうか。その経緯には「大明治」の重層的多角化が大きく関係していたのであり，明治商店の設立は単に明治製糖の製品のみならず東京菓子（後の明治製菓）の製品を販売することにも重要となる。製菓業への多角化という相馬社長の着眼点の早さが，内地販売をめぐる契約解除というきわめて困難な状況下にあっても関連事業の自社販売を視野に入れた柔軟な方針転換を可能にしたのである。

　三井物産との一手販売契約を持続した台湾製糖とは大きく異なり，安定した糖商をパートナーに持ち得なかった明治製糖は販路喪失という深刻な事態に直面し販路の根本的な見直しを余儀なくされたのである。しかし，グループ全体の多角化が進行しつつあったことから砂糖販路の確保という短期的な対応にとどまることなく，長期的な視野から自社販売網を整備すべく明治商店による直営販売方式へと大胆な転換をなし遂げたのであった。販路途絶という制約条件に対し「大明治」全体の自主販売網の構築という新しいシステムを創造した点で，創造的適応の名に値する企業者活動となったのである。

III　明治製糖と「大明治」傘下企業の相乗的発展

1　明治製糖のキャッチアップ

　明治製糖の中核事業である分蜜糖生産シェアを序章図6にふり返ってみると，「大明治」傘下の事業が軌道に乗っていった1930年代とは27年東洋製糖

の2工場を買収して以降パイオニア台湾製糖を猛追していった時期に当たる。しかし，図17の利益金が示すように明治製糖の収益が大きな伸びを示すのは30年代中期以降のことであり，30年代前半は20年代後半と大差ない状態だった。要は，多角的事業展開を積極的に推進しつつあった30年代前半において明治製糖の経営状態には余裕がなかったのである。

とはいえ，第1章図7が示すようにシェアのみならず実際の分蜜糖生産量も1928年から32年にかけて急激に伸びたのであり，近代製糖業のコスト高体質が収益面に反映されない要因となった。そして，このコスト高を改善し生産増を収益増へと結びつけるためには質的増産が不可欠であった。事実，明治製糖の甲当たり甘蔗収穫量と歩留りが大きく伸び出すのは30年代前半のことであり（後出第4章表40・表41参照），分蜜糖の増産が利益金に反映される30年代中期まで「大明治」にとってはひたすら我慢の時期であった。なお，利益金の大きな伸びをもたらしたのが質的増産とともに耕地白糖の消費拡大であった点は他社と同じであった（第1章図12参照）。

明治製糖のキャッチアッププロセスを生産体制から確認するため表25の新式製糖工場の変遷に検討を加えていくと，もともと所有していた第1から第3に当たる蕭壠，蒜頭，総爺に加え，1913年に中央製糖の南投を買収，大和製糖が着手することなく手放した渓湖を21年に買収して生産基盤を築いた。そこに東洋製糖が所有していた南靖と烏樹林が27年に加わったのであり，明治製糖に大いなるキャッチアップを可能とする魅力ある工場買収となった。なお，その後しばらく所有工場の変化は見られず第3次再編期の43年に台東製糖の卑南を買収する。

明治製糖のキャッチアップを可能にしたいま1つの重要な取り組みについて最後に指摘しておきたい。明糖事件[44]の責任を取って辞任した相馬社長が再び復帰した翌年の1937年，相馬は「現状維持は退歩なり」[45]をスローガンに掲げ立ち遅れた農事研究を見直しつつ増産計画を打ち出したのである。具体的には，原料甘蔗の増収策に呼応する形で総爺に耕地白糖設備を備えるなど7工場すべての製糖能力を増強した。この結果については，第1章図7の38年から39年にかけての分蜜糖生産量の著増にあらわれているし，最大のアキレス腱であった農事方面へのテコ入れにより甲当たり甘蔗収穫量や歩留りは大きく

表25 明治製糖所有に至る新式製糖工場の変遷

所在地			製糖能力(噸)	製糖所・工場名及び所有製糖会社の変遷		
台中州	員林郡	渓湖街	3,000	渓湖工場		
				大和製糖（着手×）	明治製糖（1921）	
	南投郡	南投街	1,500	中央製糖（1912）	南投工場	
					明治製糖（1913）	
台南州	東石郡	六脚庄	3,200	第2工場	蒜頭工場	
				明治製糖（1911）	明治製糖（1913）	
	新営郡	後壁庄（烏樹林）	1,600（白）	烏樹林工場	烏樹林製糖所	烏樹林工場
				東洋製糖（1911）	東洋製糖（1914）	明治製糖（1927）
	嘉義郡	水上庄（南靖）	3,200（白）	南靖工場	南靖製糖所	南靖工場
				東洋製糖（1909）	東洋製糖（1915）	明治製糖（1927）
	曾文郡	麻豆街	1,500（白）	第3工場	総爺工場	
				明治製糖（1912）	明治製糖（1913）	
	北門郡	佳里街	1,500（白）	第1工場	蕭壠工場	
				明治製糖（1909）	明治製糖（1913）	
台東庁	台東郡	台東街	900（白）	里壠工場	卑南工場	
				台東製糖（1916）	台東製糖（1916）	明治製糖（1943）

（注）（出所）表11に同じ。

改善されるに至った（後出第4章表40・表41参照）。

2 定款改正に見る「大明治」の全体像

「大明治」の全体像が完成する1940年代を概観すると，その傍系会社は大きく4つの部門に分類することができる（表23参照）。① 樺太製糖，明治製菓，満州明治製菓[46]などの砂糖・菓子部門，② 明治乳業，明治牛乳，満州明治牛乳[47]，満州乳業[48]，上海明治牛乳[49]，明華産業[50]，東満殖産，熱帯農産[51]などの乳業部門，③ 昭和護謨，三田土ゴム製造，日本再生ゴムなどのゴム部門，④ 明治商店，河西鉄道[52]，南投軽鉄，山越工場，鴨ノ宮砂利，日本農産輸出，明治薬品などのその他部門である。そこで中核をなす明治製糖と明治製菓の合併，増資，役職制度，事業目的の追加を中心とした定款改正を通して「大明治」の全体像を確認するため，両社の定款改正を整理した表26と表27に検討を加えていきたい。

まず表26の明治製糖の定款改正についてだが，大部分の資本増加と事業目的の変更が合併と連動していた点が注目される。数少ない例外が1944年9月の政府の要請・命令事業を追加した点であった。ここで着目すべきは20年7

Ⅲ　明治製糖と「大明治」傘下企業の相乗的発展　133

表26　明治製糖の主な定款改正の動き

	合併関係の改正	増資関係の改正	役員関係の改正	事業目的の変更
1908年8月				会社用鉄道による運輸業の経営を追加
1910年8月			法定積立金は利益金の100分の5以上、取締役監査役は利益金の100分の10以内、株主配当金及び後期繰越金は若干	
1911年8月	横浜精糖及び名古屋精糖と事実上合併	資本金500万円を1,000万円に増資		
1913年4月	中央糖業と合併	資本金1,000万円を1,200万円に増資		
1920年7月	大和製糖と合併	資本金1,200万円を3,000万円に増資し、さらに250万円増資し3,250万円に		ゴムその他熱帯産物の製造・売買及びその原料の購入販売を追加
1920年12月			専務取締役社長を社長に	
1923年3月	日本甜菜製糖と合併	資本金3,250万円を3,750万円に増資	200株以上所有の株主から9名以内の取締役、100株以上の所有者から4名以内の監査役を選出	
1927年8月	新明治製糖を設立し同社と合併	資本金3,750万円を4,800万円に増資	取締役を9名以内から12名以内へ必要に応じ副社長を置く	
1934年4月			必要に応じ取締役会長を置く	
1937年9月	明治産業工業と合併	資本金4,800万円を5,800万円に増資		酒精、飴、肥料、(乳製品)、その他食料品、牧場経営を追加
1943年6月	台東製糖と合併	資本金5,800万円を6,100万円に増資		
1944年9月	北海道製糖へ現物出資(土別工場)			政府の要請・命令による事業を追加

(注) 年月は株主総会において決議された段階を表記している。
(出所) 明治製糖『事業報告書』『営業報告書』各期版所収の「第二　株主総会」「第三　定款変更」より作成。

月の2.5倍もの大規模な資本増加であり，大和製糖合併だけにとどまらない大幅増資であった点が重要である。同年の財界動揺によって販売網を失うという逆風に遭遇しつつも，糖業黄金期も活用して大増資に踏み切り明治商店を創立したのであった。なお，事業目的の変更をめぐる定款改正で最も注目されるのは20年7月の定款改正である。なぜなら，同年4月の大幅増資を受けゴム事業を含めた多角化を本格化させようとする「大明治」の事業内容の骨格が確立したからである。「大明治」の四本柱がそろい自社販売網の確立を含め大規模増資によって本格的な多角化へと大きく踏み出した20年は，「大明治」元年にふさわしい記念碑的な年となった。

　1920年の増資に次いで資本金に大きな変化が見られたのが，27年8月の新明治製糖との合併と37年9月の明治農産工業との合併にともなう1,000万円の増資であった。前者の合併はもともと東洋製糖が所有していた南靖と島樹林を買収するに際し，新明治製糖という新会社を一時的に設立し同社を合併する形で2つの工場を傘下に収めたものである[53]。一方，後者は「大明治」傘下の明治農産工業との合併であり，事業目的の変更にもあるように酒精製造，肥料売買，牧場経営などを営んでいた同社を合併することによって，戦時体制の深化にともない重要性を増していたこれら事業の充実を自らの手で図ろうとしたものである。

　次に，明治製糖の定款改正のうち役職関係の改正を表26に検討していきたい。1910年8月に役員報酬等が定款に盛り込まれているが，役職制度に関して改正がなされるのは20年12月以降である。同年の改正は社長を専務取締役とは切り離すとともに，取締役体制を整備することを目的として9名以内の取締役と4名以内の監査役を置いたものである。また，27年8月には取締役を9名以内から12名以内へと増加させる一方で新たに副社長を置くが，実際に副社長が置かれたのは36年2月に相馬が社長に復帰した際に有嶋が就任する段階となる。

　明治製糖の役職制度をめぐる定款改正のうち注目すべきは1934年4月の改正であり，同改正は明糖事件と大きく関わっていた。同事件の道義的責任を取る形で相馬は32年10月社長を辞任した。その結果，監査役であった原邦造が社長に就任し相馬は平取締役に退くことになったわけだが，「各種事業に関係

せられ，平素多忙の人なので，私は事務の一部分を嘱託せられ，新社長を助けて社務の円満遂行を計つた」[54]と相馬が述べるように，原社長は相馬復帰までの一時的なピンチヒッターであった。

　事実，原体制になって1年ほどが経過した頃から相馬の社長復職の声が各方面から出され，1934年4月の株主総会において多忙な原では実務に当たるのは困難ゆえ相馬が社長復帰すべきであるとの意見が数人の株主から出された。原自身も退任を希望したが大蔵省や税務当局に快諾されず復帰には至らない。同総会では取締役会長を必要に応じ置く形に改正されたが（表26参照），この取締役会長の設置は相馬の社長復帰を前提とし原社長を会長とするための布石であった。なお，明治製菓の社長を退いていた相馬が明治製菓その他では経営者としての能力をいかんなく発揮していたことは，33年から36年にかけての明治製菓における合併や増資といった重要な意思決定を相馬が下していたことからも明らかである。

　1936年2月の台湾滞在中に電報で重役会の決定を知らされた相馬は，「今更老軀の返り咲きもいかゞと考へたが，会社将来の懸案もあり，社長就任を決意」[55]する。ここで述べられている「会社将来の懸案」とは，明治製糖を軸とした「大明治」の重層的多角化の完遂であったことは言うまでもない。なお，有嶋就任の布石であった1927年8月の副社長を置く定款改正が現実のものになるのも10年近くが経たこの36年2月の新体制発足時であった。明糖事件という制約条件の到来に対し原をいわば「身元引受人」ないし「お目付け役」として会長に残すことによって，大蔵省や税務当局に象徴される対外的な信用を確保しマイナスのイメージを払拭しつつ，有嶋副社長による現場サイドの強力なバックアップがあったからこそ相馬自らの手による「大明治」の完遂は可能となったのである。

　明治製糖の役職制度をめぐる定款改正を踏まえ，その後の相馬と有嶋のキャリアについても触れておきたい。1940年代のキャリアで注目すべきは，いままでも影に日向に相馬を二人三脚で支え続けてきた有嶋の存在である。41年10月に相馬が社長を退き会長に就任するに際し社長の椅子に座ったのは有嶋であったし，43年4月に相馬が会長をも辞任して相談役に退いた後に会長として相馬に代わって明治製糖のトップの座についたのも有嶋その人であった。

この有嶋会長のもとで社長に就任した藤野幹が会長となり，山田貞雄が社長に就任する44年4月をもって有嶋はトップの座から退くことになるが，相談役として明治製糖に関わることとなった相馬と同様に平取締役として有嶋は同社を見守ることになった。

次に，明治製菓（東京菓子）の定款改正の動きを表27によって確認していくと，資本金の増加をめぐる定款改正のうち1920年9月，33年9月，36年1月，39年5月が合併にともなう増資であったのに対し，23年12月の増資だけは翌年9月の社名変更に関連し合併とは無縁の増資であった点がまず注目される。しかも単なる増資ではなく資本金300万円をいったん100万円に減資することで赤字を一掃したうえでの500万円への増資であり，東京菓子から明治製菓へと社名を変更することとともに新生明治製菓の経営基盤を固めるための改正だったのである。

合併のうち事業目的の追加は1920年9月の房総煉乳との合併であり，28年4月と35年10月の事業目的の追加は明治製糖の定款改正のような合併によるものではなかった。すなわち，合併によって事業内容も拡充していった明治製糖とは異なり自らが個々の事業を拡充していった。同様の特徴は28年4月の改正で追加された乳製品にもあらわれており，明治製菓の同事業は27年10月に両国の製乳工場を新設することで本格化させ翌28年10月からは明治牛乳の名のもとで市乳販売も開始した。

いま1つの事業目的の追加がなされた1935年とは明治製糖を中核とした「大明治」としての体制作りが本格的に推し進められた年であり，「大明治」の重層的多角化の大きな節目の年であった。定款改正によって明治製菓の事業目的にその他食料品，化粧品及び売薬部外品の製造・販売が新たに加わり，翌36年1月すでに提携関係を結んでいた山陽煉乳と函館菓子製造それに系列会社の明治製乳の3社との合併決議を行い，4月に合併し資本金も631万2,500円から1,000万円へと大幅に増加した（表27参照）[56]。まさに35年から36年にかけての時期は子会社である明治製菓においても乳業部への展開が見られた点で「大明治」の重層的多角化を象徴する時期となった。

なお，1939年5月の明治製乳[57]，明治牛乳，朝日牛乳，明治食品，大島煉乳，共同国産煉乳[58]との合併は戦時体制下での経営環境の変化に対応し自社

III 明治製糖と「大明治」傘下企業の相乗的発展　137

表27　明治製菓（東京菓子）の主な定款改正の動き

	合併関係の改正	増資関係の改正	役員関係の改正	事業目的の変更
1919年10月		資本金200万円を220万円に増資	取締役を5名から7名、監査役を2名から3名に	
1920年9月	房総煉乳と合併	資本金220万円を300万円に増資		煉乳を追加
1923年12月	東京菓子から明治製菓へ社名変更（1924年5月決議、同年9月実施）	資本金300万円を100万円に減資したうえで500万円に増資（川崎新工場建設のため）	取締役会長または社長を置き、必要に応じ専務取締役及び常務取締役を置く	
1928年4月			取締役を7名から9名、監査役を3名から4名に	牛乳、その他乳製品並び清涼飲料水を追加
1933年9月	大日本乳製品と合併	資本金500万円を600万円に増資		その他食料品、化粧品及び完菓部外品の製造・販売を追加
1935年10月		資本金600万円を631万2,500円に増資		
1936年1月	明治製乳、山陽煉乳、南館菓子製造と合併	資本金631万2,500円を1,000万円に増資		
1936年10月			必要に応じ取締役会長を社長と同時に置く	
1939年5月	明治製乳、朝日牛乳、明治食品、大島煉乳、共同国産煉乳、明治生乳と合併	資本金1,100万円に増資		
1940年9月	両国工場及び特別牛乳牧場所属の資産・経営権を東京合同市乳設立のため極東煉乳と現物出資			

(注)　表26に同じ。
(出所)　明治製菓編［1958］2-111頁、明治製菓『営業報告書』各期版所収の「第二　株主総会」「第三　定款変更」より作成。

の生産拡充とさらなる経営合理化を目的としたものであった[59]。北海道興農公社の設立に際し明治製菓と極東煉乳は41年3月9つの乳製品工場を現物出資するとともに，同年4月に当局の斡旋により東京市内同業12社が合同して設立した東京合同市乳に対し，明治製菓は両国工場と特別牛乳牧場所属の資産・経営権を現物出資することを余儀なくされた[60]。

次に，明治製菓（東京菓子）における役職関係の定款改正を表27によって確認していくと，1923年と36年に役職制度について改正が行われた。23年12月には取締役会長または社長を置き必要に応じ専務取締役及び常務取締役を置くという内容の定款改正がなされ，相馬が取締役会長に就任，有嶋は取締役社長から専務取締役になった。また，36年10月の定款改正では取締役会長と社長を必要に応じ同時に置く改正がなされ，相馬会長・有嶋社長という体制が実現した。

1923年12月の定款改正は東京菓子から明治製菓への社名変更（24年5月改正）や500万円への増資とともに，関東大震災の被災という制約条件を乗り越え明治製菓として新たなるスタートを相馬会長・有嶋専務体制で実現するための改正であった。一方，36年10月の定款改正は有嶋の社長就任が目的であり，同年2月に明治製糖の社長に復帰した相馬が同社の経営に集中できるよう専務取締役の有嶋を社長に昇格させることによって同社の経営を委ねるものであった。2つの役職制度の改正とも相馬と有嶋をめぐるものであり，明治製糖のみならず明治製菓（東京菓子）においても2人が大黒柱としていかに重要な役割を担っていたのかを雄弁に物語るものである。

そこで相馬と有嶋の明治製菓（東京菓子）におけるキャリアを整理した表28に目をやると，相馬は1923年12月から42年4月までの長期にわたって会長の座にあり，先述した2度の定款改正を経て有嶋が専務取締役と社長として相馬をバックアップする体制を整えたわけだが，同表で注目されるのはむしろ相馬が会長に就任する以前の有嶋のキャリアである。

東京菓子の初代社長は濱口録之助であり同社の設立された1916年10月から19年5月まで社長を務めるが，濱口が社長を退いた19年5月から有嶋が社長に就任した22年12月まで社長不在となる。そして，濱口の社長退任と同時に専務取締役の座についたのが有嶋であり，明治商店の創立（20年11月）にと

Ⅲ　明治製糖と「大明治」傘下企業の相乗的発展

表 28　明治製菓（東京菓子）における相馬半治と有嶋健助のキャリア

【相馬半治】
1917年1月～23年12月：取締役
1923年12月～42年4月：取締役会長
1942年4月～12月，44年4月～45年4月：相談役
【有嶋健助】
1917年1月～19年5月：取締役
1919年5月～20年12月：専務取締役
1920年12月～22年12月：取締役（社長なし）
1922年12月～23年12月：取締役社長
1923年12月～36年10月：専務取締役
1936年10月～42年4月：取締役社長
1942年4月～46年4月：取締役会長

（出所）相馬［1956］所収の「年譜」303-314 頁，故有嶋追悼委員会編［1959］所収の「年譜」231-242 頁，明治製菓『事業報告書』『営業報告書』各期版より作成。

もない同社取締役社長に就任し平取締役になった有嶋に代わり 20 年 12 月から専務取締役の座にあったのが千葉平次郎であった[61]。すなわち，濱口の社長退任（19 年 5 月）から有嶋の社長就任（22 年 12 月）までの間，東京菓子の経営を事実上担っていたのは有嶋と千葉だったことになる。

　1922 年 12 月には千葉が専務取締役のまま有嶋が社長に就任したが，千葉を専務に残したままの状態で有嶋が社長になったのはなぜか。ポイントとなるのは明治商店の創立に際し社長に就任し専務取締役の座を千葉に譲った有嶋が，初代社長の濱口が退いて以降空席になっていた社長の座に 22 年 12 月に就いた理由である。要するに，22 年 12 月の有嶋の社長就任も社名変更に先立つ相馬会長，有嶋専務という新体制を念頭に置いた 23 年 12 月の定款改正への伏線であった。なお，42 年 4 月には相馬の辞任により有嶋会長，中川蕃社長という体制が終戦まで続くが，43 年 12 月に明治産業へと社名が変更された。

3　相馬半治と有嶋健助のベストパートナーシップ

　「大明治」の重層的多角化の核をなす明治製糖と明治製菓の企業経営を語るうえで相馬と有嶋 2 人の経営者の存在がクローズアップされることは，役職をめぐる定款改正からも明らかである。明治製糖の多角的事業展開を可能にした主体的条件からも注目される 2 人の経営者について，両者の「大明治」関連会

社の創立時を中心とした役職を整理した表29と表30によって検討を加えていきたい。両表を一瞥して気づくのは，明治製糖，明治製菓（東京菓子），昭和護謨（スマトラ興業），明治商店といった「大明治」傘下の中核企業のトップマネジメントが相馬と有嶋を軸に展開していった点である。しかも明治商店の有嶋社長，相馬相談役であるのを除けば，中核企業の役職は相馬が会長ないし社長で有嶋が副社長ないし専務取締役という組みあわせとなっていたことを両表は示しているのである。

表29 相馬半治の「大明治」関係会社における創立時を中心とした役職

	関連会社の動向	役　職
1906年12月	明治製糖の創立	専務取締役
1915年7月	明治製糖	取締役社長
1916年12月	大正製菓の創立	取締役
1917年1月	東京菓子が大正製菓と合併	取締役
1918年9月	スマトラ興業の創立	取締役社長
1920年11月	明治商店の創立	相談役
1924年4月	明治製糖が十勝開墾を買収	取締役
1924年9月	東京菓子を明治製菓に改称	取締役会長
1924年11月	河西鉄道の創立	取締役社長
1927年8月	新明治製糖の創立，明治製糖と合併	取締役社長
1932年10月	明治製糖	（取締役社長辞任）
1935年7月	樺太製糖の創立	相談役
1935年12月	明治製菓による極東煉乳の経営引き受け	相談役
1936年2月	明治製糖	取締役社長（復帰）
1937年6月	昭和護謨の創立	取締役会長
1938年10月	山越工場	相談役
1938年11月	満州明治牛乳の創立	相談役
1939年1月	明華産業の創立	相談役
1939年5月	満州明治製菓の創立	取締役会長
1940年12月	極東煉乳が明治乳業に改称	取締役会長
1941年4月	東満殖産	取締役会長
1941年10月	明治製糖	取締役会長
1942年4月	明治乳業	相談役
1942年4月	満州明治製菓	相談役（取締役会長辞任）
1942年4月	明治製菓	相談役（取締役会長辞任）
1942年12月	明治製菓	（相談役辞任）
1943年4月	明治製糖	相談役（取締役会長辞任）
1944年4月	明治産業（43年12月明治製菓を改称）	相談役（復帰）

（出所）相馬［1956］所収の「年譜」301-314頁，明治製菓編［1958］所収「年表」，明治乳業編［1969］所収「年表」，明治製糖『事業報告書』『営業報告書』各期版より作成。

III 明治製糖と「大明治」傘下企業の相乗的発展

表30 有嶋健助の「大明治」関係会社における創立時を中心とした役職

	関連会社の動向	役 職
1912年8月	明治製糖	取締役
1915年7月	明治製糖	専務取締役*
1916年12月	大正製菓の創立	取締役*
1917年1月	東京菓子が大正製菓と合併	取締役*
1917年4月	房総練乳	専務取締役
1918年9月	スマトラ興業の創立	専務取締役*
1919年5月	東京菓子	専務取締役
1920年11月	明治商店の創立	取締役社長*
1922年12月	東京菓子	取締役社長
1924年9月	東京菓子を明治製菓に改称	専務取締役(取締役社長辞任)
1935年7月	樺太製糖の創立	取締役*
1935年10月	満州製糖	取締役
1935年12月	明治製菓による極東煉乳の経営引き受け	取締役社長*
1936年2月	明治製糖	取締役副社長*
1936年10月	明治製菓	取締役社長
1937年6月	昭和護謨の創立	取締役副社長*
1938年11月	満州明治牛乳の創立	取締役会長*
1939年4月	樺太製糖	監査役(取締役辞任)
1939年5月	満州明治製菓の創立	取締役社長
1940年3月	満州乳業の創立	取締役会長
1940年12月	極東煉乳が明治乳業に改称	取締役社長*
1941年4月	東京合同市乳	取締役社長
1941年4月	東満殖産	取締役社長*
1941年10月	明治製糖	取締役社長*
1942年4月	明治製菓	取締役会長*
1942年4月	明治商店	取締役会長
1942年4月	明治乳業	取締役会長*
1942年4月	満州明治製菓	取締役社長*
1942年8月	朝鮮明治牛乳	取締役会長
1942年10月	明治製糖	(取締役社長辞任)
1943年4月	明治製糖	取締役会長*
1943年4月	華北明治産業の創立	取締役会長
1943年10月	満州明治産業	取締役会長
1943年10月	明治製糖	(取締役会長辞任)
1944年4月	昭和護謨	取締役(取締役社長辞任)
1945年4月	明治商事	取締役(取締役会長辞任)
1945年10月	明治製糖	直談役(取締役辞任)
1945年10月	満州明治産業	監査役(取締役辞任)

(注) *は相馬と同時に役職の変動があったもの。
(出所) 故有嶋追悼委員会編［1959］所収の「年譜」230-242頁,明治製菓編［1958］所収「年表」,明治乳業編［1969］所収「年表」明治製菓『事業報告書』『営業報告書』各期版より作成。

また，表30の有嶋の役職に付した*印からもわかるように，相馬が役職に就く大部分は有嶋も同時に役職に就いていたことがわかる。1920年代までの主要企業によって多角化の基盤を形成する段階では，「大明治」関連商品の販売を一手に扱うことになった明治商店を有嶋に任せマネジメント担当＝相馬，マーケティング担当＝有嶋という明確な分業体制をとる一方，重層的多角化が本格化する30年代中期以降では外地を中心とした傍系関連会社の経営を有嶋に任せるという新たな分業体制を確立する。そして，相馬が相談役として明治製糖の経営最前線から退く42年からは有嶋が明治製糖，明治製菓，明治乳業，明治商店といった中核企業の会長にも就任した。「大明治」の最高経営責任者として相馬の穴を埋めることのできる経営者はやはり有嶋をおいて他には存在しなかったのである。

　以上から明らかなように，明治製糖の多角的事業展開を可能にした主体的条件とは相馬と有嶋の表裏一体となったベストパートナーシップであったと言えよう。そこで「大明治」の重層的多角化の中核を担った明治製糖による明治製菓への統制がいかに行われていたのかについて，明治製菓（東京菓子）の大株主の推移を示した表31によって確認しておきたい。まず注目したいのは，1922-42年平均で明治製糖74.8％，相馬半治2.3％，有嶋健助1.6％，計78.7％という高い割合を占めていた点であり，明治製糖が明治製菓を全面的に支えていた構造が見て取れる。

　また，増資にともなう株主割合の変化も注目される。1933，36，39年の合併による資本増加にともなって（表27参照），明治製菓の筆頭株主である明治製糖の割合が段階的に減少していった。ただし，ここで注意を要するのは23年の73.1％という割合を下回るのは36年の合併段階であり，24年から35年までの割合がむしろ高かった点である。なかでも注目すべきは，24年から31年までの87％前後のきわめて高い所有割合を維持していた期間であり，定款改正でも重要となった23年12月の減資したうえでの増資に際し，明治製糖の株式所有割合が73.1％から86.6％へと急増し31年まで約87％の割合を維持した点にこそ着目すべきである。相馬と有嶋の所有株をもあわせると実に90％以上の株式を親会社である明治製糖関係で占めていたことになり，「大明治」傘下の明治製菓の所有面に占める明治製糖の割合の大きさを確認できよう[62]。

Ⅲ 明治製糖と「大明治」傘下企業の相乗的発展　143

表31　明治製菓（東京菓子）における主要株主の推移　　　（株，%）

	明治製糖 ①		相馬半治 ②		有嶋健助 ③		計 ①+②+③		総株数
	（株）	（%）	（株）	（%）	（株）	（%）	（株）	（%）	（株）
1922年	43,856	73.1	1,200	2.0	635	1.1	45,691	76.2	60,000
1923年	43,856	73.1	1,230	2.1	902	1.5	45,988	76.6	60,000
1924年	86,642	86.6	2,000	2.0	1,500	1.5	90,142	90.1	100,000
1925年	86,792	86.8	2,000	2.0	1,500	1.5	90,292	90.3	100,000
1926年	86,792	86.8	2,050	2.1	1,500	1.5	90,342	90.3	100,000
1927年	86,592	86.6	2,050	2.1	1,500	1.5	90,142	90.1	100,000
1928年	87,162	87.2	2,090	2.1	1,500	1.5	90,752	90.8	100,000
1929年	87,162	87.2	2,225	2.2	1,500	1.5	90,887	90.9	100,000
1930年	87,001	87.0	2,225	2.2	1,500	1.5	90,726	90.7	100,000
1931年	86,906	86.9	2,270	2.3	1,500	1.5	90,676	90.7	100,000
1932年	80,899	80.9	2,270	2.3	1,500	1.5	84,669	84.7	100,000
1933年	81,976	82.0	2,270	2.3	1,500	1.5	85,746	85.7	100,000
1934年	92,350	77.0	2,958	2.5	1,900	1.6	97,208	81.0	120,000
1935年	92,020	76.7	2,958	2.5	1,900	1.6	96,878	80.7	120,000
1936年	140,646	70.3	4,720	2.4	3,500	1.8	148,866	74.4	200,000
1937年	140,636	70.3	4,720	2.4	3,500	1.8	148,856	71.1	200,000
1938年	140,536	70.3	4,720	2.4	3,500	1.8	148,756	74.4	200,000
1939年	154,802	70.4	4,700	2.1	3,571	1.6	163,073	74.1	220,000
1940年	139,320	63.3	5,500	2.5	4,000	1.8	148,820	67.6	220,000
1941年	139,420	63.4	5,500	2.5	4,000	1.8	148,920	67.7	220,000
1942年	139,420	63.4	5,500	2.5	4,000	1.8	148,920	67.7	220,000
平均	101,180	74.8	3,103	2.3	2,210	1.6	106,493	78.7	135,238

（注）9月期の株数にもとづいて作成されているが，1922年と23年は11月期の株数である。
（出所）明治製菓『営業報告書』添付の「株主名簿」各版より作成。

　最後に，明治製菓（東京菓子）の払込資本金と従業員数の推移を示した図20に検討を加えることで，「大明治」傘下の中核企業であった明治製菓の発展プロセスをいま一度ふり返っていきたいが，払込資本金の動向には資本金の増加とは違い事業の段階的な拡張の経緯が示されていたことからその変動年を順次検討していく。
　1918年前期（資本償却のため減資），19年前期（工場の拡張資金），20年前期（横浜の買収資金），21年前期（房総煉乳の合併）と基本的に事業施設の拡充に向け増加傾向にあったが，その後24年9月の社名変更に際して大きな動きが見られた。24年前期の増資第1回払込の前提として関東大震災による損失補塡のための減資（150万円から100万円へ）がなされるとともに，以後5

回にわたる払込が行われ，これら計6回にわたる増資にともなう払込は明治製菓の事業基盤を確立するうえで不可欠なものとなった。5回の払込の主目的とは27年後期（両国アイスクリーム工場の新設資金），32年後期（清水の製乳工場増設資金），33年前期（横浜工場の新設資金），34年前期（川崎工場の増設資金），35年前期（奉天工場の新設資金）であり[63]，33年後期，36年前期及び39年前期の増加は前述したように合併にともなうものであった。

　図18の当期利益金に目を転じると，明治製菓（東京菓子）の経営がなかなか安定しなかったことは売上高の伸びが利益金に反映されていなかった点にあらわれている。1923年後期における利益金の大幅なマイナスは関東大震災によるものであったが，その後増資によって経営を建て直し社名変更とともに再スタートを切ったにもかかわらず利益金は芳しくなかった。なかでも注目すべきは，売上高が利益金へと反映されなかった25年から27年にかけての期間である[64]。24年9月の明治製菓への社名変更が設備面での事業基盤を確立するのみならず事業体制そのものを拡充させるためであったことは，図20の25年前後期における従業員数の急増を見れば明らかである。25年の1年で従業員を倍増させるという人件費の急激な上昇，それに追い討ちをかけたのが25年4月の川崎工場と並ぶ大久保工場の半焼というアクシデントの発生であった。

　では，こうした主要工場の被災といった事態にあっても従業員数を倍増させた理由とは何であったのだろうか。それは大正期末以降のチョコレート需要の拡大というマクロの経営環境の変化にあった。需要拡大というまたとないビジネスチャンスが到来していたにもかかわらずその拠点である大久保工場が打撃を受けたことは，単に生産能力が低下するという域にとどまるものではなく，ビジネスチャンスの獲得に失敗しライバル企業に競争優位をもたらすことを意味していたのである。

　そこでかねてより計画中だった近代的製菓工場の建設を早め，火災のわずか5ヶ月後の1925年9月には第1期工事に着手したのであり，そのための資本金500万への増資にともなう24年前期からの振込資本金の増加であった。と同時に，好調な売上高とは対照的となる利益金の低迷という事態を覚悟しつつも，従業員を倍増させ需要拡大の追い風に見あうだけの生産体制を整えたのであった。

図 20 明治製菓（東京菓子）の払込資本金と従業員数の推移

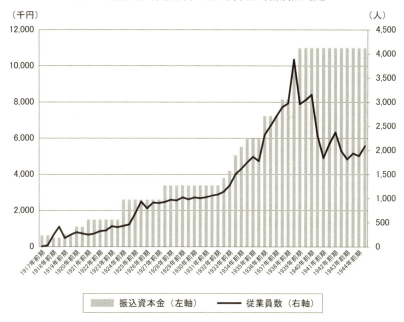

(出所) 明治製菓 [1968] 292-293 頁より作成。

　要するに，1928年前期までの社名変更してまもない期間とは社業発展のための礎を築くための我慢の時期だった。そうしたなか乳業への本格的進出を図るべく27年10月に両国の製乳工場を新設したのであり，明治製菓に復活の兆しが見られたのは28年となる。そして，経営が軌道に乗る33年以降売上高の増加傾向に相呼応するかのように利益金も順調な伸びを示し，配当率も43年前期まで8%を維持するとともに従業員数も著しい増加傾向を示すに至った（図18・図20参照）。

むすび

　明治製糖の多角的事業展開を可能にした相馬半治と有嶋健助の企業者活動は同社に後発企業効果をもたらすまでの革新の名に値するものであったのであろ

うか。この問いに答えるべく同社の企業経営の歴史を2人の経営者を軸に総括していきたい。

まず，「大明治」の多角的事業を展開した相馬と有嶋は革新的企業者活動の担い手と言えるのかという点である。そこで革新的企業者活動の視点から明治製糖の企業史を整理した表32によっていま一度ふり返っていくと，ビジネスチャンスの獲得では近代製糖業に到来した糖業黄金期（①）は「大明治」全体の重層的多角化を進展させる財政的基盤を強化できた点で○。

また，明治製糖に大いなる飛躍をもたらした点でビジネスチャンスの獲得において最も注目すべきは，東洋製糖の南靖と烏樹林という魅力ある工場の獲得（②）である。いまだ本格化していなかった耕地白糖設備の意義は広大な原料採取区域とともに大きく，需要拡大（③）への対応も可能とし分蜜糖生産シェアでトップ台湾製糖へと一気にキャッチアップする飛躍をもたらした（序章図6参照）。なお，第3次業界再編期の1943年6月，台東製糖を合併[65]（④）することによって四大製糖の一翼を維持した局面もビジネスチャンスの獲得に成功した点で○と評価できよう。

次に，制約条件の克服というレベルの革新的企業者活動を表32に見ていくと，台中州の渓湖，南投を中心に米糖相剋や特殊地理環境が制約条件（⑤）となっていたが，両区域をはじめとした原料採取区域において水田奨励（序章表6参照），肥料奨励，排水奨励を内容とした甘蔗栽培奨励規程によって克服していった（後出第4章表38参照）。また，明糖事件の嫌疑をかけられた相馬が拘留され社長の座を離れる（⑥）ことになったが，有嶋を中心とした経営陣がその穴を埋めることで克服した。ただし，明治製糖のさらなる発展は相馬が社長として復帰する37年以降となったことから，これもまた制約条件の克服にとどまるので○となる。

最後に，最も高いレベルの制約条件のビジネスチャンス化という革新的企業者活動を念頭に置くとき，そもそも明治製菓やスマトラ興業の創立そのものが創造的適応に値することに気づく。国際価格変動と自然災害という二重の制約条件（⑧）を経営環境として共有していた近代製糖業にあって，相馬の考える「平均保険の策」とはまさかのための「保険」として内部留保金を蓄積していく保守的な理解ではなく，明治製糖グループ全体として多角的な事業展開を推

表32 革新的企業者活動から見た明治製糖の企業者史

	ビジネスチャンスの獲得		制約条件の克服		制約条件のビジネスチャンス化＝創造的適応	
1906年			⑤米糖相剋や特殊地理環境下の原料採取区域	○	⑦近代製糖業の後発企業	◎
1916年					⑧近代製糖業の不安定要因（大暴風雨、国際価格との連動）	◎
1920年前後	①糖業黄金期の到来	○				
1920年					⑨財界動揺期に増田商店、増田貿易が整理状態に	◎
1927年	②南靖と烏樹林の事業継承	◎				
1930年代	③耕地白糖の需要拡大	◎				
1932年			⑥明糖事件による相馬半治の拘留	○		
1930年代後半					⑩農事方面の脆弱性	◎
1943年	④台東製糖の合併	○				

(注) (出所) 表13に同じ。なお、明治製糖以外の関係会社は含まれていない。

進していくという革新的なヴィジョンであった。国際市場と自然災害という制約条件それ自体を克服することはとうてい不可能であった以上，その影響を緩和させることのできる緩衝剤として多角化を展開し，「大明治」と称されるまでの成功を収めた点で◎と評価できる。なお，⑧の不安定要因は四大製糖に共通したものであったが，あえて果敢に取り組もうとした点で明治製糖に限定して掲げることとした。

日本を襲った財界動揺のなかで増田商店と増田貿易が整理状況（⑨）に陥ったことは安定的な販売網を失うという最大の制約条件の到来を意味したが，逆転の発想によって「大明治」を支える自社販売網を構築するチャンスと理解し，1920年11月に明治商店を創立するという制約条件のビジネスチャンス化を可能とした前提もまた，糖業黄金期による財政的な余裕に見出されたのである。そして，同社最大のアキレス腱であった農事方面の脆弱性（⑩）を「現状維持は退歩なり」のスローガンとその実践によってみごと克服していったことは，明治製糖の歴史において創造的適応と位置づけるにふさわしい企業者活動であった。

近代製糖業の後発企業という制約条件（⑦）と関連して，相馬と有嶋が担い手となった「大明治」各社を舞台とした革新的な企業者活動は，重層的な多角化展開を実現するのみならず親会社である明治製糖に後発企業効果を発揮させるまでの革新でもあったと結論づけられるのであろうか。すでに序章図6によって確認したように，明治製糖はパイオニア台湾製糖を猛追し肉薄したという意味で後発企業効果を発揮したことは事実である。また，「大明治」に重層的な多角化を実現させた相馬と有嶋の企業者活動も革新の名に値するものであった。要は，両者の絶妙なパートナーシップによって展開された事業多角化，分蜜糖生産シェアでの明治製糖の飛躍的向上，これら2つの因果関係を実証することが最後に求められているのである。

そこで耕地白糖を軸に増産傾向を示した分蜜糖生産について（第1章図7・図12参照），和蘭標本色相にもとづく種類別分蜜糖生産量を整理した表33によって確認することから始めたい。同表の15号以上18号未満が1937年以降（15号以上）22号未満に統合されたことに象徴されるように，標本色相による区分は消費税や関税の改正ごとに変更を余儀なくされたが，同表に掲げられて

表33 種類別台湾分蜜糖生産量の推移

	和蘭標本色相15号以上18号未満 (①)		同22号未満 (②)		①+②		同22号以上		合計
	(千担)	(%)	(千担)	(%)	(千担)	(%)	(千担)	(%)	(千担)
1927年	2,707	40.3	205	3.1	2,912	43.4	963	14.4	6,709
1928年	5,544	58.2	2,072	21.7	7,616	79.9	1,111	11.7	9,529
1929年	4,879	37.6	5,326	41.1	10,205	78.7	1,503	11.6	12,966
1930年	5,470	41.1	5,206	39.1	10,676	80.2	1,533	11.5	13,305
1931年	6,066	46.2	3,852	29.4	9,918	75.6	1,663	12.7	13,118
1932年	6,995	42.9	5,092	31.3	12,087	74.2	2,065	12.7	16,288
1933年	5,213	50.7	1,941	18.9	7,154	69.6	1,562	15.2	10,281
1934年	4,502	42.6	3,082	29.1	7,584	71.7	1,581	15.0	10,574
1935年	6,354	40.4	4,598	29.3	10,952	69.7	2,500	15.9	15,711
1936年	6,335	43.2	3,305	22.5	9,640	65.7	2,745	18.7	14,676
1937年	22号未満に統合		11,096	67.4	11,096	67.4	2,987	18.2	16,456
1938年			10,142	63.0	10,142	63.0	3,456	21.5	16,108
1939年			14,278	62.4	14,278	62.4	5,285	23.1	22,895

(出所) 台湾総督府『第二十九統計』78-79頁より作成。

いる22号以上（耕地白糖），22号未満（原料糖），18号未満（中双）が同表には掲げられていない15号未満（黄双）とともに分蜜糖にそれぞれ当たり，同じく掲げられていない11号未満が赤双と含蜜糖の赤糖である。同表から耕地白糖の生産量・割合ともに30年代に入って拡大したことはたしかであるが，ここであえて確認しておきたいのは18号未満（37年以降22号未満）も産糖調節に影響されつつ拡大していったという事実である。

では，分蜜糖をめぐる消費動向はいかなる傾向を示していたのであろうか。耕地白糖を含む精白糖と分蜜糖全体の消費動向を確認するため1933年から36年までの消費動向を見ていくと（単位：千担）[66]，精白糖（精製糖と耕地白糖）が5,712→6,060→6,325→7,245，分蜜糖（耕地白糖を除く）が4,901→5,493→6,041→7,148と産糖調節に関係なくともに増加していった。なかでも精白糖増加の中心であった耕地白糖を上回る割合で分蜜糖の消費が拡大していった点が重要であり，表33で確認した生産量より鮮明な形で分蜜糖の消費量が伸びていったことを示している。

1932年の消費税減税の恩恵を受けた分蜜糖の直消糖には，菓子や清涼飲料水用の消費も含まれていた点に注目したい。「平均保険の策」という相馬独自

の多角化方針にもとづき将来的な砂糖消費の拡大策を開拓すべく創立した明治製菓（大正製菓），その30年代中期以降の増益をもたらした菓子市場の活性化が内地における分蜜糖消費を牽引するいま1つの柱となっていたのである。すなわち，本業である明治製糖の分蜜糖生産を拡大させたいま1つの要因として，明治製菓を軸とした砂糖関連産業の発展があったことを需給動向は示している。

　以上をもって，「大明治」傘下の中核子会社である明治製菓の発展が親会社明治製糖の後発企業効果の発揮へと大きく貢献したことが明らかとなったが，明治製糖が後発企業効果を実現していくプロセスを後発性のメリット・デメリットという観点から最後にふり返りたい。

　まず，後発性のメリットとしては台湾総督府の糖業振興策が確立していたこと，それに関連して原料採取区域制度などの法的整備が確立していたこと，先発企業台湾製糖が築いたノウハウを前提とすることができたこと等があった。一方，後発性のデメリットとしてはパイオニア台湾製糖の原料調達面のメリットを享受できなかった点とともに先発企業の存在という最大の制約条件が存在した。すなわち，パイオニア企業ゆえの特権をもって企業経営をスタートさせた台湾製糖が圧倒的な競争優位を維持していたことは（序章図6参照），後発明治製糖にとってこのうえない制約条件となったのである。

　しかし，明治製糖は後発性のメリットを内部化することでビジネスチャンスを獲得し，後発性のデメリットをはね除け台湾製糖を猛追していった。なかでも特筆すべきは，先見的な多角化のなかでも将来の砂糖消費の拡大まで視野に入れて創立した明治製菓の多角化展開によって，1930年代中期以降の分蜜糖の消費拡大を耕地白糖とともに実現していった点である。明治製糖にとって最大の制約条件であった先発台湾製糖に対しても重層的な多角化をもって差別化を図りつつ，自社のアキレス腱であった農事面（⑩）を中心とする本業の立ち後れを克服していった。そして，砂糖関連産業へも波及するコスト高克服に向けた質的増産を実現しさらなる飛躍のためのビジネスチャンスへと転化していったのであった。

　要するに，明治製糖を中核とする重層的な多角化を現実のものとした相馬半治と有嶋健助による革新的企業者活動のベストパートナーシップこそが同社に

後発企業効果をもたらした主体的条件であったという点で，両者は表裏一体のアントレプレナーに他ならなかったと結論づけられよう。

【注】
1 相馬［1929］182頁。
2 久保田［1959］17頁。
3 相馬［1929］187頁。
4 相馬［1929］187-188，419頁。
5 相馬［1929］188頁。
6 台湾総督府『統計 大正五年』8頁。
7 相馬［1929］189-190頁。
8 相馬［1929］412頁。
9 相馬［1929］193-194頁。明治製糖創立後も祝が陰ながら支援していたことは，1907年8月に合併する蔴荳製糖との関わりを見てもわかる（台湾総督府『第十四統計』22頁）。同社合併については塩水港製糖も触手を伸ばしており，民政長官になった祝から相馬専務取締役に次の着電があった。すなわち，「祝民政長官芝 蔴荳ハ貴社ニテ速カニ買収又ハ合併ノ計画ヲセザレバ塩水港ニ合併セラル、虞アリ」（明治製糖［1907］）と。なお，合併後3年にわたり赤糖を製糖するが閉鎖されたため（『統計 大正十年』14-15頁），後出の表25には掲げられていない。
10 相馬が技師長を兼ねていたことについて，定款第3条の本店所在地を蕭壠堡に変更する第2議案に関連して浅田が，「未来ノ技師長トナルベキ相馬半治君ガ重ネテ実地ニ就キ篤ト測量吟味ヲ加ヘタ所デ」（明治製糖［1906e］）と述べている。
11 明治製糖［1906d］。
12 相馬［1929］189頁。
13 伊藤編［1939］所収「年表」23-32頁。
14 相馬［1929］256頁。
15 「科学主義産業」とは「種々の製造によつて生ずる副産物を科学の命ずるま、に徹底的に研究し，これを適当に工業化する方法であ」り，その「目的を達成するために，多角的経営の方針を取つた。即ち先づ糖業に於ては，甘蔗糖より甜菜に伸び，精製に入り，酒精に延長し，他面また明治製菓を創立して菓子，乳製品，食料品の製造，続いて市乳乳や牧場に進出し，又，南洋に近き台湾の地理的関係よりスマトラ興業会社（その後合同して昭和護謨会社となる）を起し，護謨樹の栽培より護謨工業に発展し，次いで明治商店を創設してこれら各社の製品販売を行はしむるに至つた」（相馬［1939b］155-157頁）。
16 内部留保を蓄積させていた台湾製糖の堅実主義については，久保［1997］所収の第6章に詳しいので参照されたい。
17 「大明治」の甜菜糖業進出は1919年6月の北海道製糖設立に始まるが，同社が40年11月に大日本製糖傘下に入って以降甜菜糖の中心は，帝国製糖系として20年4月に設立され23年6月に明治製糖に合併された日本甜菜製糖となる（日本甜菜製糖［1919-23］，明治製糖［1981］）。なお，甜菜糖業が樺太にまで及びつつあったことを示す史料として，樺太視察を実施した菊池桿と久保田富三取締役との往復書簡において将来の原料供給を視野に入れたやりとりがなされていたのは興味深い（明治製糖［1934］）。
18 明治製菓の前身である東京菓子（資本金100万円）が1916年10月に創立され（濱口録之助社長），12月に相馬が社長として創立した大正製菓（資本金150万円）を合併する形で両社は1つとなったことから，明治製糖の製菓業への多角化は大正製菓をもってスタートしたことになる（明治製菓［1968］39-42頁）。なお，合併後の東京菓子は資本金の規模で上回る明治製糖が株の過半数

152　第3章　明治製糖の多角的事業展開

を所有し相馬以下7名が役員に就任した点で明治製糖側の事実上の合併であり，明治製糖（大正製菓）側から取締役に相馬，有嶋，薄井佳久，植村澄三郎，監査役に山本直良，森村市左衛門，相談役に小川の7名が就任した（明治製菓編［1968］42頁）。
19　明治製菓［1916］163頁。
20　明治製菓［1916］164頁。
21　明治製菓［1916］164頁。
22　明治製菓［1916］164頁。
23　明治製菓編［1958］174頁。
24　明治製菓編［1968］49頁。なお，戦後長期にわたり使われるMSマークへと商標も同時に変更された。
25　事実，最大かつ絶対的な大株主であった明治製糖の所有株式割合は1923年9月期の73.1％（43,856株）から定款改正後の翌年9月期には93.3％（74,642株）へと大幅に増大した（東京菓子『第十四期営業報告書』添付の「株主名簿」13頁，明治製菓『第十五期営業報告書』添付の「株主名簿」14頁より算出）。
26　明治製菓編［1968］50頁。なお，1928年10月には相馬の提唱により「菓子研究会」が設立されており（明治製菓編［1968］54頁），次の時代を見通すヴィジョンはあくなき研究心から醸成されたことを物語っている。
27　戦時体制への深化は配当率の段階的減少へと少なからぬ影響を及ぼし，1943年12月には明治製菓は社名を明治産業に変更した。42年10月の外国為替管理令強化のため輸入カカオ豆を主原料とするチョコレートの製造は大部分が中止され，キャラメルなどとともに主要商品生産を縮減せざるを得なくなった（明治製菓編［1968］55-56頁）。にもかかわらずⅣの時期に営業成績が好調であったのは，40年前期の軍納乾パンの大量受注を皮切りに指定糧食製造工場として軍官納入品製造が活発化した結果である。
28　明治製菓編［1968］52頁。
29　その後房総煉乳は藤井煉乳その他個人経営の煉乳・製酪工場を順次買取し，明治製糖の傍系会社として着々とその地歩を固めていった。1917年12月には滝田の設備を拡張して煉乳製造を開始し，翌18年3月主基（すき）さらに19年5月には館山で工場を新設した（松本編［1936］15頁）。なお，明治製菓は29年8月明治製乳を創立（資本金20万円）した後，33年12月には大日本乳製品とも合併した（資本金500万円から600万円に増資）。33年5月山陽煉乳と提携して経営の建て直しを図ったが，ここで注目すべきは同社との提携方法である。まずは明治製菓が株式の過半数を引き受けたうえで明治製糖が所有するに至ったのである。同様の方法は34年10月の函館菓子製造の際にも見られ，株式の過半数を明治製菓が引き受けたうえで経営に当たった。また，35年11月には神津牧場の売買契約が明治製糖との間に成立し明治製菓が委任経営を引き受けた（松本編［1936］67-69, 73, 75頁）。
30　明治乳業編［1969］63頁。同じ1928年9月に旭川工場，30年11月には清水工場を建設して北海道にも進出するとともに，その他各地の乳業会社と提携または合併した（松本編［1936］18-19頁）。
31　具体的には，明治製糖で極東煉乳の過半数の株を引き受けて明治製菓が委託経営に当たり，製品の販売は極東煉乳時代の三井物産との一手販売契約から明治商店との一手販売へと切り替えた（松本編［1936］77頁）。なお，1935年10月の定時株主総会において「当社（明治製菓）及同系会社（明治製糖）カ当社同業会社（極東煉乳）ノ株式ノ過半数ヲ取得シタル場合当社ノ役員ハ役員会ノ決議ヲ経テ同会社（極東煉乳）ノ役員タルコトヲ得ルノ件」（明治製菓『第三十八期営業報告書』4頁，カッコ内すべて引用者）を可決したが，これは明治製糖による極東煉乳株式の過半数引き受けにともない明治製菓が極東煉乳の委託経営に当たることを可能とするための決議であった。

32 明治乳業編［1969］147頁。
33 明治製糖の1908年以降の甘蔗収穫量の推移を見ると（単位：千斤），9,054→110,852→217,536→369,027→230,727→103,355と，順調な増加傾向が大暴風雨の影響により12・13年に著しく減少したことがわかる（上野編［1936］43頁）。
34 優良ゴム樹の植付とともに煙草，コカ，シトロネラ，カカオ等の熱帯植物の栽培を試みたが，煙草は土地に適せずコカ，シトロネラは相当の成績をあげるものの輸入制限等のために中止した（上野編［1936］131頁）。
35 スマトラ興業『第二十八回営業報告書』5頁。
36 スマトラ興業『株主名簿（大正八年三月三十一日現在）』19頁，『同（昭和七年十月十日現在）』7頁。
37 上野編［1936］134-135頁。
38 昭和護謨［1964］46-47, 50頁。
39 昭和護謨［1964］60-61, 75頁。
40 昭和護謨［1964］52, 75-76頁。
41 昭和護謨［1964］81, 176頁。
42 三田土ゴム製造の歴史は古く，その前身は1886年に本邦最初のゴムとして誕生した土谷護謨製造所まで遡る。関東大震災以降経営が芳しくなくなったが36年にゴム事業の拡大強化を図っていた明治製糖が資本参加した。同社の株式所有分は59.8％で45年に昭和護謨に合併された（昭和護謨［1964］113, 116頁，松下編［1942］103-104頁）。
43 後藤編［1936］1-3頁。増田商店との契約解除による内地販売方法について明治製糖会社史は次のように記している。すなわち，「従来の如き代理店制度に依らんとするも糖界の分野已に旗幟鮮明にして製品を一手に委託すべき適当なる商店に乏しく且又直接販責の方法に依らんとするも経験ある販責系統を組織するには幾多の不便あるを免れず，寧ろ従来の代理店同様の内容を具備する別個の機関を特設するに若かず」（上野編［1936］124頁）と。
44 明糖事件の内容は脱税疑惑から恐喝事件まで複雑な様相を呈していたが，その疑惑の多くは事実無根のものであり，結局のところ1928・29年頃の精製糖の協定歩合験中にその率が引き上げられるのを恐れた原料糖数量への不正行為が徴税法から見て脱税に当たるとして追徴金を支払うことに行き着いたが，同事件によって株主をはじめとした関係者が動揺するのを恐れた相馬が32年8月18日付で株主宛に出した「明糖重役株主に諒解を求む」の内容に当時の認識を窺い知ることができる。すなわち，「当社川崎工場に於ける関税の脱税問題は，昭和四年以来幾多の策動家に依つて世間に流布せられ……今回砂糖消費税の追徴金十二万余円及罰金として金六十万余円の納付を命ぜられ候，尤も輸入関税に付ては，予期の通り何等犯則の事実なかりしも，数年前に於ける精製糖作業上間違ひの廉有之候趣にて前陳の始末と相成……是を以て多年の陰鬱なる問題も茲に全く一掃されたる次第に有」（野依［1933］91-92頁）と。また，最初に告発した中津梅吉が検事局に「告発状取下願書」と「誓約書」を提出した内容からも事実でなかったことは明らかであり，「誓約書」には「拙者ハ軽率ニモ彼等（策動家＝引用者）ニ利用セラレ多年ニ亘リ会社ニ御迷惑ヲ相掛候コトハ誠ニ申訳無之次第ニ候」（明治製糖［1931］）とある。
45 ダイヤモンド社編［1938］109頁。
46 満州明治製菓の事業内容は菓子，乳製品，食料品の製造・販売や牧場，売店の経営で，初代会長は相馬，初代社長は有嶋（松下編［1942］104頁，明治乳業編［1969］101頁）。
47 満州明治牛乳は大連や奉天で牧場を経営していた勝俣喜十郎（初代社長）と提携し事業を継承して設立された会社で，初代会長は有嶋。奉天市に本社を置き市乳，乳製品の製造・販売や牧場経営を行っていた（松下編［1942］104頁，明治乳業編［1969］100頁）。
48 満州乳業は新京特別市で牧場を経営していた三宅浜治（初代社長）と事業提携した結果設立され

49　上海明治牛乳は牧場を経営していた石崎良二（初代常務取締役）の事業を買収して設立した会社で，1940年に華中の事業を統合するため下記の明華産業に合併されコロンビヤ牧場として事業を継続した（明治乳業編［1969］103頁）。

50　明華産業は上海市に本拠を置き砂糖，菓子，市乳，乳製品，ゴム製造，牧畜をはじめ「大明治」の中支における各種事業を総合的に行う会社で，初代会長は有嶋，初代社長は藤野幹（松下編［1942］105頁，明治乳業編［1969］102-103頁）。

51　熱帯農産は本社を南洋群島パラオ島に置きカカオその他の熱帯植物の栽培を行っていた（松下編［1942］104頁）。

52　河西鉄道は甜菜運搬を目的とした鉄道会社で，旧日本甜菜製糖（20年創立，明治製糖傘下の日本甜菜製糖とは同名別会社）が敷設していた軽便鉄道を明治製糖が合併したことにより鉄道に関する資産権利全部を譲渡された子会社。44年10月の北海道製糖と明治製糖士別工場との合併により北海道製糖の甜菜運搬機能を担っていた十勝鉄道（23年4月創立，資本金150万円）に46年1月吸収合併された（日本甜菜製糖編［1961］203-204頁）。

53　正式な経緯としては，1927年7月11日に明治製糖社長の相馬半治と東洋製糖社長の山成喬六の間で物件権利譲渡の契約書が交わされたのを受け（明治製糖［1927a］），明治製糖は東洋製糖の資産を引き受けるため新明治製糖を設立する「変態増資」という形式を採用した（明治製糖［1927b, 27d］，齋藤［2014］）。明治製糖［1927c］によると，新明治製糖設立の目的とは「東洋製糖株式会社南靖及烏樹林両製糖所ノ固定費産及権利一切（別紙財産目録参照）ヲ何等負債ヲ継承スルコトナク総テ現状ノ儘ニテ買収シ砂糖及副産物ノ製造並之ニ付随スル事業ヲ営ムモノトス」であり，東洋製糖が負った鈴木商店分の負債を明治製糖が継承することなく両工場を買収することが記されていた。東洋製糖側から見れば南靖と烏樹林の売却により負債を相殺したうえで大日本製糖に合併されることを意味し，大日本製糖による明治製糖への事実上の売却となる。

54　相馬［1939b］54頁。

55　相馬［1939b］56頁。

56　株主総会で合併が決議される時期と合併が実行される時期とは異なっており，明治製乳・山陽練乳・函館菓子との合併決議は1936年1月であるが実際に合併されるのは同年4月のこととなる（明治製菓『第三十九期営業報告書』4頁，明治製菓編［1958］58頁）。

57　1936年に合併された明治製乳とは別会社であり，10年10月に創立された北陸製乳が37年6月の日本アルメンを買収した後に明治製乳と改称した（明治乳業編［1969］）所収の「系譜図（I）明治乳業が独立するまで」）。

58　共同国産煉乳の設立は世界的食品会社であるネッスル社の日本への本格的進出と大きく関わっていた。日本における乳製品事業の本格的展開を図ろうとしたネッスル社は，1933年8月に淡路の藤井煉乳を系列下において藤井乳製品（資本金25万円，後に淡路煉乳からネッスル日本へと社名変更）を設立した。海外資本の本格的日本進出に危機感を強めた明治製糖，森永製菓，明治乳業等の国内メーカーは33年8月の国産煉乳共同販売組合の結成を皮切りに同年12月に共同国産煉乳（資本金25万円）を共同出資の形で設立した（明治乳業編［1969］90, 94頁）。

59　松本編［1936］80頁。

60　明治乳業編［1969］154頁，明治製菓編［1958］206頁。

61　東京菓子『第九期営業報告書』1-2頁。

62　明治製菓の1924年増資に際し明治製糖の所有割合が86.6％へと急増した背景には，関東大震災後に無配当へと転落したのを嫌った株主が株を売却し，その減少分を明治製糖が購入したことも関係しており，親会社の強力なバックアップなくして明治製菓は難局を乗り切ることはできなかっ

た。そして，32年に明治製糖が80.9%へと所有割合を大きく減少させた局面とは配当率が5%から7%へと増加していった局面に他ならず，業績回復によって配当が増加していくプロセスと明治製糖の所有割合が減少していくプロセスとは軌を一にしていたのである（図18，表31参照）。

63　明治製菓『第二十一期営業報告書』4頁，『第三十一期営業報告書』5頁，『第三十二期営業報告書』6頁，『第三十四期営業報告書』5頁，『第三十六期営業報告書』5頁。

64　図18において当期利益金が低迷していた1925年前期から27年後期にかけて，売上高（単位：千円）は 1,658 → 2,324 → 2,616 → 3,105 → 2,701 → 3,664 という具合に増加傾向を示していた（明治製菓編［1968］292頁）。

65　台東製糖合併にともなう昭和18年9月30日～19年4月6日の『精算関係書類』一式が発信綴りとともに今回発掘されたが，詳細な引き継ぎ史料のなかでも興味深いのは元台東製糖社長の石川昌次から明治製糖の有嶋健助会長，山田貞雄社長，藤野幹会長に宛てた製品と株主をめぐる報告の内容である（台東製糖［1943-44］）。

66　台湾総督府『第二十九統計』161頁。

第4章
塩水港製糖の失敗と再生
―企業者槇哲の挫折と復活―

はじめに

　塩水港製糖を経営史的に分析する意義として，以下の4つの点を指摘しておきたい。第1に大日本製糖と並ぶ失敗からの再生事例であり，同じく近代製糖業に存在した2社を比較することは倒産寸前の失敗を経験した企業が再生するための条件を考えるうえで示唆に富むものとなるであろう。

　残る3点の意義は塩水港製糖の特性に関わるものである。すなわち，台湾人資本によってスタートした旧塩水港製糖をそのまま事業継承する形で創立されたのが新塩水港製糖（以下，塩水港製糖と称す）に他ならず，植民地台湾経営上も重要となった東部開拓に着手すべく花蓮港庁にいち早く進出したことが第2点である。

　その結果，後に林本源製糖買収によって獲得した中部の渓州も含め北部を除く台湾全島に原料採取区域が散在していたため，中部を中心とした米糖相剋への対応とともに看天田や塩分地質といった甘蔗収穫の妨げとなる特殊地理環境への対応を余儀なくされたことが第3点である。第4に1930年代以降近代製糖業発展の牽引役となっていった耕地白糖のパイオニア企業として，同社の戦略においても耕地白糖が重要な地位を占めていた。

　そこで本章のリサーチクエスチョンをあらかじめ提示しておきたい。まず，塩水港製糖の失敗と再生をめぐってはなぜ同社の積極経営は失敗局面を迎えるに至ったのか，どのように失敗局面を乗り越え再生局面を迎えることができたのかという2点が想起されるが，なかでも同社に再生をもたらした革新的企業者活動の解明がポイントとなる。ここで確認しておきたいのは，以上4点

の意義とは同社にとっての制約条件やビジネスチャンスに他ならなかった点である。金融恐慌期の失敗からいかに再生していったのかというリサーチクエスチョンに答えるためにも，こうした制約条件を克服しビジネスチャンスを内部化していったプロセスを解明することはとりわけ重要となる。

I　塩水港製糖史の概観

1　塩水港製糖の失敗と再生

　塩水港製糖の失敗と再生を論じるに先立って，まずは創立に至る経緯を確認しておきたい（後出表34参照）。同社の歴史は台南の豪商であった王雪農を中心とした7名の台湾人の手によって1904年2月に創立された旧塩水港製糖[1]（資本金30万円，商法に拠らない組合組織）にまで遡るが，創業当初から直面した難局を乗り切るべく堀宗一技師長を助ける新支配人として資金調達や整理作業を取り仕切ったのが，後に塩水港製糖社長に就任する槇哲その人であった。槇支配人による獅子奮迅の尽力により旧塩水港製糖の経営状態は回復し，06年6月には前年の欠損を補って初の配当を実現した[2]。

　日露戦争後の事業勃興ブームは近代製糖業にも及び，次々と誕生する製糖会社によって原料採取区域をめぐる熾烈な争奪戦が展開された。そうしたなか増資ができない組合組織では製糖能力増強も叶わないことから，堀技師長はじめ16名の発起人によって旧塩水港製糖の事業を継承する形で1907年3月塩水港製糖が創立され（資本金500万円），荒井泰治社長を堀と槇の両常務取締役が現地台湾で支えた。なお，花蓮港庁周辺の東部開拓を目的に12年8月台東拓殖製糖（台東拓殖合資を組織変更，資本金750万円）を設立したが，14年2月同社を塩水港製糖が合併し名称を塩水港製糖拓殖に変更した[3]（20年5月塩水港製糖に再び名称変更）。

　次に，塩水港製糖の失敗と再生を本格的に論じていくための準備作業として同社の失敗局面と再生局面をまずは確認しておきたい。塩水港製糖の経営状態を概観するため当期利益金と配当率（図21）及び振込資本金と社債・借入金（図22）の2つのグラフを用意したが，ここで注目したいのは図21に掲

げた配当率の推移である。本章では利益金が赤字に急落し配当率がゼロとなった1928年前期をもって失敗局面とし，失敗局面以前の黒字基調を回復し14期ぶりに復配（3％）した34年前期をもって再生局面と位置づけたい[4]。なお，飛躍局面については生産実績も勘案し分蜜糖生産能力と生産量が著しく伸びた39年と位置づけたい（後出図24参照）。

続いて振込資本金と社債・借入金の推移を図22によって確認しておくと，1926年後期すでに社債・借入金が振込資本金を上回り27年の大型合併に向けた準備が始まっていた一方，整理が進んでいくなか31年前期をピークに社債・借入金が減少していった。そして，バガス（甘蔗搾汁後の残渣）を原料とするパルプ工業へと本格的に進出すべく37年に6,000万円へと大幅増資した結果，後期には振込資本金も大きな伸びを示した。26年前期以来久々に振込資本金が社債・借入金を上回ったことは（図22参照），塩水港製糖が再生から飛躍へ

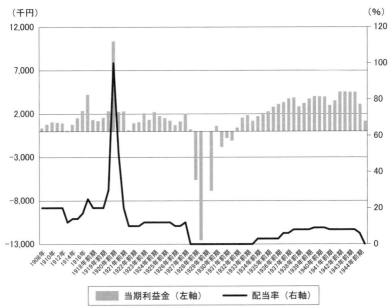

図21　塩水港製糖の当期利益金と配当率の推移

（注）1917年期に限って7月1日〜3月31日までの9ヶ月分となっている。なお，29年前期の当期利益金は13（千円）である。
（出所）塩水港製糖（拓殖）『営業報告』『営業報告書』各期版より作成。

図22 塩水港製糖の振込資本金と社債・借入金の推移

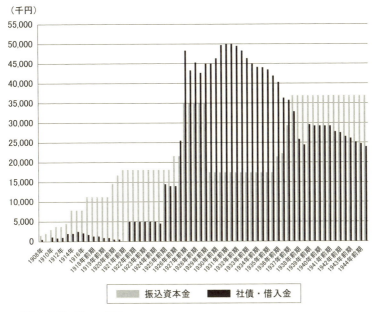

(注)(出所) 図21に同じ。

と踏み出したことを物語るものであった。

2 槇哲を軸とした経営陣の変遷

次に, 経営陣の変遷に着目しながら塩水港製糖の歴史を概観していきたい。表34は同社の主な動向を整理したものであるが, 最も注目される槇の塩水港製糖入社から死去までを経営陣変遷の主たる対象としたい。旧塩水港製糖において支配人としてみごと黒字転換を成し遂げた槇は, 塩水港製糖創立に際して常務取締役として荒井社長[5]を堀とともに支えた。

塩水港製糖拓殖へと社名変更した1914年2月, 槇が専務取締役に就任し花蓮港支店長として東部開拓の陣頭指揮をとった橋本貞夫[6]が常務取締役に就任した。なお, 東部進出に関しては台湾東部開拓から見れば評価されるものの, 民間企業の利潤追求から見れば「余りに負担が重過ぎ」[7]るものであった。南満州製糖を創立し甜菜糖業にも進出した翌年の17年7月には荒井社長が相談

表 34 塩水港製糖の主要年表

		資本金(万円)	塩水港製糖の動向
1904年	2月	30	旧塩水港製糖の創立（商法によらない台湾人のみの組合組織，資本金 30 万円），台南糖務支局長堀宗一（同社技師長に）の折衝で南部巨商の王雪農が社長に就任
1906年	6月		旧塩水港製糖の支配人に槇哲が就任し 1 年足らずで赤字を払拭し配当を実現
1907年	3月	500	旧塩水港製糖の事業を継承する形で塩水港製糖の創立（資本金 500 万円），荒井泰治が取締役社長に就任，槇哲が常務取締役に就任
1908年	4月		販売特約店として鈴木商店（神戸），安部幸兵衛商店（横浜），大阪糖業（大阪）の 3 社を指定
1909年	12月		技師長岡田祐二の尽力により岸内工場で耕地白糖製造（亜硫酸法）に成功，1912 年には岸内第 2 に大規模な耕地白糖設備（炭酸法に変更）を設置し増産体制へ
1910年	9月	750	高砂製糖（姉妹会社として 1909 年 3 月創立，資本金 250 万円）と合併し資本金 750 万円に
1912年	8月		台湾東部花連港付近を開拓するため台東拓殖製糖（資本金 750 万円）を設立し荒井が取締役社長，橋本貞夫が常務取締役に就任
1914年	2月	1,125	台東拓殖と合併し資本金 1,125 万円に，社名を塩水港製糖拓殖に変更
1916年	3月		高雄に酒精工場を建設
	12月		南満州製糖（資本金 1,000 万円，荒井取締役社長）を設立し甜菜糖製造を開始
1917年	7月		荒井が取締役社長を辞任し相談役に，槇が取締役社長に就任 船舶大興丸及び東海丸の兼営開始
	12月		恒春製糖合資（資本金 6 万円）を創立し赤糖製造を継承
1919年	9月		新興産業（資本金 10 万円）を新営に設立しタピオカ澱粉，赤糖の製造及び新興農作物（キャッサバ，タバコ）の栽培を開始
	10月		花蓮港木材（資本金 75 万円）を設立し伐木・製材を 1933 年 8 月開始 精製糖工場を大阪に建設
1920年	2月	2,500	2,500 万円に増資
	5月		東部台湾の開墾拓殖に一段落を遂げたことを受け社名を塩水港製糖に変更
1921年	6月		泰昌氷糖を買収し氷糖製造に着手
1922年	9月		台湾生薬（資本金 50 万円）を新営に設立しコカ樹の栽培及び医療用コカインの製造・販売を開始
1925年	11月		旗尾工場区域に隣接する 2 改良糖廍を台南製糖から買収
1927年	1月		林本源製糖（資本金 300 万円）の買収（仮契約）
	2月		「昭和二年増資案」（林本源製糖と恒春製糖合資の買収，東京精糖の合併，3,250 万円の増資）を大株主会において発表
	3月	2,600	東京精糖（1924 年 6 月創立，資本金 100 万円）と合併し資本金 2,600 万円に
		5,850	林本源製糖と恒春製糖合資を買収し資本金 5,850 万円に
	4月		金融恐慌により鈴木商店が破綻し台湾銀行も休業へ
	10月		旗尾と恒春を台湾製糖に売却
1928年	5月		塩水港製品販売（資本金 200 万円）の創立
	7月		羽鳥精一（三井銀行）と大西一三（台湾銀行）が常務取締役に就任し橋本と 3 常務取締役体制に
	10月		槇が取締役（社長）を引責辞任，川村竹治台湾総督の推薦で入江海平が社長に就任
1929年	10月	2,925	2,925 万円に減資 工藤金三郎（横浜正金銀行）が監査役に就任
	11月		入江が社長を辞任し 3 常務取締役合議制へ
1931年	1月		槇が相談役に就任
	11月		橋本が取締役を辞任し代表者は羽鳥に
1933年	11月		槇が再び取締役社長に就任
1934年	5月		14 期ぶりに配当（3%）し「増産十ヶ年計画」を発表
1935年	5月		大西が取締役を辞任
1936年	11月		台湾農産工業（資本金 100 万円）を花蓮港に設立し澱粉，農薬の製造及び茶，麻の栽培を開始
1937年	2月		新栄産業（資本金 200 万円，グループ持株会社）の創立
	3月		日本砂糖工業（資本金 100 万円）を設立し「増産十ヶ年計画」にあわせシロップ，製菓，（糖蜜利用の）製薬製造を目的に追加
	11月	6,000	6,000 万円に増資（バガスパルプ業への本格的進出）
1938年	4月		塩水港パルプ工業（資本金 2,500 万円）を設立しバガス原料による初の国策パルプの製造開始
1939年	5月		槇社長が急逝し代表者名義は常務取締役の岡田幸三郎に
	12月		岡田が取締役社長に就任
1941年	6月		新営酒精工場の増設
1942年	8月		取締役 3 名（黒田秀博，楠田正雄，槇有盆恒）を解任

（出所）塩水港製糖［1923］1-8, 84 頁，塩水港製糖［1927ac］，塩水港製糖（拓殖）『営業報告』『営業報告書』各期版，塩水港精糖［2003］2-4 頁，松下［1942］60-79 頁より作成．

役に退きついに槇が取締役社長に就任した。

　しかし，金融恐慌によって失敗局面を迎えた1927年に経営悪化の責任を取って數田・皿谷両常務取締役が会社を去るものの[8]，槇社長は緊急事態に対応すべく粉骨砕身努力した。そうしたなか28年7月債権者である三井銀行の推薦で羽鳥精一，台湾銀行理事の大西一三が數田と皿谷に代わって常務取締役となり塩水港製糖生え抜きの橋本とともに3常務体制を敷き，監査役には槇哲の実兄である武が同年4月に加わった。

　こうしたなか財界パニックに直面し病に蝕まれた老体にムチ打って社運挽回に死力を尽くしていた槇社長に思いもよらぬ疑獄事件が追い打ちをかける。結果的には泰山鳴動鼠一匹も出ることなく不起訴となり青天白日の身となったものの[9]，整理案を遂行するうえで最も重要となる債権者への信頼が揺らぐようではおよそ再建は望めないと考え槇は社長を退くことを決意した。ピンチヒッターとして28年10月社長に就任したのが川村竹治台湾総督が満鉄時代の縁で紹介した入江海平であったが[10]，翌年29年11月には社長を辞任した[11]。再建に対する金利引き下げや資本金5,850万円を2,925万円に半額減資に踏み切るなど一定の功績は示しつつも，いかんせん社内の統制力に欠いた「温良なる事務的社長」[12]の域を出ることはなかった。そして，社長不在のまま橋本・羽鳥・大西の3常務による合議制がスタートするものの槇社長復帰に向けた暫定的措置にすぎず，31年1月槇は相談役として復帰するに至った[13]。

　槇の社長復帰は社員はじめ関係者の多くが強く望むところであり槇社長擁立運動という形となっていたが，槇自身は社長復帰をかたくなに拒んだ。最大の債権者である三井銀行は表面上無関心を装いながらも消極的姿勢を崩さなかったし，台湾銀行や横浜正金銀行が正面から復帰に反対するという状況にあっては[14]，相談役として復帰するのがギリギリの選択だったのである。社長復帰を固辞した理由について槇は次のように述べている。

　「今更自分の出る幕ではない。然し自分が出た方が塩糖がよくなると云ふのならば，元より私情を云つては居られないが，自分が出た為めに反つて債権者関係を悪化させ，明日が日にも金融難となつたら立往生をするより外はない。さうなればぶちこはしじやないか」[15]と。

　精神的支柱である槇が相談役として復帰したことで再生に向けた機運は高

まっていくことになったが[16]、原料採取区域の農民たちが開催した歓迎会の席上その意気込みを槇は開陳する。

　「会社も御承知の通り悲境のどん底でありますから、此の時機に蘇生の一途に猛進せなければならないと思ふ……私の舵の取り様が悪かつた為めに、会社が今日の悲境を来し、諸君に御迷惑をかけた事は申訳ありません。此の機会に諸君の御援助により、蘇生を一日も速かならしめたい」[17] と。

槇が復帰した1931年11月花蓮港や満州の最前線に立って尽力してきた生え抜きの橋本常務が取締役を勇退、それに代わって後に社長となる岡田幸三郎ら3名が新たに取締役として加わり槇復帰のその年に新旧交代の転機が到来した[18]。そして、関係者が心待ちにしていた槇哲の社長復帰が33年11月ついに実現したのである[19]。

1934年5月30日に開催された第44回株主総会において、社長就任の挨拶に立った槇はまず相談役就任を前後して社長就任を固辞し続けた理由について次のように吐露している。

　「私は長年度々塩糖社長の就任を希望されたが、之を避けて居たのは、健康状態の点もありました。然し第一に私自身会社を引退したのは、当時疑獄事件が起り、それ故全責任を負うてやめたのであります。然るに取調べの結果、河童の屁のやうなものでありました。唯これが内地の事業ならばともかくも、事業の本場は異人種の台湾であります……異人種に対する影響、植民地統治に対する支配者の立場がどうであるか……従つて就任に躊躇したのは当然であります」[20] と。

そして、再生に向けた具体策となる「増産十ヶ年計画」[21] を発表し次のように語る。

　「今後如何にせば会社がよくなるか……原価を安くするやうにと云ふ結論に到達し、増産の十年計画を樹てたのであります……然し新事業に対しては、貧乏会社で金をかける訳にゆきません。金をかけずに増産を期さうと云ふのであります」（傍点＝引用者）[22] と。

槇社長の復帰後業績は順調に回復していったわけだが（図21・図22参照）、飛躍へと邁進したことを象徴する1937年11月の6,000万円への倍増資[23] を置き土産に槇は39年5月急逝する。相談役として塩水港製糖に復帰した際、「蘇

生を一日も速かならしめたい」と語った槇が飛躍局面を迎える節目の年にそれを見届けるかのようにこの世を去ったのである。そうした意味では，塩水港製糖の失敗と再生は槇の経営者人生そのものであったとも言えよう。なお，同年11月には岡田常務取締役が社長に就任した。

3　新式製糖工場の変遷

　塩水港製糖の失敗と再生のプロセスを検証するに先立って，生産面を概観すべく表35の新式製糖工場の変遷によって確認していきたい。塩水港製糖の新式工場の礎は旧塩水港製糖から1907年に継承した岸内第1であり，それに耕地白糖設備を備えた岸内第2が12年に加わった。岸内に次いで長い歴史を有したのが隣接する新営であり（序章参考地図参照），37年には「増産十ヶ年計画」により製糖能力1,200噸で耕地白糖設備を備えた新営第2が稼働したわけで[24]，塩水港製糖の生産基盤を支えたのは原料甘蔗栽培に有利な台南州に位置する岸内と新営であった。

　甘蔗栽培に有利な南部高雄州の旗尾を高砂製糖の合併によって傘下に収めたのが岸内第2に先立つ1910年であったが，金融恐慌期の失敗局面にあって恒春製糖の合併によって傘下に加わるはずだった恒春ともども台湾製糖へと売却された。

　ここで忘れてはならないのは台湾東部への進出であり，その花蓮港庁において稼働したのが1914年の台東拓殖合併による寿と21年の大和であった。大和の稼働によって花蓮港庁における生産拠点は南部の台東庁寄りまで拡張されたことになる（序章参考地図参照）。地形的な特殊性から経営は当初順調なものとは言えなかったが，東部開拓のパイオニアとして限られた原料採取区域を東部地域まで拡張させたことは注目に値する。

　最後に，林本源製糖から1927年に買収した台中州に位置する渓州である。実は，金融恐慌前夜の大型増資案の目玉がこの林本源製糖との合併であり，同年の失敗局面にあってもこの渓州だけは最後まで手放すことはなかったのはなぜか。同社の失敗と再生に関係する重要なポイントだけに項を改めて詳細に検討を加えていきたい。

164　第4章　塩水港製糖の失敗と再生

表35　塩水港製糖所有に至る新式製糖工場の変遷

所在地		製糖能力(噸)	製糖所・工場名及び所有製糖会社の変遷				
台中州	北斗郡 渓州庄	2,700 (白)	林本源合名 (1909)	林本源製糖場 (1912)	林本源製糖 (1913)	渓州製糖所 塩水港製糖 (1927)	渓州製糖所
台南州	塩水街	1,000 (白)	岸内工場 (旧)塩水港製糖 (1905)	第1工場 塩水港製糖 (1907)	岸内第1工場 塩水港製糖 (1911)	岸内製糖所第1工場 塩水港製糖 (1929)	
		1,000 (白)	岸内第2工場 塩水港製糖 (1912)	岸内製糖所第2工場 (1929)			
	新営郡 新営街	1500 (白)	第2工場 塩水港製糖 (1909)	新営工場 塩水港製糖 (1911)	新営製糖所 塩水港製糖 (1929)	新営製糖所第1工場 塩水港製糖 (1935)	
		1,700 (白)	新営製糖所第2工場 塩水港製糖 (1937)				
高雄州	旗山郡 旗山街		旗尾工場 高砂製糖 (1911)	旗尾製糖所 塩水港製糖 (1911)	旗尾製糖所 塩水港製糖 (1926)	台湾製糖へ (1927)	
	恒春郡 恒春街		恒春工場 恒春製糖合資 (1927)	恒春製糖所 塩水港製糖 (1927)	台湾製糖へ (1927)		
花蓮港庁	花蓮郡 寿庄	1,000	鯉魚尾工場 台東拓殖製糖 (1914)	塩水港製糖拓殖 (1914)	寿工場 塩水港製糖拓殖 (1918)	花蓮港製糖所寿工場 塩水港製糖 (1926)	
	鳳林郡 鳳林庄	1,000 (白)	大和工場 塩水港製糖 (1922)	花蓮港製糖所大和工場 塩水港製糖 (1926)			

(注) 表11に同じ。なお，旗尾と恒春は1927年に台湾製糖の所有に移ったため製糖能力は空欄になっている。
(出所) 表11に同じ。

4 原料採取区域を中心とした甘蔗栽培の動向

次に,表35で見た新式製糖工場の原料採取区域について序章参考地図を参照しつつ確認しておきたい。旧塩水港製糖から継承した岸内は隣接する新営とともに台南州でも南部に採取区域が位置し,高雄州に位置する旗尾とともに甘蔗栽培に適した区域であった。しかし,旗尾に比べ海岸寄りに位置する岸内は海風の影響による塩分地質のため歩留りは低かったし,降雨の多い花蓮港庁の寿と大和もまた岸内と並んで歩留りの低い区域であった。

ここで改めて注目したいのが林本源製糖から買収した渓州の原料採取区域であり,大日本・明治・東洋の3社も採取区域が隣接し3社いずれの区域を拡張するうえでも好都合であった[25]。この点に関して林本源製糖の合併を発表した1927年2月の臨時株主総会において槇社長は次のように述べている。

「濁水渓の氾濫に依つて極く極く地味の肥えて居る場所に採取区域権を与へられたのであります,故に我々同業者は其の後に於て機会ある毎に之を手に入れることに就て熱望し涎を垂らして居つた」[26]と。

こうした土地の肥沃さとともに林本源製糖買収によって入手できる広大な原料採取区域については,槇が「涎を垂らして」と表現したほどである。それゆえに後述する金融恐慌期の失敗局面にあって旗尾と恒春は手放しても,この渓州だけは最後まで手放すことはなかったのである。

では,この渓州が加わることで塩水港製糖の甘蔗の収穫基盤は盤石なものとなったかと言うと,必ずしもそうではなかった。旗尾と恒春を台湾製糖に売却したことで,米糖相剋のみならず塩分地質(海風の影響)や看天田[27]といった特殊地理環境への対応なくして安定した原料調達を実現することは叶わなかったのである。

そこで,塩水港製糖の所有する原料採取区域がそもそも原料甘蔗を供給するうえでどれだけの可能性を有していたのかを,甘蔗作適地割合[28]の推移を工場別ごとに整理した表36によって確認していきたい。表36のうち甘蔗作適地割合が80%以上の区域を見ていくと,1920年代を見る限りもともと林本源製糖が所有していた渓州の割合の高さが畑・両期作田・合計いずれも際立っており,塩水港製糖が林本源製糖買収にこだわり渓州を所有し続けた理由の1つもここにあった。

表 36　塩水港製糖の甘蔗作適地割合の推移　　　（％）

		田				畑	田畑計
		両期作	単期作	輪作	計		
渓州	1929年	97.5			97.5	94.6	96.5
	1934年	60.5			60.5	85.4	71.1
	1940年	88.2		94.1	89.0	92.1	89.9
新営	1926年		28.6		28.6	96.5	62.3
	1929年		49.6		49.6	67.3	58.3
	1934年		37.0		37.0	99.0	74.4
	1940年		95.7	95.7	95.7	94.9	95.5
岸内	1926年		21.8		21.8	83.9	67.9
	1929年		36.4		36.4	80.4	65.9
	1934年	5.1	40.2		36.0	87.0	73.1
	1940年	87.2	95.2	94.3	94.2	80.5	91.5
旗尾	1926年	68.4	73.1		69.7	82.2	75.8
花蓮港 寿	1926年	92.0	23.2		74.8	58.6	62.6
	1929年	70.7	67.1		70.6	74.5	73.5
	1934年	63.7	64.3		63.7	86.6	80.0
	1940年	69.7	71.4		69.7	90.3	82.0
花蓮港 大和	1926年	83.8	42.8		72.3	61.1	65.5
	1929年	68.2	56.9		66.1	72.3	69.6
	1934年	95.7	100.0		96.1	92.2	94.0
	1940年	89.8	96.8		90.6	90.1	90.3

（注）原料採取区域内の耕地面積に占める甘蔗作適地の割合である。
（出所）台湾総督府『第十四統計』8-9頁，『第十九統計』6-7頁，『第二十二統計』6-7頁，『第二十九統計』8-9頁より作成。

　次に，塩水港製糖が最も早くから所有していた岸内と新営に目をやると，（単期作）田を中心に1920年代までは低い割合であったが（34年は産糖調節），30年に通水を開始した嘉南大圳によって環境は一変する。表36における輪作田とは嘉南大圳の完成によって可能となった三年輪作の水田のことであり，両期作田や単期作田の顕著な割合増加とあいまって，95％前後という驚異的な甘蔗作適地を可能とした輪作田の登場と灌漑用水の整備によって岸内・新営・渓州の主力3工場の原料採取区域の甘蔗作適地は大きく改善された。と同時に東部2工場の適地割合も30年代に入り畑を中心に著しい伸びを示し，大和に至っては単期作田はじめ水田も大きく改善されるなど甘蔗作が困難とされた花蓮港の採取区域も30年代に入りようやく原料の安定供給の一翼を担うに至った。

Ⅱ　塩水港製糖失敗の本質

1　大型合併の功罪

　次に塩水港製糖の失敗局面に検討を加えていくに際し，まずは失敗に至るプロセスをふり返りたい。同社に経営環境の変化をもたらした1927年の金融恐慌を認識しながらもなぜ失敗局面を迎えるに至ったのであろうか。

　第31回定時株主総会において槇哲社長は失敗に至るプロセスをふり返り，自らの判断ミスが最大の要因であるとしたうえで失敗要因として以下の2点を指摘する[29]。

　①　台湾での耕地白糖生産に加え内地精製糖業へ進出したこと
　②　第1次世界大戦後の国内外の世界経済状況を見誤ったこと

　東京精糖の合併と林本源製糖，恒春製糖の買収をともなう1927年2月の大増資[30]のうち，姉妹会社である東京精糖の合併が①の内地精製糖への進出を意味するものであるが，そもそも塩水港製糖はパイオニアとして耕地白糖生産を重視していたにもかかわらず，なぜ同じ精白糖である精製糖へ進出しようとしたのだろうか。この点に関して1年を通じたコンスタントな精白糖生産に意義を見出したことを槇社長は第31回総会において次のように述べている。

　　「何故敢て此の不馴れなる精糖に着手したかと云へば……耕地白糖は，一年を通じて出来ない。茲に於て好況時代に内地に精糖を持つたのである」[31]と。

　以上，塩水港製糖の失敗局面を総括するならば金融恐慌による環境変化は認識できてはいたものの，その変化があまりに急激すぎたために対応できず一気に失敗局面を迎えてしまったのである。では，対応できなかった槇はじめ経営陣に問題はなかったのか。ここでは金融恐慌直前に意思決定を下した3社との大型合併が的確なものであったかどうかが問われなければならない。

　売却することなく最後まで所有し続けることになる渓州については，原料採取区域も含めたその将来性からしてまさにビジネスチャンスを獲得した革新的企業者活動であった。しかし，問題は東京精糖にあった。槇社長自身も認めて

いるように，耕地白糖というコアコンピタンスを有していただけに内地精製糖への進出を急ぐことなく戦略的に耕地白糖へとまずは集中すべきであった。そうした意味では拙速の感を否めず，槇自身も「この辺がドン底と考へたので，積極的意見に突進したが，これも誤つた」[32]と自らの意思決定上の過ちを認めている。

2　金融恐慌にともなう鈴木商店の倒産

②の経済情勢を見誤った点に関しては，大型合併案が提示された1927年2月の大株主会のわずか2ヶ月後，日本経済を襲った金融恐慌によって鈴木商店が破綻し台湾銀行が休業に追い込まれた。金融恐慌発生後の27年4月に開催された第30回定時株主総会の席上，槇社長も塩水港製糖との関係も密接であった鈴木商店と台湾銀行との関係は不可分であると当初は楽観していたが，台湾銀行が鈴木商店を切り離すことが現実味を帯びてきたのを受け次のような認識を開陳している。

「台湾銀行は政府の保証，国家の保証する……特殊銀行であるからして，是れはどうしても政府が潰すことはあるまい，……台湾銀行と鈴木商店が不可分である限りは倒れる気遣はない。世間は然う信じて居たのを，之を切離す，斯う云ふことであるならば，それには自ら相当世間の了解，又取引の方面に向かつての了解がなければならぬ」[33]と。

そして，鈴木商店の破綻が必至となったことで，塩水港製糖は①ジャワ糖問題，②販売先の問題，③手形の代払い問題の3つの「応急手当」[34]を余儀なくされた。そもそも自給体制が確立する1929年まではジャワ糖は輸出向けのみならず内地向け原料として使用されていたわけだが，耕地白糖に戦略上重点を置き同じ精白糖でも精製糖を重視していなかった塩水港製糖にとっては，原料糖としてのジャワ糖はさほど大きな比重を占めていなかったはずである。しかし，実際には少なからぬジャワ糖輸入を鈴木商店に任せており，税制面で有利な輸出精製糖用の原料糖を早期に確保したいという事情以上にジャワ糖の思惑買いを行っていたのである。

塩水港製糖もまた転売目的のジャワ糖の投機買いをくり返していたわけで，そのジャワ糖が同社に2つの大きな足枷となった。1つがそれまでに経営危機

の火種になりかねない秘密裡の大欠損の存在であり[35]，いま1つが③の手形問題につながる鈴木商店との取引関係をめぐる問題であった。後者について同じく第30回総会において槇社長は次のように危機意識を開陳しているが，その危機感は現実のものとなった。

「鈴木商店をして爪哇に買付けせしめた原料糖を，之を確実に保留せしめると云ふ方法如何，又鈴木商店に砂糖を買付けせしむることに対しては当会社から支払手形を出して居る……鈴木商店が潰れた結果は支払手形は勿論受取手形も，一時どうしても代払ひをしなければならぬ」[36]と。

結果として，林本源製糖買収というまたとないビジネスチャンスは鈴木商店破綻によって相殺されるどころか経営をさらに悪化させてしまった。大型合併を一気呵成に推進せんとするがあまり経営環境を複眼的に見極める冷静さと堅実さを槇社長ら経営陣は見失っていたのであり，塩水港製糖を失敗局面へと至らしめた最大の要因に他ならなかった。

失敗局面の分析の最後に，大型合併と失敗局面が相次いだ1927年を前後する貸借対照表を表37によって確認しておきたい。同表において最も注目されるのは，林本源製糖と恒春製糖の買収と東京精糖の合併が実行に移されていくなか金融恐慌を機に失敗局面へと至った26年後期と27年前期である[37]。

まず表37の借方（資産）に目をやると，1926年後期から27年前期にかけて土地，建物，機械，鉄道といった固定資産が大きく増加しているが，これは26年後期が2月の林本源製糖の買収，27年前期が6月の東京精糖の合併それぞれが反映されたものであり，同月の恒春製糖の買収は固定資産には計上されず資金不足を補うために台湾製糖に売却予定の旗尾・恒春工場勘定という形で計上されるにとどまっている。固定資産として計上されないほど短期間のうちに恒春を売却しなければならなかったことを示しており，金融恐慌の余波を受けた失敗局面がいかに急であったかを如実に物語っている。同じく失敗局面に陥ったことは，27年前期の未払込資本金2,363万円や売掛滞金勘定806万円といった額の大きさにも確認できる。

表37の貸方（負債）に目を転じると，失敗局面の深刻さはいっそう顕著となる。東京精糖合併による100万円増資と林本源製糖と恒春製糖の買収にともなう3,250万円増資により，資本金は2,500万円から5,850万円へと大幅に増

加するものの増加分の 3 分の 2 は未払込であった。そうしたなか注目されるのは 1927 年前期に 3,483 万円もの借入金を一気に計上した点である。当然のことながら未納税金も増加し，翌 27 年後期には製品を担保とした借入金 757 万円も計上することでついに当期利益金は底をつき損失金を計上するに至った。

表 37　塩水港製糖失敗局面前後の貸借対照表　　　　　　　　（千円）

借方（資産）		1925年後期	1926年前期	1926年後期	1927年前期	1927年後期	1928年前期
固定資産	土　地	10,293	10,642	17,510	24,433	24,456	24,776
	建　物	6,743	6,767	7,455	9,608	9,608	9,928
	機　械	12,894	12,897	16,146	17,899	17,914	19,510
	鉄　道	3,385	3,388	4,865	5,234	5,247	5,733
	灌漑設備	979	998	1,073	613	618	624
	器具什器	435	435	565	520	501	494
	農具家畜	901	885	899	664	660	671
	未成工事	444	443	722	4	28	313
	土地未精算	616	622	892	46	50	49
	林糖買収権利金			2,985	2,985	2,985	
	計	36,690	37,077	53,112	62,006	62,067	62,098
	未払込資本金	6,875	3,438	3,438	23,625	23,625	23,625
流動資産	製品勘定　製品及半製品	13,611	12,937	14,229	11,964	11,226	8,448
	原料糖及半製品					6,467	2,254
	酒精糖蜜					114	71
	得意先勘定					113	148
	積送品勘定					69	34
	受取手形	5,415	5,092	4,623	3,411	2,204	805
	銀行預金及現金	822	930	1,493	466	372	208
	有価証券	2,625	2,900	2,639	2,340	2,292	2,212
	計	22,473	21,859	22,984	18,181	22,857	14,180
事業資金	農場勘定	2,803	3,238	3,968	3,726	3,723	3,634
	貸付金	4,029	4,189	5,708	5,583	5,898	5,132
	瞨耕契約	104	112	122	82	218	275
	貯蔵品	999	644	1,158	767	2,140	985
	仮払金	945	1,109	1,837	3,004	1,727	509
	未収金	200	192	425	445	575	298
	供託金	438	178	577	333	160	108
	契約保証金	3	3	3	3	3	15
	旗尾，恒春工場勘定				13,500		
	次年度勘定	1,860	1,689	2,966	3,361	3,712	1,689
	計	11,381	11,354	16,764	30,804	18,156	12,645
売掛滞金勘定					8,056	8,056	9,254
当期損失金						5,608	12,554
合計		77,419	73,728	96,297	142,671	140,370	134,356

貸方（負債）		1925年後期	1926年前期	1926年後期	1927年前期	1927年後期	1928年前期
固定負債	法定積立金	3,350	3,390	3,450	3,580	3,580	1,580
	別段積立金	4,800	4,800	4,800	5,100	5,100	
	使用人子弟育英金	190	190	190	190	190	190
	前期繰越金	780	469	471	645	874	366
	社債	14,000	14,000	13,500	13,500	13,000	13,000
	借入金				34,834	30,283	32,280
	職員職工恩給金	739	702	728	578	557	542
	職員職工積立金	164	159	234	196	166	146
	積立貯蓄貯金	87	63	72	52	54	42
	林糖買収借入金			12,000			
	計	24,110	23,773	35,445	58,675	53,804	48,146
資本金		25,000	25,000	25,000	58,500	58,500	58,500
流動負債	製品担保借入金					7,574	7,767
	支払手形	17,621	16,628	22,768	16,720		
	台湾事業資金借入金及荷為替手形引受					4,899	2,568
	原糖代手形及製品代手形					2,173	621
	原糖代及未払金	3,976	2,298	5,639	2,315	4,766	2,098
	未払爪哇糖勘定					2,892	6,197
	未納税金	4,896	3,907	4,578	5,771	5,249	7,665
	保障預り金	10	8	8	10	10	10
	仮受金	587	531	211	33	79	349
	貯蓄貯金	477	386	570	389	396	409
	未払配当金	37	38	31	30	29	27
	計	27,604	23,796	33,805	25,268	28,067	27,711
当期利益金		705	1,157	2,045	228		
合計		77,419	73,728	96,297	142,671	140,370	134,356

（出所）塩水港製糖『第二十八回営業報告書』～『第三十三回営業報告』所収の「貸借対照表」各期版より作成。

3　緊急事態への対応

次に，再生プロセスの第1段階となる整理段階を検討するため，槇社長が「応急手当」の②にあげた販売先の問題から確認していきたい。塩水港製糖にとって最も切実な問題がこの販売先の喪失であり，同社創立以来の販売先であった安倍幸と鈴木商店が相次いで経営危機を迎えたのである。こうした緊急事態を受け第30回株主総会において槇社長は販売先について次のように述べている。

「新しく販売店を拵へるに就ては，相当シツカリした確実な，而して又株主各位の安心し得る力のあるものに頼まなければならぬ」[38] と。

休業に追い込まれた台湾銀行に代わる金融機関として三井銀行，販売先として三菱商事とのそれぞれ契約実現にこぎ着けた[39]。ここで販売先の変遷をふり

返っておくと，1927年4月に三菱商事と販売関係を結びさらに8月には安倍幸とは関係を絶っていた。しかし，三菱商事との関係は塩水港製糖の再生方針となかなか合致せず28年4月末日ついに三菱商事との一手販売契約を解除した。そして，5月塩水港製糖製品の一手販売契約を担う塩糖製品販売[40]を創立（資本金200万円）し営業方針としてなるべく多方面への販売網の構築を期するものとし，その主力として絶縁していた安部幸との関係を復活させ販売実務を受け持つこととなった[41]。塩糖製品販売という事実上の自社販売体制の確立により，塩水港製糖の営業はようやく安定するに至ったのである。

整理案に向け奔走した槇社長は1927年12月「従来の営業方針を根本的に立直し台湾糖業本位の堅実なる経営を行」[42]うことを前提に以下8項目にわたる整理方針を発表した[43]。

① 経費削減・能率増進によって利益増大を図ること
② 職制を変更し合理的経営組織を確立すること
③ 借入金2,400万円に対し充分余力ある固定資産担保を抵当に債権銀行の取立猶予を得たこと
④ 社債1,300万円のうち1928年9月期限300万円と30年9月期限1,000万円は期日通り現金償還すること[44]
⑤ 台湾銀行・三井銀行より新資金600万円を融通する了解を得たこと
⑥ 借入金はしかるべき時機に社債に乗替え返済ないしは営業収益不用資産処分その他により償還すること
⑦ 旗尾と恒春を1,100万円で売却し900万円を三井銀行，200万円を台湾銀行に支払うこと
⑧ 減資は行わず当分無配当で社内充実を図ること

以上8項目は大きく2つの部分に分けることができる。塩水港製糖再生に向けた基本方針とも言える①②と経営危機に対する具体的対応を盛り込んだ③～⑧であり，なかでも注目すべきは①②⑤⑦⑧である。①②の基本方針に当たる項目であるが，従来までの経営方針を根本的に見直すだけのことあってコスト削減，効率向上，合理的経営組織が先の堅実経営とともに前面に出され失敗から学んだ教訓が活かされていた。すなわち，積極経営一辺倒ではなく堅実経営をそれに加味するという教訓の実践であった。

以上が鈴木商店の破綻，台湾銀行の休業にともなう経営危機を転機とした中長期的対応であったのに対し，整理・回復に向けた短期的対応を示したのが③以下の6項目である。ここで着目したいのは緊急対応の中核とも言える⑤⑦⑧の3項目である。1927年前期に至っては26年後期の倍近くまで膨らんだ社債・借入金，なかでも社債1,300万円を除く借入金3,000万円強[45]をいかに減らしていくかが喫緊の課題であり，そのための第一歩として台湾銀行休業によって閉ざされた資金融資の途を探さなければならなかった。槇の盟友である池田成彬を介して三井銀行に打開策を早くから見出していたが，27年4月18日に休業に追い込まれた台湾銀行が5月9日に各店を一斉に開業したため同行からの資金協力の途も復活した[46]。

いち早く借入金を返済するという意味では最も現実的な方法は手持ち資産の売却であり，それが⑦の旗尾と恒春を1,100万円で台湾製糖に売却するというものであった。その1,100万円のうち900万円は最大の借入先である三井銀行に[47]，先述した新資金分200万円を台湾銀行にそれぞれ返済した。そして，⑧の減資は行わず無配当でという方針に関しては結局1929年後期に2,925万円への減資が実施されたものの[48]，無配当は33年前期まで13期にわたり継続された。

III 整理，再生，そして飛躍へ

1 米糖相剋と特殊地理環境への対応

塩水港製糖が整理局面から再生局面へと移行していくためには分蜜糖の増産体制を軌道に乗せる以外方法はなかったわけだが，そこで問題となったのは同社の原料採取区域が抱える米糖相剋と特殊地理環境という制約条件にいかに対応していくかであり，まずこの点に検討を加えていきたい。両対応を1936年と43年の甘蔗栽培奨励規程[49]を整理した表38と表39を見ていくが，両表では同様に台湾中部に採取区域を構える大日本製糖や明治製糖と比較している。

表38の米糖相剋への対応を見ると，割増金は3社すべての原料採取区域によって確認できるものの米価には連動しておらず，塩水港製糖の米価比準法導

表38　米糖相剋と特殊地理環境への対応（1936年）

<table>
<tr><th rowspan="2" colspan="2"></th><th colspan="4">米糖相剋</th><th colspan="2">特殊地理環境</th></tr>
<tr><th>割増金</th><th>水田
奨励</th><th>水田集団
奨励</th><th colspan="2">植付
奨励</th><th>各種奨励金</th></tr>
<tr><td rowspan="3">塩水港
製糖</td><td>新営
岸内</td><td rowspan="3">○</td><td rowspan="3"></td><td></td><td></td><td>○</td><td>看天田栽培改良奨励</td></tr>
<tr><td>渓州</td><td>○</td><td rowspan="2" colspan="2"></td><td>甘蔗多収奨励，濃度賞与金</td></tr>
<tr><td>花蓮港
（寿・大和）</td><td></td><td>特殊蔗園奨励，早植奨励</td></tr>
<tr><td rowspan="5">大日本
製糖</td><td>虎尾</td><td rowspan="5">○</td><td rowspan="3"></td><td rowspan="2"></td><td rowspan="2" colspan="2">○</td><td>特殊蔗園奨励</td></tr>
<tr><td>北港</td><td rowspan="2"></td></tr>
<tr><td>斗六</td><td rowspan="3">○</td><td colspan="2"></td></tr>
<tr><td>月眉</td><td>田普通植
株出奨励</td><td>●</td><td></td><td>早植補助，糊仔甘蔗奨励</td></tr>
<tr><td>烏日</td><td>●</td><td></td><td>○</td><td></td></tr>
<tr><td rowspan="3">明治
製糖</td><td>総爺
蕭壠
烏樹林
南靖
蒜頭</td><td rowspan="3">○</td><td rowspan="3"></td><td rowspan="2"></td><td colspan="2">○</td><td rowspan="3">肥料奨励，早期施肥奨励（以上すべて），蔗苗奨励（南靖除く），排水奨励（南投除く），濃度賞与（渓湖のみ）</td></tr>
<tr><td>南投</td><td rowspan="2">●</td><td rowspan="2">○</td></tr>
<tr><td>渓湖</td><td>○</td></tr>
</table>

（注）●印は米価比準法の適用項目であり，植付奨励については米糖相剋・特殊地理環境いずれの対応とも明記されていない場合○印は中間に付した。
（出所）台湾糖業研究会編［1934］14-54頁より作成。

入は36年では確認できなかった。当時稀であった比準法を導入していたのは大日本製糖月眉の植付奨励，烏日の水田奨励，明治製糖南投・渓湖の植付奨励であり，台湾中部に位置する採取区域における米糖相剋の深刻さを物語るものであった（序章参考地図参照）。なお，渓州では水田集団奨励という形で米作への対抗策が講じられていた。

かたや特殊地理環境への対応では，新営と岸内において看天田が塩分地質とともに大きな制約条件となっていたが，看天田栽培改良奨励によってヒースプラウ（看天田の岩盤を砕く強力な電動深耕犂）の導入を促し嘉南大圳が完成したことで大きく改善されていった。また，渓州が海風の影響による塩分地質のため歩留りが低かったため濃度賞与金等の奨励金が付与されていた（後出表41参照）。

次に表39を見ていくと，1943年においては塩水港はじめ大部分の原料採取区域で米価比準法が割増金に導入された。これには蓬莱米の普及，嘉南大圳の

完成による三年輪作の定着とともに39年の台湾米穀移出管理令と台湾糖業令の公布が関係しており，なかでも管理令により米価が事前に明らかとなったことで比準法の基準が明示されたことが大きかった。事実，塩水港製糖でも割増金への米価比準法の導入という形で一本化された。

渓州では植付奨励が特殊地理対応に特化していった。そして，特殊地理環境への対応がすべての原料採取区域で導入され，新営と岸内の特殊看天田栽培奨励や塩分改良地栽培奨励，花蓮港の特殊地奨励といった看天田や塩分地をめぐ

表39　米糖相剋と特殊地理環境への対応（1943年）

		米糖相剋		特殊地理環境	
		割増金	水田集団奨励	植付奨励	各種奨励金
塩水港製糖	新営 岸内			○	晩期収穫奨励，自給肥料奨励（以上すべて），特殊看天田栽培奨励，塩分改良地栽培奨励（以上新営，岸内のみ），特殊地奨励（花蓮港のみ）
	渓州	●		○	
	花蓮港 （寿・大和）				
大日本製糖	虎尾	●	○	○	自給肥料奨励（すべて），蔗苗補助（斗六以外すべて），晩期収穫奨励（虎尾，龍厳，北港，斗六，大林，彰化のみ），排水奨励（龍厳，北港，斗六，大林，彰化，二結のみ），株出補助（彰化，烏日，月眉，台中，潭子のみ），開墾補助（斗六，大林，彰化，苗栗，月眉，玉井，崁子脚，新竹，竹南のみ），階段畑造成奨励（苗栗，月眉，新竹，竹南のみ）
	龍厳 北港 沙鹿	○			
	斗六		○		
	大林 玉井				
	崁子脚 二結 烏日 台中 潭子 彰化	●		○	
	苗栗		○		
	月眉 新竹 竹南				
明治製糖	総爺	●		○	晩期収穫奨励，自給肥料奨励
	蕭壠	○			
	烏樹林 南靖				
	蒜頭	●		○	自給肥料奨励，株出補助
	渓湖 南投				

（注）表38に同じ。
（出所）台湾糖業研究会編［1941］15-52頁より作成。

る奨励金が確認できた。なお，晩期収穫奨励や自給肥料奨励といった奨励金が充実したことも塩水港製糖はじめ3社に共通した1943年の特徴であった。

2　槇哲の現場復帰

　塩水港製糖が整理段階から再生段階へと移行していくうえで，槇が相談役として復帰したことは決定的に大きかった。そして，再生局面をめぐっては「増産十ヶ年計画」の礎をなす原料甘蔗の安定供給をめぐる動きを確認しておく必要がある。まず，甘蔗を安定して調達するうえで重要となる自作原料の割合を第1章表9によって比較していくと，平均で台湾製糖に次ぐ17.1％もの自作割合を示していた。

　次に，原料採取区域内の田畑別割合を示した序章の表2と表3を塩水港製糖に注目しつつ再検討していくと，表2より中部以北を中心に過半を田が占める採取区域が多いなか同社は必ずしも多くなく，渓州だけが66.8％と両期作田の割合が高かった。新営の単期作田が43.6％と続くが，単期作田では米・甘蔗の二者択一問題となる分それだけ米糖相剋は深刻となった。

　表2と比較しつつ表3を見ていくと，田が過半を占める原料採取区域が増加し8割を田が占める区域も少なからず見受けられ，嘉南大圳の完成も大きく影響していた。同様の傾向は塩水港製糖に関しても確認でき，花蓮港2工場以外は約7割以上の割合を田が占めるに至った。これら3区域もまた塩分地の改善や三年輪作の定着といった形で嘉南大圳の恩恵を受けていたことは事実であるが，いま1つ忘れてはならないのがヒースプラウによる看天田の克服であり，新営や岸内はその典型事例であった。なお，新営以外の甘蔗作適地面積に大きな増加傾向は確認できない。

　続いて実際の甘蔗収穫量に占める田畑別の割合を序章表4によって確認していくと，全体傾向としては先の面積割合の傾向は実際の甘蔗収穫割合にそのまま反映され四大製糖すべての単期作田と両期作田の合計割合が倍増していた。塩水港製糖では渓州の高さが1930-35年平均でも際立っていたが36-41年平均で63.4％にまで増加しており，米糖相剋や特殊地理環境への対応に加え後述する歩留り上昇への努力が功を奏したことを示している（表41参照）。また，田の割合の増加率という点では新営の単期作田が7.7％から42.8％へと著しく伸

びたうえに単期作田も0から5.6％に増えており，塩分地質を改善した成果が
ここにも確認できる。

3 耕地白糖を軸とした飛躍

1933年11月再び社長に就任した槇は，34年5月の第44回定時株主総会に
おいて「増産十ヶ年計画」を表明し14期ぶりの配当を実施した（図21参照）。
まさに塩水港製糖は再生から飛躍へと大きく踏み出していったわけだが，こ
の飛躍局面を最後に検討していきたい。同計画の主たるねらいは槇社長自身が
「金をかけずに増産を期さう」[50]と述べたように，既存のリソースをフルに活
用しながら増産を実現するものであり質的増産に重点を置くものであった。米
糖相剋や特殊地理環境を抱えた原料採取区域が台湾各地に散在していた同社に
とって広大な採取区域で規模の経済を追求することは容易ではなく，甲当たり
甘蔗収穫量を増加させたり歩留りを上昇させたりといった質的増産策を前面に
打ち出したことは自社のリソースを踏まえたきわめて現実的な方策であった。

こうした質的増産は同計画通りに功を奏する形となったのであろうか。その
問いに答えるべく，甲当たり甘蔗収穫量の推移を田畑別に示した表40と歩留
りの推移を示した表41に検討を加えたい。まず，水田における甘蔗収穫に関
して田畑別割合を示した序章表4と比較しつつ表40を見ていくと，表4で確
認された塩水港製糖の甘蔗収穫量に占める単期作田割合の著増要因が甲当たり
収穫量の著しい増加にあったことがわかる。また，甲当たり収穫量の低い花蓮
港を除く水田における質的増収が畑の減収分を補う形となっていたことを表
40は示している。

続いて，塩水港製糖の歩留りの推移を表41によって確認していくと，1921-
25年段階では四大製糖のなかで塩水港製糖の歩留りは最も低く，なかでも渓
州と花蓮港の歩留りの低さが目立つ。これは渓州が冬期季節風の影響，花蓮
港が雨が多く日照時間が短い結果であり[51]，歩留り改善策として渓州は濃度賞
与，花蓮港は甘蔗買収価格に濃度を導入するなど特殊地理環境を多く抱える同
社にとって歩留り上昇は避けて通れない課題であった[52]。事実，20年代後半
以降の各区域の歩留りは上昇傾向にあり，その低さが深刻であった渓州と花蓮
港を含め30年代に入ってからの伸びには目を見張るものがあった。

178　第4章　塩水港製糖の失敗と再生

表40　甲当たり甘蔗収穫量の推移　　　　　　　　　　　　　　　　（千斤）

		1930-35年平均				1936-40年平均			
		両期作田	単期作田	畑	全体	両期作田	単期作田	畑	全体
台湾製糖	橋仔頭第1・第2	121.6	122.3	110.8	113.4	107.1	117.1	121.0	118.4
	後壁林	157.2	-	156.1	156.7	158.3	139.4	141.9	152.0
	阿緱	122.0	112.2	108.6	110.2	136.5	122.0	120.1	124.7
	東港	129.7	130.5	103.3	109.3	121.9	120.3	117.2	121.1
	車路墘	118.3	123.2	100.6	102.5	112.2	109.9	106.7	107.7
	湾裡第1・第2	98.8	133.9	137.3	136.7	130.3	132.1	121.0	127.3
	三崁店	133.9	137.1	128.9	129.9	85.7	145.7	120.0	135.7
	埔里社	108.3	116.0	71.8	91.0	105.2	107.1	73.9	87.3
	台北	104.4	-	82.8	90.2	100.6	-	82.1	88.1
	旗尾	127.2	100.7	119.7	118.2	140.9	-	118.6	120.6	124.1
	恒春	109.8	94.5	78.6	85.7	92.9	95.2	84.5	87.4
	平均	135.3	119.8	114.8	117.4	134.0	126.6	114.5	121.4
新興製糖	山仔頂	125.7	119.8	102.6	103.9	120.1	112.7	94.0	104.6
明治製糖	総爺	-	-	127.8	127.7	-	142.1	119.5	126.9
	蕭壠	-	-	117.3	117.3	-	129.9	109.3	115.8
	烏樹林	149.0	139.6	119.8	129.9	119.0	147.7	111.3	130.2
	南靖	140.4	125.3	129.3	129.6	117.9	143.6	112.1	123.9
	蒜頭	-	114.6	115.5	115.4	-	148.3	126.7	131.9
	南投	128.9	114.6	80.3	95.1	137.6	118.5	98.2	111.7
	渓湖	145.5	-	123.3	129.3	147.9	-	115.4	132.1
	平均	140.0	128.2	116.6	120.3	138.3	143.1	114.9	126.0
台東製糖	卑南	110.1	125.5	95.4	99.9	117.0	104.3	86.9	91.3
大日本製糖	虎尾第1・第2	118.9	-	118.7	118.7	112.7	109.0	121.4	118.7
	龍巖	-	-	-	-	-	88.6	-	114.7
	斗六	126.0	128.6	112.1	116.7	123.5	130.1	107.8	115.3
	北港	-	110.2	107.2	107.4	-	117.5	94.9	105.1
	月眉	152.3	-	56.5	136.6	159.9	-	88.7	142.0
	烏日	145.1	-	61.1	90.4	150.2	-	73.2	109.8
	平均	143.4	124.6	111.7	116.0	135.6	124.6	108.0	117.0
新高製糖	彰化	146.1	-	96.3	137.6	153.7	-	94.8	142.8
	嘉義（→大林）	144.8	136.7	112.0	122.3	141.7	144.3	113.1	130.2
	平均	145.1	131.8	105.8	127.3				
昭和製糖	宜蘭第2（→二結）	93.9	-	77.0	88.3	115.4	-	63.2	100.0
	玉井	113.4	109.2	110.6	110.6	-	111.6	99.7	102.0
	平均	94.7	106.6	81.8	87.1	125.9	116.8	78.4	94.6
新竹製糖	苗栗	119.5	59.3	51.5	77.8	118.8	64.4	62.6	80.5
沙轆製糖	沙轆（→沙鹿）	95.0	-	44.7	50.9	133.1	-	73.5	90.6
帝国製糖	台中第1・第2，潭仔（→潭子）	122.1	-	70.2	109.8	118.2	-	73.0	105.3
	中港（→竹南）	99.9	68.0	63.5	69.7	123.0	74.5	65.2	67.8
	新竹	114.7	65.1	60.8	84.3	124.3	72.1	68.3	83.1
	崁子脚	-	-	-	-	52.9	-	42.4	37.8	44.1
	平均	120.4	65.4	66.2	99.9	115.2	67.4	66.6	91.6
塩水港製糖	渓州	119.9	-	105.3	112.1	138.7	-	107.8	125.5
	新営第1・第2	-	127.0	124.1	124.3	136.5	138.8	107.7	120.7
	岸内第1・第2	-	99.8	116.4	114.4	138.2	134.6	114.6	118.9
	花蓮港寿	111.8	92.3	98.8	99.4	104.2	101.2	77.3	81.4
	花蓮港大和	121.4	93.1	101.9	103.6	114.8	83.1	90.6	94.1
	平均	119.7	108.3	111.0	112.2	132.7	136.3	101.4	112.8
	全体平均	127.8	119.1	109.3	113.5	130.0	130.1	104.5	115.3

（注）表4に同じ。

（出所）台湾総督府『第十九統計』22-23頁，『第二十二統計』26-27, 32-33, 38-39頁，『第二十五統計』
　　　38-39頁，『第二十六統計』26-27, 32-33, 38-39頁，『第二十九統計』26-27, 32-33, 38-39頁より作成。

表41 歩留りの推移 (%)

		1921-25年平均	1926-30年平均	1931-35年平均	1936-40年平均
台湾製糖	橋仔頭第1	11.3	13.1	15.4	13.4
	同　第2	11.3	12.8	15.1	13.6
	後壁林	10.2	13.1	14.7	13.1
	阿緱	9.8	12.0	14.2	12.6
	東港	9.7	12.2	14.4	12.7
	車路墘	11.1	12.5	14.4	12.7
	湾裡第1	10.9	12.5	13.9	13.0
	同　第2		13.6	14.5	12.8
	三崁店	10.5	12.6	14.4	12.8
	埔里社	9.4	12.0	13.8	13.4
	台北	9.0	10.5	13.0	12.9
	旗尾	9.4	11.6	14.6	12.9
	恒春		11.7	14.1	12.5
	平均	10.2	12.3	14.3	12.9
新興製糖	山仔頂	9.4	10.2	13.3	12.6
明治製糖	総爺	10.6	11.7	13.5	13.2
	蕭壠	9.6	11.4	13.8	13.3
	烏樹林	10.2	11.5	14.7	13.2
	南靖	10.0	11.8	14.5	13.6
	蒜頭	9.9	11.3	13.0	12.8
	南投	10.3	10.8	14.0	13.4
	渓湖	9.2	10.0	11.7	11.3
	平均	10.0	11.2	13.6	13.0
台東製糖	卑南	7.7	11.0	13.7	12.6
大日本製糖	虎尾第1	9.9	11.1	13.2	12.5
	同　第2	9.7	11.0	13.8	12.9
	龍巌				11.5
	斗六	10.1	11.2	14.4	13.5
	北港	9.3	10.6	12.6	12.2
	月眉	9.4	10.5	12.1	11.9
	烏日	9.2	10.9	13.8	12.5
	平均	9.6	10.9	13.3	12.4
新高製糖	彰化第1	8.8	10.0	11.8	
	同　第2	9.0	9.9	12.6	11.0
	嘉義(→大林)	10.7	11.8	14.3	13.3
	平均	9.5	10.6	12.9	
昭和製糖	宜蘭第1	8.3			
	同　第2(→二結)	9.8	9.6	12.5	11.6
	玉井	9.7	11.3	14.0	13.4
	平均	9.3	10.5	13.3	12.5
新竹製糖	苗栗	9.7	10.6	12.5	12.4
沙轆製糖	沙轆		10.3	11.6	11.9
帝国製糖	台中第1	10.1	11.4	13.2	12.9
	同　第2	10.1	11.6	13.0	12.9
	潭仔墘(→潭仔→潭子)	10.0	11.5	13.1	12.9
	竹南	10.0	10.8	13.1	13.2
	新竹	8.9	10.3	12.2	12.9
	崁子脚			13.9	13.0
	平均	9.8	11.1	13.1	13.0
塩水港製糖	渓州	9.0	10.2	13.1	11.8
	新営第1	9.8	11.6	13.9	12.7
	同　第2				12.6
	岸内第1・第2	9.7	11.9	13.5	12.6
	花蓮港寿	8.3	10.4	12.8	11.5
	花蓮港大和	8.3	10.4	12.6	11.5
	平均	9.0	10.8	13.2	12.1
	全体平均	9.7	11.3	13.5	12.7

（注）表4に同じ。
（出所）台湾総督府『第二十二統計』90-91頁,『第二十九統計』94-95頁より作成。

以上の質的増産への取り組みを確認すべく甘蔗収穫量と甲当たり甘蔗収穫量の推移を示した図23を見ていくと，甘蔗収穫量が横ばいないし減少する局面が目立つのに対し甲当たり収穫量は産糖調節期を除き増加基調にあった。顕著な局面としては甘蔗収穫量が横ばい状態の24～27年にあっても甲当たり収穫量は大きな伸びを示しており，塩水港製糖における質的増産の成果が顕著に示されている。要は，「増産十ヶ年計画」は質的増産に支えられつつ着実に実現の方向へと向かっていったわけだが，甲当たり甘蔗収穫量それ自体は少なくとも同計画に先行していたのである。この事実は何を意味するのであろうか。

時系列から見て「増産十ヶ年計画」によって質的増産が伸び始めたのではなく，甲当たり甘蔗収穫量の増加実績を踏まえこれなら増産は十分実現できると確信した槇社長が同計画を内外に表明したのである。表明以降の甲当たり甘蔗収穫量がいっそうの伸びを示したこと（図23参照），歩留りも著しく上昇した

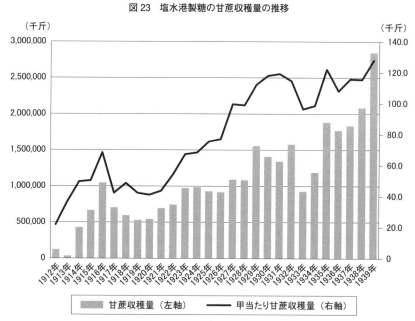

図23　塩水港製糖の甘蔗収穫量の推移

（出所）塩水港製糖［1923］52-53頁，台湾総督府『第十九統計』22-33頁，『第二十一統計』28-33頁，『第二十三統計』36-41頁，『第二十四統計』22-39頁，『第二十七統計』22-39頁，『第二十九統計』22-33頁より作成。

こと（表41参照）からして質的増産が同計画によって加速されたことは間違いないが，ここでは実績を踏まえたうえで戦略を策定した槇社長の意思決定プロセスに着目したい。なぜなら，こうした現実的な意思決定に槇自身が学んだ失敗からの教訓を確認することができるからである。

次に，塩水港製糖の分蜜糖生産量の推移を製糖能力の変遷とともに示した図24を概観すると，生産量は図23の甘蔗収穫量と同じ動きを示している。なかでも注目すべきは，1927年の林本源製糖買収によって獲得した渓州が甲当たり甘蔗収穫量・歩留りともに大きく伸びたことで質的増産の進展に大きく貢献した点である（表40・41参照）。とりわけ製糖能力に関しては旗尾売却による減少分を渓州買収が相殺してあまりある増強をもたらしたことを図24は示しており，27年の失敗後も一貫して渓州を手放さなかった理由をあらためて確

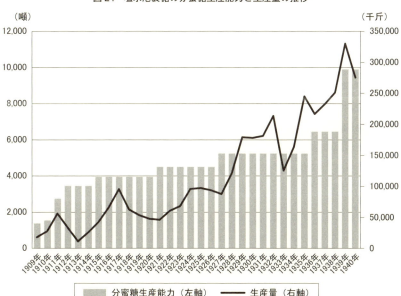

図24 塩水港製糖の分蜜糖生産能力と生産量の推移

（注）1927年旗尾の売却によって生産能力が1,200噸減少するものの，渓州の生産能力が1,200噸増加したため28年の生産能力は27年と同じ5,250噸のままとなっている。

（出所）塩水港製糖［1923］52-53頁，台湾総督府『統計』各期版所収の「新式製糖場一覧表」，『統計　大正九年』18-19頁，『第二十統計』84-86頁，『第二十三統計』86-91頁，『第二十六統計』84-89頁，『第二十九統計』84-89頁より作成。

認できる。林本源製糖買収それ自体は失敗ではなかったのである。

図24を見る限り産糖調節を行った1933・34年を除き28年以降生産量は順調に増大しており，しかも歩留り上昇により図23の甲当たり甘蔗収穫量の伸びを上回るペースで35年以降著しく増加した。このように塩水港製糖の生産実績もまた再生から飛躍へと向かっていったわけだが，分蜜糖生産能力が6,450噸から9,900噸へと1.5倍もの増強を見せ生産量も著しく伸びた39年をもって飛躍局面と位置づけたい。槇社長の積極的な意思決定が不運にも失敗局面に遭遇するに至った同社であったが，槇の相談役復帰によって再生局面を迎え社長復帰後の「増産十ヶ年計画」によって飛躍局面を迎えたのである。

表42 耕地白糖生産に占める割合の推移 (千斤，%)

		1925年	1926年	1927年	1928年	1929年	1930年	1931年	1932年
塩水港製糖	新営第1・第2	6,920	4,290	10,275	14,427	38,383	33,934	36,650	48,261
	岸内第1・第2	32,042	32,348	18,609	32,481	25,474	32,967	34,209	37,100
	旗尾	21,032	17,311	14,741					
	全体	59,994	53,949	43,625	46,908	63,857	66,901	70,859	85,361
		68.3	53.3	45.3	42.4	42.5	43.6	42.6	41.3
台湾製糖		2,297	3,480	16,240	32,661	56,427	44,325	53,436	75,147
		2.6	3.4	16.9	29.6	37.5	28.9	32.1	36.4
大日本製糖					10,954	10,000	14,019	14,000	14,000
					9.9	6.7	9.1	8.4	6.8
明治製糖		5,067	8,261	8,549	20,000	20,000	28,083	28,000	32,000
		5.8	8.2	8.9	18.1	13.3	18.3	16.8	15.5
全製糖会社		87,780	101,293	96,290	110,523	150,284	153,328	166,295	206,512

		1933年	1934年	1935年	1936年	1937年	1938年	1939年	1940年
塩水港製糖	新営第1・第2	26,193	29,090	48,999	43,068	32,117	63,096	85,467	58,158
	岸内第1・第2	27,812	37,679	57,053	55,533	67,646	43,478	62,795	46,053
	渓州			11,032					8,762
	大和							10,227	25,218
	全体	54,005	66,769	117,084	98,601	99,763	106,574	158,489	138,191
		34.6	42.2	46.8	35.9	33.4	30.8	30.0	26.8
台湾製糖		55,893	48,508	74,994	85,428	92,917	112,279	131,798	132,923
		35.8	30.7	30.0	31.1	31.1	32.5	24.9	25.8
大日本製糖		16,259	16,000	23,411	42,020	43,022	56,028	82,021	107,550
		10.4	10.1	9.4	15.3	14.4	16.2	15.5	20.9
明治製糖		30,000	26,825	34,516	42,325	56,033	62,528	95,273	94,003
		19.2	17.0	13.8	15.4	18.8	18.1	18.0	18.3
全製糖会社		156,188	158,103	250,005	274,590	298,737	345,587	528,511	514,960

(注) 上段が耕地白糖生産量（千斤），下段が全製糖会社に占める割合（%）であり，掲げられていない製糖会社が存在する。その他の注は図12に同じ。
(出所) 図12に同じ。

最後に，塩水港製糖の企業経営の歴史をふり返るときに忘れてはならない重要なポイントがある。パイオニア企業としていち早く着手し近代製糖業にあって独自のポジションを取り続けた耕地白糖をめぐる戦略である。1909年には同製造に成功し11年岸内第2において増産体制に入った。そのパイオニアであった塩水港製糖が内地市場における耕地白糖の消費拡大[53]を牽引するリーディングカンパニーであり続けたことを表42によって確認できる。

表42は耕地白糖に関わった製糖会社と工場の1925年以降の生産実績を各工場の製造開始年からすべて整理したものであるが，なかでも注目したいのが塩水港製糖の全生産量に占める割合の推移である。パイオニアとしての同社の地位は26年までは5割以上の圧倒的なシェアを占めていた。その後，旗尾を台湾製糖に売却したこともありシェアを4割近くまで減少させるものの基本的にトップ企業としての地位を維持していた。塩水港製糖のコアコンピタンスとも言える耕地白糖の優位性もまた同社の飛躍を可能とする要因だったことをここでは確認しておきたい。

むすび

なぜ塩水港製糖が再生を果たすことができたのかというリサーチクエスチョンに答えるべく，同社の歴史を槇哲の革新的企業者活動を中心に整理した表43に検討を加えていきたい。まずビジネスチャンスの獲得だが，失敗局面を迎えてもなお最後まで手放すことのなかった旧林本源製糖の魅力ある渓州をもたらした点では大型合併（③）は◎，塩水港製糖が嚆矢となった耕地白糖生産については需要拡大（④）に呼応して増産したので◎である。また，台湾東部開拓のパイオニアとして原料採取区域を東部へも広げたこと（①）は，植民地経営上の意義こそ大きいものの塩水港製糖の経営にはプラスだけのものではなかったので○とした[54]。なお，パルプ業への進出（⑤）は慎重論を唱える槇を説得してまでの岡田の意思決定であったが，◎の評価を下せるまでの結果を残すことなく終戦を迎える。

次に，制約条件の克服のうち米糖相剋と特殊地理環境への対応（⑥）につい

ては、米糖相剋の影響の大きい渓州、特殊地理環境にあったすべての工場が全島に散在するという塩水港製糖の特殊性からも死活問題となり、その克服なくして失敗からの再生・飛躍もなし得なかった。なかでも同社のお荷物的存在と揶揄された花蓮港についても、甘蔗栽培奨励規程を通した諸方策の甲斐あって歩留りはじめ大きく改善し汚名を返上していった[55]。船賃高騰という制約条件（⑦）に対しては、業績好調を受けて購入した2艘の船により克服したもののわずか3年で手放すことになったので○となる[56]。

また、多額債務を抱えての整理会社への移行（⑧）については槙が社長にとどまってまで奔走した甲斐あって整理への道筋をつけた点で○であるし、槙社長辞任の穴（⑨）は3常務体制によって埋めるものの再生へと踏み出すには槙の復帰を待たねばならなかったので○となる。

最後に、創造的適応に該当する項目を表43によって確認していきたい。台湾人資本による組合組織として創業しながらもうまくいかなかった旧塩水港製糖の事業を継承し軌道に乗せたこと（⑩）、最大の制約条件となった金融恐慌期の失敗局面（⑪）も迅速かつ的確な対応によって整理段階をクリアしたこと、ともに短期的に見ると制約条件を克服したレベルと評価できなくもない。しかし、より長期的な視点で評価するならば、旧塩水港製糖をはるかに凌ぐ近代製糖業のメインプレイヤーにまで成長させ失敗からの再生にとどまらず飛躍させた点で、⑩⑪ともに制約条件をビジネスチャンスにまで転化する創造的適応の名に値するものであった。また、鈴木商店の破綻にともなう販路途絶の危機（⑫）に対しては、最終的に塩糖製品販売という自社販売組織によってさらなる安定した販路を獲得できたことから、これもまた創造的適応に値する◎と評価できよう。

なお、革新的企業者活動には失敗したと言わざるを得ない×のうち注目すべき項目にも言及しておきたい。ビジネスチャンスの獲得のうち東京精糖の合併についてはカニバリズムを起こしかねない同じ精白糖への進出から判断してビジネスチャンスの獲得に失敗したと評価する[57]。また、塩水港製糖の失敗要因分析でも論じた金融恐慌による鈴木商店破綻、台湾銀行休業というこれ以上ない制約条件の到来に対しては、失敗局面を迎えたことが端的に示すように塩水港製糖は克服することはできなかったものの、⑧の整理会社への移行に関して

むすび 185

表43 革新的企業者活動から見た塩水港製糖の企業者史

	ビジネスチャンスの獲得		制約条件の克服		制約条件のビジネスチャンス化＝創造的適応	
1907年			⑥米糖相剋や特殊地理環境下の原料採取区域	○	⑩旧塩水港製糖の事業を継承	◎
1914年	①東部開拓に着手	○				
1920年前後	②糖業黄金期の到来	○	⑦船舶不足により砂糖輸送が厳しさを増す	○		
1927年	③大型合併のチャンス	◎×	⑧多額債務を抱え整理会社へ	○	⑪金融恐慌により失敗局面へ	◎
1928年			⑨横倉の社長辞任	○	⑫鈴木商店の破綻	◎
1930年代	④耕地白糖の需要拡大	◎				
1937年	⑤パルプ業への本格的進出	○				

（注）（出所）表13に同じ。

はスムーズに整理局面をクリアしたので○となる。

　以上，塩水港製糖の失敗と再生の歴史を革新的企業者活動の観点から総括するならば，一気呵成な大型合併案が裏目に出たこともあり，金融恐慌という経営環境の激変への対応にこそ失敗するものの，同社のコアコンピタンスである耕地白糖を重視する戦略を展開し，台湾各地に散在した特殊地理環境下の原料採取区域にあっても質的増産を実現した。したがって，旧塩水港製糖から事業継承した塩水港製糖を失敗からみごと再生させ四大製糖の一翼を担うまでに飛躍させた歴史は，創造的適応なくしてはなし得なかったと言えよう。

　そして，一時的中断はあったとはいえ槇哲の存在なくしては飛躍への大躍進も現実のものとはならなかった点で，槇こそが再生請負人であり革新的企業者活動の担い手に他ならなかったことを最後に確認しておきたい。

【注】
1　旧塩水港製糖の社長は王雪農，常務取締役には廖升如が就任したが，支配人に鎌原幸治，技師長に堀宗一，庶務課長に橋本貞夫，農務部長に佐々木幹三郎，研究員に岡田祐二，事務員に數田輝太郎がそれぞれ配置され，後に塩水港製糖の経営陣を固めることになる内地人スタッフが現場を実質切り盛りした。しかし，札幌製糖から譲り受けた機械搬入の大幅な遅れに始まり最後まで軌道に乗ることはなかった（塩水港製糖編［1923］2-3頁，材木［1939］228頁）。
2　塩水港製糖編［1923］4頁。
3　塩水港製糖編［1923］5-8頁。東部開拓に最初に着手したのは賀田組であり，同社の事業が芳しくないことから当時の台湾総督佐久間左馬太の声がかりで事業を継承したのが台東拓殖合資であった（宮川［1934］106頁）。
4　1932年後期から33年前期にかけて大幅な黒字を計上しつつ復配しなかった理由として，やはり槇相談役の社長復帰を待ったと考えられる。事実，槇が社長復帰した翌年「増産十ヶ年計画」を発表するのと同じ年に復配を実現したわけで，槇社長のもとで飛躍に向け動き出すことで再生を内外に印象づけたのである。
5　荒井社長と槇との関係は必ずしも良好なものではなく，幾度となく決裂の危機を迎えたようである。調整役として両者の間を取り持ったのが塩水港製糖拓殖への社名変更時の常務取締役だった藤崎三郎助（元監査役）と槇の実兄武であった（宮川［1934］81頁，塩水港製糖拓殖『第九回営業報告書』34頁）。
6　新規取締役の1人である橋本は「工場を中心に三つの放射線状の区域をつくり，鉄道を布きポータブルにして随処に移動の出来るやうにすれば好いではないか」（材木［1939］231頁）と後の原料採取区域につながるアイデアを糖務局に提案した。
7　宮川［1934］107頁。
8　塩水港製糖『第三十二回営業報告』12頁。第31回定時株主総会において塩水港製糖が経営危機に至った原因について槇社長は，「社長と両常務は元兇であるからやめたい」（宮川［1934］156頁）と自らも身を引きたいとの本音を吐露しつつも社長にとどまり整理案の作成に邁進した。
9　宮川［1934］164頁。

【注】

10 塩水港製糖『第三十三回営業報告』当日配布メモ及び『第三十四回営業報告』1頁，宮川［1934］164頁。当時の経営陣は入江社長，橋本・羽鳥・大西常務取締役に高橋是賢・原脩次郎・勝又奨が取締役に加わり，藤崎・横武監査役といった布陣であった（塩水港製糖『第三十四回営業報告』16頁）。
11 塩水港製糖『第三十六回営業報告』14頁。
12 宮川［1934］167頁。
13 塩水港製糖『第三十八回営業報告』10頁。
14 宮川［1934］171頁。
15 宮川［1934］173頁。
16 槇が相談役として4年ぶりに台湾の地に足を踏み入れた日，塩水港製糖本社のある新営駅は歓迎する農民・社員約1,000名で埋め尽くされた（宮川［1934］175頁）。まさに「父帰る」の台湾入りであり，槇が同社の精神的支柱だったことがわかる。新営と岸内の原料委員及び農民連合からなる約500名が歓迎会を開いたが，その席上発起人代表である翁清江は次のように挨拶した。「蜜蜂の群に，女王蜂を失つた働き蜂ばかりのやうで，中心のないと云ふことはお気の毒でありました。今日相談役にお目にかゝることの出来たのは，寔に嬉しいのですが，更に社長として完全に中心となられるやうにお願ひします」（宮川［1934］176頁）と。
17 宮川［1934］177-178頁。
18 塩水港製糖『第四十回営業報告』1, 16頁。
19 塩水港製糖『第四十四回営業報告』1, 14頁。
20 宮川［1934］187-188頁。社長復帰を決断した経緯について，旧友池田成彬の説得とともに井上日銀総裁の後押しもあったことを次のように開陳する。「当時日銀総裁であつた井上準之助氏は，お前が出なければ会社が潰れるから出ろ，指導援助をすると云ふので，夫々各方面に渡りをつけました」（宮川［1934］188頁）と。
21 宮川［1934］189頁。
22 宮川［1934］189頁。
23 バガスを原料とした国産初のパルプ製造を開始すべく新日本砂糖工業（資本金2,500万円）を翌年4月に設立するためだったが（表34参照），槇自身は最後まで慎重な姿勢を崩そうとはしなかった。資本金6,000万円への倍増資をふり返り岡田次期社長は次のように回想している。「昭和初期の事業拡張増資で，具さに苦杯を嘗めた槇さんは，再び前年の覆轍を踏まぬ為に，幾度か重役会で強烈な反対意見を出し，これを突破説得する理由を認める迄は決して増資案を承認せず，一方で財界観測のエキスパートにその可否調査を依頼する慎重な態度を採ったのだ」（岡田［1959］35頁）と。1927年の大型増資によって奈落の底に突き落とされただけに，失敗から導き出された教訓を活かした頑ななまでの姿勢である。なお，27年以降M&Aにいっさい着手しなかったことにもこの教訓は活かされていた。
24 台湾総督府『第二十四統計』8頁，『第二十五統計』8頁。
25 事実，塩水港製糖を含めた4社争奪戦が水面下でくり広げられていた点について，1927年2月の大株主会において説明に立った皿谷常務取締役は次のように述べている。すなわち，「大正七，八年の頃と存じますが東洋製糖会社が之を合併しやうとして成功しなかつたのであります。其の後明治，大日本製糖の如き自己の工場区域が同社の区域に隣接して居る関係上，どうしても此の区域を欲しいのであります」（塩水港製糖［1927a］5頁）と。
26 塩水港製糖［1927c］4頁。
27 自然の雨水を貯めて耕作する看天田と呼ばれる田が南部に多く存在したが，地盤が固いために甘蔗作には適していなかった。そこで看天田の固い地盤を深く掘り起こすためのスチームプラウが塩水港製糖を筆頭に導入され，甘蔗との輪作を可能とする一方で自然の雨水を貯めることには適さな

188   第4章　塩水港製糖の失敗と再生

くなり，新たに水利施設が必要となるという問題も生じた（糖業連合会［1939］）。後述する嘉南大圳が必要となる背景の1つがここにある。なお，新営と岸内には看天田 12,000 甲，塩水地 3,400 甲が当時存在していたため，1939 年には看天田や塩分地の改良のため 14 組のヒースプラウを無償で農民に貸し出した（塩水港製糖編［1939］11-12 頁）。

28 甘蔗作適地の割合とは実際の甘蔗栽培面積の割合ではなく栽培可能な面積の割合である。
29 宮川［1934］154-155 頁。
30 塩水港製糖の失敗原因ともなった「昭和二年増資案」について補足しておくと（表 34 参照），東京精糖との合併（①）の仮契約が 1927 年 1 月締結されたのを受け開催された 2 月の大株主会において，①とともに林本源製糖の買収（②）と恒春製糖合資の買収（③）という大幅増資案が槇社長から報告されたが，①にともなう 100 万円の増額により資本金は 2,600 万円に，②③にともなう 3,250 万円増資により資本金を 5,850 万円とするのが大幅増資の内容であった（塩水港製糖『第三十回営業報告書』4-8 頁，『第三十一回営業報告書』1 頁）。
31 宮川［1934］154 頁。
32 宮川［1934］155 頁。当時の認識について槇社長はこうも述べている。「不景気のドン底，砂糖相場のドン底と云ふ時期に於て計画して置きましたならば，其の工場は二三年経つて良い時機が参りましたならば間に合ふことになる」（塩水港製糖［1927c］9 頁）と。
33 塩水港製糖［1927d］3 頁。
34 塩水港製糖［1927d］3-4 頁。
35 鈴木商店を介したジャワ糖買いによる秘密裡の大欠損が経営危機に至った要因の1つであったことを公の発言で確認することはできないが，複数の史料がこの点を指摘している。1つは宮川［1934］であり，いま1つは台湾銀行編［1964］である。前者には「塩糖には爪哇糖買付けに依る秘密裡の大欠損があつた」（宮川［1934］137 頁）とあり，後者には塩水港製糖失敗の原因として「多年に亘る放漫なる経営，紊乱せる経理，たこ配当，爪哇糖思惑の失敗，爪哇糖輸入手形のユーザンスを利用し，トラストレシートによる荷物先取りの金融操作等が累積した結果」（台湾銀行編［1964］184 頁）とある。また，『国民新聞』（1927 年 9 月 4 日付）には「ジャバ糖転売益は其後鈴木商店の没落にて引受けたシンヂケート糖の損失を埋合せると却て三四十万円の出越しとなる」とあることからも，ジャワ糖転売を利益源としていたようである。
36 塩水港製糖［1927d］4 頁。
37 塩水港製糖の『営業報告（書）』は 4 月 1 日から 9 月 30 日を前期，10 月 1 日から 3 月 31 日を後期と位置づけたため，表 37 の貸借対照表において林本源製糖の買収資産引受完了の 1927 年 2 月 22 日は 26 年後期に，東京精糖合併による権利義務承継の 6 月 25 日と旗尾・恒春売却の仮契約が結ばれた 9 月 22 日は 27 年前期にそれぞれ含まれていた（塩水港製糖『第三十回営業報告書』1-2, 4 頁，『第三十一回営業報告書』1-2 頁）。
38 塩水港製糖［1927d］5 頁。
39 「此の財界混乱の際に於て三井銀行に金融の途を納得せしむると共に，販売店を三菱商事に頼み且つ新株に就ての産婆役を頼み得たと云ふことは，自分ながら成功と考へて居る」（塩水港製糖［1927d］6 頁）。
40 塩糖製品販売について次のように記述されている。すなわち，「三菱商事株式会社との特約販売契約を解除し新に塩糖製品販売会社と特約して販売上の最善を尽したる」（塩水港製糖『塩水港製糖株式会社第三十三回営業報告』5 頁）と。
41 『大阪時事新報』1928 年 5 月 2 日付，『国民新聞』1928 年 5 月 3 日付。
42 塩水港製糖『第三十二回営業報告』5 頁。
43 『台湾日日新聞』1927 年 12 月 15 日付。
44 この社債 1,000 万円の返還が期日通りできないという問題が生じたが，井上蔵相，土方日銀総裁

【注】 189

の斡旋によってことなきを得た(台湾銀行編［1964］185頁).

45 1927年後期で見るならば,社債1,300万円,固定借入金3,000万円,計4,300万円のうち鈴木商店と安倍幸に対する損金は800余万円にのぼった(宮川［1934］140頁).実に借入金の4分の1を販売先への損金が占めていたことになり,鈴木商店破綻の影響の大きさとともに販売体制の安定がいかに重要であったかを物語っている.

46 台湾銀行編［1964］所収「台湾銀行史年表」10頁.

47 1929年9月段階で三井銀行からの借入金は1,400万円,工場財団担保その他借入金は1,250万円であった(『大阪毎日新聞』1927年9月15日付).

48 振込済減資額1,743万7,500円,諸積立金710万余円を取り崩し銷却に充て当分無配当の方針を立てることとなった(台湾銀行編［1964］184頁).

49 甘蔗栽培奨励規程は2年度18ヶ月に及ぶ甘蔗栽培期の前年に農民に提示された.表38を例に取るならば,1934-35年期(35年と略記)の奨励規程は33年に提示されたため,35年の規程は台湾糖業研究会編［1933］に掲載されている.

50 宮川［1934］189頁.

51 塩水港製糖編［1939］9-10頁.

52 花蓮港と並んで歩留りの低かった渓州では,濃度賞与のほか晩期奨励といった18ヶ月の栽培期間を確保するための奨励金が支給されていた.西部海岸地帯にもっぱら畑が存在し海風の影響による塩分地質のため甘蔗栽培には不利であったこと,その一方で東部は肥沃な土地に恵まれ台湾でも有数の米作地帯であったことから,両期作田での甘蔗栽培を増やしつつ畑改良していかざるを得なかった(塩水港製糖編［1939］10頁).とはいえ,良質な土質と排水が良好な地層で甘蔗栽培に最適だったゆえに歩留り上昇は喫緊の課題となった.低い歩留りの主たる要因は林本源製糖時代の工場施設にあったが(皿谷［1927］25-26頁),塩水港製糖に所有が移ってからは施設も改良され濃度賞与による歩留り改善策と相まって飛躍的に上昇していった.具体的には,林本源製糖傘下の1926年8.33(単位:%)であった歩留りが9.84(27年),10.84(28年),10.49(29年),11.6(30年),13.19(31年)と著しく上昇していった(台湾総督府『第二十二統計』91頁,『第二十九統計』94頁).

53 内地砂糖市場における精糖消費量の推移を5年ごとの平均で算出してみると(単位:千坦),1920-24年4,814,25-29年6,122,30-34年5,597,35-39年7,220と推移し,産糖調節が行われた33・34年を含む30-34年こそ減少しているものの,35-39年には20-24年の1.5倍に拡大した(台湾総督府『第二十九統計』161頁より算出).なお,『統計』では精糖糖と耕地白糖は精白糖として合算して掲げられているが,20-24年段階の消費の中心は精糖糖であるものの27年以降精糖糖の生産量は一貫して減少傾向を辿ることから(『第二十九統計』157頁),35-39年の著しい消費量増大は耕地白糖によるものである.なお,37年は精白糖だけのデータが入手できないため35-39年平均から除外してある.

54 「会社の癌腫と迄云はるゝに至つた程,血肉と黄金との少からざる犠牲を払つた」(宮川［1934］75頁).

55 未開拓の東部開拓に挑んだ点では制約条件の克服とも言えなくもないが,賀田組の事業を継承でき限られた原料採取区域を東部へも拡張できるビジネスチャンスが到来したという点で,ここではビジネスチャンスの獲得に位置づけたい.なお,花蓮港が塩水港製糖の生産実績に文字通り貢献し出すのは同社が飛躍局面を迎えた1930年代後半と遅いため◎ではなく○とする.

56 大興丸は1920年6月に「英国ニ於テ受渡ヲ了シ」(塩水港製糖『第十七回営業報告書』10頁),東海丸については「売船契約成立シ英国……ニ於テ受渡ヲ了シタリ」(塩水港製糖拓殖『第十六回営業報告書』9頁)とある.

57 1927年の大型合併案のうち恒春製糖合資の買収に関しては,台湾の有力者である辜顕栄一派が

赤糖を製造していた施設を将来分蜜糖工場として有望であると判断し，17年末に社員名義で合資会社（資本金6万円）として組織していたことから，26年からすでに分蜜糖製造に着手していた同社を傘下に収めるべく買収しようとした点で（塩水港製糖［1927a］14-16頁），ビジネスチャンスの獲得には該当しないものと考えた。

第5章

四大製糖の企業間競争
―競争側面から見た「競争と協調」―

はじめに

　久保編［2009］が糖業連合会に光を当てつつ近代製糖業の発展を論じた際，当該業の特徴を「競争を基調とした協調の模索」と位置づけた。また，第1章から第4章の比較経営史的分析においてはライバル企業との断片的な競争局面を論じるにとどまったため，「競争を基調とした」と表現されるまでの企業間競争のダイナミズムをいまだ論じるには至っていない。そこで近代製糖業の競争と協調の実態を競争側面から考察することが本章の主たるねらいとなるが，その際ポイントとなるのは連合会が発揮したカルテル機能のうち利害調整機能が最も重要とされるほどメンバー間の利害対立が目立った当該業における四大製糖間の企業間競争の全貌を明らかにすることである。

　具体的には，四大製糖による企業間競争を序章図6の分蜜糖生産シェアによって概観することにより大きく3つの時期が指摘できる。第1に台湾製糖の長期にわたる競争優位のもと後発3社が激烈な競争を展開した三つ巴競争期（1912-26年）。第2に業界再編をもたらした金融恐慌期，なかでも27年の東洋製糖売却を機に大日本製糖・明治製糖両社が激烈な企業間競争を演じながら台湾製糖をキャッチアップした後発2社の追い上げ期（27-32年）。第3に33・34年産糖調節を経て大日本製糖が台湾製糖に猛追して首位逆転を演じ明治製糖も台湾製糖に急接近した首位逆転期（33-40年）である。以上3つの時期区分を踏まえ，糖業連合会の利害調整機能や経営資源補完機能に支えられつつ協調行動を模索していた四大製糖各社が基本的には激烈な企業間競争を展開していった実態を明らかにしたい。

I　台湾製糖の持続的競争優位と三つ巴競争

　1912-26年の特徴である台湾製糖の持続的競争優位については，第1章でも言及したように「心臓部」である原料甘蔗を安定して調達できたことが大きかった。具体的には，パイオニア企業ゆえに甘蔗栽培に最も有利な南部高雄州を中心に広大な社有地と原料採取区域を獲得できたことは2つの優位性を同社にもたらした。

　第1に原料の安定調達にとって広大な自営農園の存在は重要だった。ここで製糖会社が自営農園で調達した自作原料と原料採取区域の農民から買い上げた買収原料それぞれの割合を整理した第1章表9によって比較していくと，買収原料の割合は台湾製糖67.6％，大日本製糖88.9％，明治製糖89.7％，塩水港製糖82.9％，全製糖会社78.7％という具合に台湾製糖の低さが際立ち，それだけ自作原料が32.4％と群を抜いて高かったことを示している。かたや大日本製糖と明治製糖の買収割合は高く，中部以北に原料採取区域を構えた両社にとって米糖相剋との対峙は避けては通れなかっただけに買収割合の高さは原料調達の深刻さを物語っていた。第2に台湾製糖の原料調達の7割弱を占めた原料の買収についても，米糖相剋が相対的に深刻でない南部を中心とした採取区域であったため原料調達は他社に比べより安定していたのである。

　一方で後発3社の企業間競争に目をやると，1912年に明治製糖が塩水港製糖を逆転したことに始まる両社の激烈な企業間競争が塩水港製糖による20年の再逆転まで続いた。両社に追随した大日本製糖が22年塩水港製糖に追いついて以降28年に逆転するまで大日本製糖と塩水港製糖はこれまた激しく競いあい，27年に明治製糖と塩水港製糖が肉薄するまで大日本・明治・塩水港による三つ巴競争は展開されていった。その後，東洋製糖売却をめぐって近代製糖業に大きな業界再編が訪れ大日本製糖と明治製糖が一気に塩水港製糖を突き放すことになるが（序章図6参照），これは次なる第2の時期に入ってからのこととなる。

　ここで後発3社の経営戦略を確認しておくと，明治製糖は「多角化元年」の

1916年製菓業への進出によって砂糖消費量の拡大を説いた「製菓事業ニ関スル調査書」をもとに大正製菓（後の明治製菓）を設立し，南方ゴム事業進出の現地調査を実施してスマトラ興業（後の昭和護謨）の創立を目指すが，こうした多角化は相馬半治社長独自の「平均保険の策」という考えにもとづき台湾分蜜糖一辺倒にともなうリスクを分散させるものであった。

一方，明治製糖は販売面での大きな転換を余儀なくされた。1920年の財界動揺により販売先の増田商店が倒産したため，糖業黄金期を活用して20年11月に自社販売組織である明治商店を創立した。その背景には明治製糖にとどまらない「大明治」と称されるまで展開しつつあった多角化展開を踏まえ，グループ企業全体を支える自社販売網を構築することの重要性を見出した点があり，明治商店の設立をもって重層的多角化の基礎を固めたのである。

大日本製糖は日糖事件による倒産寸前の経営危機を迎えたが，この失敗局面から再生させるため藤山雷太が登場する。供給過剰状況にあった内地精製糖の輸出先を中国市場に見出すことで，雷太社長の手腕により初期制約条件を乗り越えた。そして，自己資本による健全な経営基盤を確立することの重要性を失敗からの教訓として学んだ雷太社長は糖業黄金期も有効に活用し，予定を上回る2年4期と早い段階で復配を成し遂げ1919年には当初の約束通り負債を完済した。と同時に，それまで封印していたM&A戦略にも着手した。まずは精製糖用原料糖の調達先を海外に求めるべく甜菜糖を精製糖とともに製造する朝鮮製糖（18年10月）とジャワ糖業進出のため内外製糖（23年1月）を合併したが，事業戦略の重点をそれまでの内地精製糖から台湾分蜜糖へと移行させる戦略転換の契機となった本格的合併については，金融恐慌期の東洋製糖との合併（27年7月）まで待たねばならない。

最後に，塩水港製糖の経営戦略の中核は嚆矢となった耕地白糖である。同社を除く3社が精粗兼業化を急ぎ精白糖の戦略上の柱をまずは精製糖に見出したのとは対照的に，1909年12月段階で早くも耕地白糖の製造に初めて成功し，それ以降首尾一貫して自社のコアコンピタンスとしてさらなる品質向上と販路開拓を推進していくことになる。しかし，耕地白糖が消費者に受け入れられ大きく需要を伸ばしていくのは30年代に入ってからであり（第1章図12参照），20年代半ばまでは同じ精白糖である精製糖の代替品の域を出なかった。

次に，第1章図10の当期利益金の推移に再度検討を加えていくと，1926年までの時期で台湾製糖が他の3社を引き離すのは17, 20, 24年を前後する時期に限定され，序章図6の分蜜糖生産シェアで見られた同社の持続的競争優位を確認することはできない。換言すれば，生産面での優位性が必ずしも利益金に結果していなかった時期が目立っており，利益面では台湾製糖を含め四大製糖は熾烈に競いあっていた。

では，なぜ台湾製糖は生産面の優位性を利潤へと結びつけることができなかったのであろうか。それは民間企業でありながら皇室関係の資金的バックアップを受ける「準国策会社」ゆえに堅実経営を貫いた点も無視し得ないが，ここでは質的増産が現実のものとなる30年代に入るまではシェアで圧倒的優位にあった台湾製糖でさえも台湾分蜜糖の構造的なコスト高問題[1]を克服することはできず，利益面の差が生まれにくかった点を指摘しておきたい。

そこで四大製糖各社の質的増産状況を確認すべく，甲当たり甘蔗収穫量と歩留りの推移にそれぞれ検討を加えたい。甲当たり甘蔗収穫量については各社とも1925-29年が30-34年を大きく下回っており（単位：千斤），製糖会社別の田畑合計の平均で見ても台湾製糖83.5→117.4，大日本製糖79.6→116，明治製糖90.4→120.3，塩水港製糖85.5→112.2という具合に[2]，原料甘蔗の質的増収が顕著になるのは30年代に入ってからとなる。

次に，第4章表41の歩留りの推移で注目したいのが1921-25年平均である。同段階では各社とも歩留りはいまだ低い水準にあり，四大製糖各社の平均が最も高い台湾製糖でも10.2%，それに次ぐ明治製糖10%，大日本製糖9.6%，塩水港製糖が9%となっていた。

以上，質的増産の指標とも言える甲当たり甘蔗収量と歩留りを見てわかるように，台湾分蜜糖の質的増産の上昇はいまだこの段階では確認できず，コスト高という構造の問題は四大製糖各社に共通した課題として横たわっていた。その結果，生産面で圧倒的優位に立つ台湾製糖でさえも利益面での優位性に結びつけることができなかったのである。

II　大日本製糖・明治製糖のキャッチアップ

　1927年の金融恐慌は近代製糖業に暗い影を落とす一方で重大な業界再編をもたらした。特に鈴木商店倒産の影響は大きく，同社所有の東洋製糖が9月に2工場を明治製糖（契約上は東洋製糖）に売却された後10月に大日本製糖に合併されるが，鈴木商店が主要販売先であった塩水港製糖は経営危機に陥った。他にも同年6月新高製糖が大日本製糖系となり，翌28年1月には台南製糖が昭和製糖に事業継承された結果，再編後の四大製糖の占有率は分蜜糖生産能力74.2％，生産量76.2％へとそれぞれ大きく伸び（序章表7参照），四大製糖体制は着々と形成されていった[2]。

　ここで注目すべきは1925年段階で生産シェア3位の地位にあった東洋製糖をめぐる動きであり[3]，28年に大日本製糖と明治製糖がシェアを急増させていった要因ともなる（序章図6参照）。明治製糖が買収した南靖と烏樹林の2工場は広大な原料採取区域とともに耕地白糖設備を含む1,750噸もの製糖能力を有しており，台湾分蜜糖への戦略的転換を図ろうとしていた大日本製糖にはのどから手が出るほどの魅力的な存在であった。しかし，負債に依存しない健全な経営基盤の確立という失敗から学んだ教訓を雷太社長は優先させたのであった。

　東洋製糖の倒産は結果として大日本製糖と明治製糖に大きなビジネスチャンスをもたらすことになった。東洋製糖から獲得した斗六の耕地白糖設備が大日本製糖には内地精製糖から台湾分蜜糖へと重点戦略を転換させるまさに契機となり，明治製糖との激烈な2位争いを演じつつ台湾製糖へのキャッチアップを可能とする礎を提供したのである。

　一方，積極的な多角化戦略を展開しつつも原料甘蔗の調達に関わる農事面では脆弱性を有していた明治製糖にとって，隣接する広大な原料採取区域を南靖と烏樹林の取得によって拡充できたことは原料調達を効率化し安定化させる大きなビジネスチャンスとなり，加えて耕地白糖生産を本格化させていくうえで両工場の設備が先発の塩水港製糖や台湾製糖にキャッチアップする礎と

なった。事実，1936年まで大日本製糖を凌駕する実績を維持し（第1章図12参照），32年まで大日本製糖へのシェア面の競争優位を獲得する主たる要因となったのであり，それだけ大日本製糖側としては売却することを躊躇するほどの魅力ある工場だったことになる。

序章図6に再び目をやると，1934年塩水港製糖の生産シェアが明治製糖に一気に肉薄しここにも耕地白糖が関係した。同生産量の推移を示した第1章図12によると，20年代中期までは塩水港製糖が圧倒的競争優位を維持するものの，20年代後半には台湾製糖が猛追した結果33年には一時的にせよ逆転を許し，産糖調節期の34年から翌年にかけ塩水港製糖が再び大きく上昇する。こうした耕地白糖生産の伸びには経営危機からの再生途上にあった同社特有の事情が横たわっていた。経営危機の責任を取って社長を辞任しつつも33年11月再び社長に返り咲いた槙哲が，翌34年3月に14期ぶりの配当を実現して再生を印象づけ，いっそうの飛躍を目指して「増産十ヶ年計画」を発表したのである。このように待望された槙社長の陣頭指揮のもと再生から飛躍へと歩み出したのが34年であり，糖業連合会による産糖調節期にあってもあえて増産へと踏み切ったのであった。

なお，1929年に台湾製糖のシェアが回復しているが（序章図6参照），これにも耕地白糖設備を有する旗尾を27年塩水港製糖から買収したことが大いに関係しており，先述した明治製糖による南靖と烏樹林の事実上の買収も含め，大きく需要を伸ばし精白糖の新機軸となった耕地白糖をめぐるライバル各社の対応が，30年代以降四大製糖の企業間競争にも大きな影響を及ぼした点を確認しておきたい。

金融恐慌を前後する1927-31年の利益金を確認すべく再び第1章図10を見ていくと，近代製糖業全体が増産傾向にあったにもかかわらず（序章図2参照），経営危機に陥った塩水港製糖を除く3社の利益金はほぼ横ばい状態になっており，これには内地の砂糖消費状況が大きく関わっていた。そこで内地における1人当たり砂糖消費量を確認すると，26年の19.6斤から27年に22.1斤に大きく伸びた後28年以降は22斤未満の横ばい状態が33年まで続き，35年の23.6斤を皮切りに24斤前後の消費水準が持続されていった[4]。要は，29年の自給自足達成に至る著増プロセスにあっても肝心の砂糖消費が伸びていな

かった結果が序章図１の横ばい状態であり，自給体制に至る供給面の変化に対応し得るだけの需要が追いついていなかったのである。そして，各社が増収増益の好循環に入るのは格安で良質な精白糖である耕地白糖が消費者に支持され消費税減税によって内地の分蜜糖消費量が大きく伸びる30年代後半以降であった。

大日本製糖・明治製糖の追い上げ期の最後に，両社を中心とした激烈な企業間競争について競争と協調の観点から考察していきたい。第１から第２の時期にかけて特筆すべき点として，糖業連合会を舞台とした産糖処分協定をめぐる利害調整が困難を極め同協定が成立せず自由処分が目立つのが1928年までの時期であった。具体的には，15年，19-22年，24-26年，28年の９回にわたって協定が成立しないという異常な事態を迎えたのである[5]。久保編［2009］において産糖処分協定の自由処分が相次ぐ10-28年を第Ⅰ局面と位置づけ，同協定がすべて成立するに至る29-41年を第Ⅱ局面と時期区分した理由も実はここにあった。

大日本製糖が精白糖生産の軸を耕地白糖に置くに至るのは1934年であったことから，産糖処分協定の自由処分が相次ぐ第Ⅰ局面において同社は原料糖売買交渉では精製糖側のメインプレイヤーとして糖業連合会メンバーとは大きく利害を異にしていた。原料糖の買い手として交渉に臨む大日本製糖がより安い原料糖の買い値を望むのに対し，分蜜糖生産を事業戦略の主軸とする台湾・明治・塩水港の３社は自社精製糖分を大きく上回る分蜜糖を製造しもっぱら原料糖の売り手として交渉に臨む以上，より高い売り値を望むのは当然の成り行きであった。とりわけ糖価が好調な局面ではバーゲニングパワーで勝る大日本製糖に安く買いたたかれるよりは直消糖として処分することを強く望んだし，同じ精白糖でも精製糖より耕地白糖を早い段階から重視していた塩水港製糖に至っては，同じ直消糖でも耕地白糖への配分を強く要求したのも自然の成り行きであった。

四大製糖間の競争行動が際立った局面としては，1927年産糖処分協定成立後の大日本製糖と明治製糖の熾烈を極めた対立状況があったが，その背景には以下５点の変化が横たわっていた。

① 大日本製糖とあい拮抗するまでに精製糖生産を充実させるに至った明治

製糖のポジションの変化
② 1910年代から20年代に見られた糖商の疲弊にともなうメーカー主導による砂糖流通の再編
③ 1927年金融恐慌による鈴木商店の倒産と東洋製糖の売却
④ 東洋製糖売却を契機とした両社の激烈な企業間競争の展開
⑤ 東洋製糖の合併にともなう大量の未売買分蜜糖とジャワ買付糖を引き受けた大日本製糖に対し,同じくジャワ買付糖を転売できずにいた明治製糖の呼応

　まず,①の明治製糖のポジションの変化を確認すべく序章表8の四大製糖の精白糖生産量の推移を再び見ていきたい。ここで注目すべきは,1923年段階では大日本製糖が精製糖において圧倒的優位にあったのに対し,30年段階では他の3社が躍進し明治製糖が大日本製糖と肩を並べるまでの精製糖生産量となった結果,交渉において主導権を握っていた大日本製糖優位の構図が崩れた点である。すなわち,原料糖を大量に引き取ることが可能な両社が原料糖売買交渉に大きな影響を与えるに至ったことで,原料糖売買協定の影響を受ける産糖処分協定の成否を大きく左右する段階を迎えたのである。
　こうした①の変化は②の流通再編の変化及び③の鈴木商店の倒産とあいまって,④をめぐって大日本製糖と明治製糖との深刻な対立問題へと発展していった。具体的には,倒産した鈴木商店の破綻後同商店系の糖商を組織した大日本製糖が自社販売組織である商務部を通じ内地市場において砂糖の買い占めを行わせて価格をつり上げ,朝鮮で製造した分蜜糖を移入して高値で売り捌いたのである。東京市場の糖価が上昇局面にあったこともあり（第1章図11参照）,近代製糖業の対立構造はますます先鋭化していった。大日本製糖は1917年に朝鮮で建設した製糖工場に翌18年精製糖設備を備え精製糖を秘密裏に逆移入していたが,まもなく「公然の秘密」となり市場は紛糾する。この紛糾がやがて明治製糖との対立問題へと発展していくのである。
　大日本製糖の朝鮮糖逆移入問題や明治製糖の新糖売出問題といった違反行為と絡みつつ,⑤のジャワで買い付けた未処分糖の処分と糖価操作をめぐって両社は自社販売組織を介し二次問屋までをも巻き込んだ熾烈な販売競争を展開した。製造面での激烈な競争に加え販売面でも熾烈な企業間競争を大日本製糖と

明治製糖はくり広げつつ，パイオニア台湾製糖へのキャッチアップを虎視眈々と目論んでいたことになるが，その本格的なキャッチアッププロセスを検証すべく1930年代中期以降の第3の時期に検討を加えていきたい。

Ⅲ　大日本製糖の猛追と首位逆転

　四大製糖体制が確立した1930年代後半，分蜜糖生産シェアで大日本製糖は台湾製糖を猛追し35年に新高製糖を合併することでついに接近した（序章図6参照）。ここで39年前後の分蜜糖生産能力を比較しておくと（単位：噸）[6]，台湾製糖11,330→16,650，大日本製糖9,950→18,300，明治製糖8,950→15,500，塩水港製糖6,450→9,900と各社とも著しく増加しており，大日本製糖が台湾製糖をついに逆転し明治製糖も台湾製糖に肉薄するという製糖能力面での変化が，台湾製糖と大日本製糖の生産シェアを39年に再び肉薄させ明治製糖も大幅に上昇させた主たる要因となった。

　そこで明治製糖と大日本製糖の戦略上の動きを確認しておくと，明糖事件の責任を取って辞任した相馬社長が再び復帰した1937年，明治製糖は「現状維持は退歩なり」をスローガンに掲げて立遅れた農事研究を見直しつつ増産計画を打ち出す一方で，総爺に耕地白糖設備を備えるなど7工場すべての製糖能力を増強した。かたや大日本製糖は39年の昭和製糖との合併にともなう4工場を含め13工場の製糖能力を増強したが，特に重要だったのが耕地白糖での補強であり，大林と苗栗に同設備を併設することで翌40年には生産シェア首位に躍り出る（序章図6参照）。同じく利益金についても大日本製糖は38年に明治製糖，40年に台湾製糖をそれぞれ逆転し（第1章図10参照），収益面を含めた文字通りのトップ企業へと躍り出たのであった。

　首位争いを演じた上位3社の増産要因として耕地白糖の伸び，質的増産，米糖相剋対策の3点が指摘できる。第1の耕地白糖に関してはパイオニア塩水港製糖が競争優位を持続したこと，台湾製糖が1927年塩水港製糖から買収した同設備を備えた旗尾を軸にキャッチアップしたこと，同じく明治製糖も27年に同設備を備えた旧東洋製糖所有の南靖と烏樹林を大日本製糖から事実上買収

することで両社をキャッチアップし始めたこと，以上3社の動向については各章で言及したところであるが，ここでは3社に後れをとった大日本製糖に着目したい。

同社は東洋製糖合併による斗六に加え虎尾第2でも1935年12月耕地白糖生産を開始することで生産量を伸ばすに至るが（第1章図12参照），この本格化は雷太から社長を引き継いだ息子愛一郎が最初に手がけた意思決定であった。台湾分蜜糖へと戦略シフトした同社には，32年の消費税改正によって税率が引き下げられ大きく消費を伸ばしつつあった耕地白糖ゆえに重要な意思決定となったのであり，相次ぐ合併戦略に加え耕地白糖に本腰を入れることでトップ企業への飛躍は現実のものとなったのである。

精製糖業を中心に発展してきた大日本製糖が内地市場において精製糖と競合しかねない耕地白糖の本格的生産へと踏み切ったことは，一見して矛盾した意思決定のようにも見える。しかし，同じ精白糖に分類されながらも精製糖に比べ生産コストが低く，税制改正によっていっそうの割安感を増した耕地白糖が精製糖に近い品質へとレベルアップしたことで消費者に支持され，結果として耕地白糖生産を本格化させようとの意思決定に向かわせたのであった。そこで耕地白糖の増加によって減少が予想される精製糖については中国市場等の外国市場へと輸出し，一見矛盾するかに思われた耕地白糖と精製糖の共存を可能としたのである。

大日本製糖はその後も相次ぐM&A戦略によって耕地白糖の生産能力を増強し，1940年にトップ台湾製糖を生産シェアでついに逆転する。台湾製糖も角砂糖といった製品多角化も交えつつ塩水港製糖を脅かすまでの激烈な競争を演じ，塩水港製糖は二度にわたり耕地白糖トップの座を台湾製糖に奪われつつも39年には奪い返した（第1章図12参照）。第4章で触れた塩水港製糖の増産計画は自社最大のリソースである耕地白糖をフルに活用した現実的な戦略展開であり，同社が失敗からの再生・飛躍を達成するにはやはり耕地白糖は欠かすことのできない存在であった。

次に，第2の増産要因である質的増産に検討を加えるため甲当たり甘蔗収穫量と歩留りの1930年代の推移を確認していきたい。まず，甲当たり収穫量を確認すべく第4章表40の30-35年と36-40年の田畑全体を25-29

年と比較して見ていくと（単位：千斤），台湾製糖 83.5 → 117.4 → 121.4，大日本製糖 79.6 → 116 → 117，明治製糖 90.4 → 120.3 → 126，塩水港製糖 85.5 → 112.2 → 112.8 という具合に四大製糖すべての甲当たり甘蔗収穫量が 30 年代に入り著しく増加しており，こうした伸びには台湾製糖が最初に輸入した爪哇大茎種が大きく貢献していた[7]。また，30 年代前半と後半の比較では 20 年代後半との比較のような大きな伸びは確認できないが，農事方面の改善を表明した明治製糖が単期作田を中心に増加していた点が着目される[8]。

一方，歩留りの推移を示した第 4 章表 41 に 1921-25 年，26-30 年，31-35 年それぞれの平均を比較していくと（単位：%），台湾製糖 10.2 → 12.3 → 14.3，大日本製糖 9.6 → 10.9 → 13.3，明治製糖 10 → 11.2 → 13.6，塩水港製糖 9 → 10.8 → 13.2 という具合に各社とも 20 年代後半に歩留りは上昇し 30 年代前半に大きく伸ばしていった。成熟度を測定する屈折計の研究開発を台湾製糖農事部が 23 年以来行うなかハンドレフラクトメーター（携帯屈折計）の試作をツアイス光学社に依頼し 27 年末完成したことが先駆けとなり，それ以降各社が相次ぎ導入していったことが歩留り上昇に大きく貢献した。そして，質的増産に向けた製糖会社各社の取り組みはそのまま分蜜糖の生産コスト削減へと向かわせた。ここで 1 担当たりの砂糖生産コストを見ていくと[9]（単位：円），27-34 年のコストは 12.05 → 9.87 → 9.26 → 8.33 → 7.06 → 6.61 → 6.53 → 5.33 という具合に大きく削減していった。

なかでも特筆すべきは，これら質的増産により生産コストが大幅に削減されたことで規模の経済を活かした利益追求がようやく開始されたことである（第 1 章図 10 参照）。1920 年代まで生産面での優位性がそのまま収益面での優位性につながることはなかった背景として，質的増産が実現する 30 年代に入るまではトップの台湾製糖でさえも台湾分蜜糖のコスト高構造を克服できず利益面の差が生まれにくかった点を指摘したが，まさにその課題が克服されたのが 30 年後半以降の時期であった。

質的増産によって耕地白糖を中心とした分蜜糖の増産が可能になったとはいえ，肝心の砂糖消費量が伸びていなければ増産へと踏み出せない。そこで序章図 1 の内地における砂糖消費量の推移に再び目をやると，消費面での大きな変化が見られた局面として 2 つ指摘できる。1 つが大戦景気によって内地の消費

水準が伸びた1920年から22年にかけての局面であり、いま1つが32年1月の消費税減税を受けた33年以降の持続的な伸びである。とりわけ後者の増加は割安な精白糖である耕地白糖によって牽引されつつ台湾分蜜糖全体の品質向上によってもたらされたものであり、そこに消費税減税が起爆剤として機能したのであった。

こうした需要面での変化を受け耕地白糖を中心とした台湾分蜜糖の供給面の変化も連動するわけだが、その生産面の推移を第1章図7によって確認しておきたい。同図と耕地白糖の生産推移を示した第1章図12を見比べてみると1930年代に入ってからのトレンドはほぼ同じ軌跡を辿っており、耕地白糖に牽引される形で台湾分蜜糖の生産量も増大していった。かたや序章図1の砂糖消費との比較では、33年以降一貫して増加していった消費動向とは異なり、32年の過剰生産を受け33・34年に糖業連合会の産糖調節が実施されたことが如実に反映されている。そして、トップ台湾製糖への明治製糖と大日本製糖による猛追と上位3社による激烈な企業間競争は各社の増産傾向をともないつつ展開していったのである。

ここで四大製糖各社に増産をもたらした生産基盤の拡充について、序章図4の分蜜糖生産能力の推移によって確認したい。同図においてM&Aをはじめ段階的に製糖能力が増強されており、その象徴が1927年東洋製糖売却にともなう大日本製糖と明治製糖の変化であった。四大製糖体制の完成に向けて各社増強しているが、39年における大きな伸びがなかでも注目される。大日本製糖が同年昭和製糖を合併することで一気に製糖能力トップに躍り出たのに対し、他の3社は既存工場の増設によって製糖能力を高めていった結果である。なお、40年に大日本製糖が帝国製糖、41年に台湾製糖が新興製糖、43年に明治製糖が台東製糖をそれぞれ合併することで文字通りの四大製糖体制が完成する。以上、四大製糖の増産傾向をともなった熾烈な首位争いこそが耕地白糖に牽引された近代製糖業の活況を生み出したのであり、それを可能としたのが内地における砂糖消費の拡大傾向に他ならなかった。

そして、第3の米糖相剋への対応を検討するため序章表6の水田奨励の推移を見ていくと、地理的分布として同対策は中部以北の台北・新竹・台中各州と中部寄りの台南州北部に集中していた（序章参考地図参照）。また、水田に

おける甘蔗奨励策は価格，奨励金，原料栽培資金前貸しと多岐にわたっていたが，なかでも注目されるのは買収価格その他に導入された米価比準法である。1939年10月公布の台湾糖業令を受けて比準法は42年以降すべての原料採取区域に導入されていったわけだが，明治製糖と大日本製糖の中部以北ではそれに先立って比準法が導入され両社の米糖相剋の深刻さを物語っている。

台湾糖業令後の動きとしては台湾製糖では各種奨励金が中部以北の台北と埔里社を除いて統一されるし，明治製糖に至っては全項目の統一が達成された。特殊地理環境への対応が個々の甘蔗栽培奨励規程の各種奨励金に少なからず残される一方で，こと米糖相剋への対応については三五公司以外のすべての製糖会社が全面的に導入したわけで，糖業令公布という転機があったとはいえ蓬莱米の普及によっていずれの原料採取区域においても米糖相剋対策を余儀なくされていった点をここでは確認しておきたい。

最後に，序章の参考地図を見ながら会社別に序章表6を見ていくと，中部以北の2区域を除いて対策を講じていない台湾製糖の空欄が際立ち，高雄州を中心とした南部に大部分の原料採取区域を所有していた同社のリソース面での優位性を再確認できる。対照的なのが明治製糖・大日本製糖であり，採取区域内の一般農民から9割以上の甘蔗を買い上げなければならなかっただけに米糖相剋への対応はまさに死活問題となっていた。

特に大日本製糖の場合，相次ぐM&A戦略によって製糖能力は1930年代後半以降いっそう高まっていくなか（序章図4参照），相次ぐM&A戦略を奏功させるためにも製糖能力に見あった甘蔗を調達できるよう米糖相剋という最大のハードルを乗り越える必要があった。その結果が表6に見られた米価比準法はじめ様々な形で導入された水田奨励だったわけである。一方，塩水港製糖では水田奨励は東部の寿と大和の一部と渓州に限られたが，東部開拓それ自体が困難を極めたことや新営や岸内が看天田・塩分地といった特殊地理環境に悩まされたことを考えると，同じ空欄でも台湾製糖と意味するところは大きく異なっていた。

むすび

　本章を総括するに当たり四大製糖各社の戦略をまずは整理しておきたい。台湾製糖はパイオニア企業ゆえのリソース（広大な自営農園と甘蔗栽培に有利な南部の原料採取区域）を最大限活かすことで本業重視の戦略を貫いていく。質的増産の柱となる爪哇大茎種やハンドレフラクトメーターをいち早く導入するなど農事方面の研究開発に積極的に取り組みつつ耕地白糖のパイオニア塩水港製糖にほぼ時を同じくして追随し、同社独自の角砂糖生産を含め耕地白糖の消費拡大に貢献するなど長期にわたる持続的競争優位を獲得していった。その一方で、産糖処分協定をめぐる相次ぐ対立状況のなか大日本製糖や明治製糖といった主要メンバーが脱会を辞さない状況を打開したのも台湾製糖出身の糖業連合会会長であり、利害調整機能の中核を担ったのは同社のコーディネーター機能に他ならなかった。なお、大日本製糖は商務部を創立以来有し、明治製糖と塩水港製糖は販売網の喪失に対し明治商店と塩糖製品販売を設立するなど3社は自社販売網を活用していったのに対し、台湾製糖は三井物産との一手販売契約を最後まで貫くことで安定した販売網を持続できたのである。

　明治製糖は他の3社とは異なる戦略を推し進めていったが、その根底には相馬半治の「平均保険の策」という考えが横たわっていた。製糖業それ自体が抱える不確実性を克服すべく明治製菓やスマトラ興業をはじめとした重層的多角化を展開しつつ、明治商店という自社販売網によって下支えする「大明治」のグループ力[10]を最大の自社リソースとしていた。その一方で、質実剛健[11]の社是が災いして農事方面において積極性は欠如しがちであったが、「現状維持は退歩なり」をスローガンに積極的な増産計画を打ち出した。また、耕地白糖設備を備えた南靖と烏樹林を金融恐慌期に買収したのを皮切りにトップ台湾製糖へのキャッチアップを開始し、あわせて精製糖業でも雄と称された大日本製糖に引けをとらないまでに躍進するなど、積極的な多角化を推進しつつも本業である製糖業の充実を図ることで台湾製糖・大日本製糖との首位争いを演じるに至ったのである。

内地精製糖からスタートした大日本製糖にとって，日糖事件による失敗は再生請負人・藤山雷太の手により台湾分蜜糖を軸とした再生・飛躍へと向かわせる転機となった。この精製糖から分蜜糖へと戦略を転換させるうえで大きな契機となったのが東洋製糖の合併であり，同じ精白糖である精製糖から耕地白糖へと戦略の重点を移行することで近代製糖業におけるポジションは大きく向上していった。明治製糖以上に後発企業であった大日本製糖にとって，原料採取区域や分蜜糖生産能力といったリソース面の劣位性を克服していく術は後発性を逆手にとったM&A戦略の積極的推進であった。M&Aによってリソースの拡充を図ろうとする戦略が同社をしてトップ企業へと飛躍させるに至ったわけだが，失敗の教訓を活かした堅実経営と米糖相剋への柔軟な対応も忘れてはならない。堅実性を備えた積極的M&A戦略こそが同社最大の強みであり，東洋製糖合併時に事実上明治製糖へと2工場を売却した冷静かつ現実的な意思決定をいま一度想起したい。

　塩水港製糖の戦略はその先駆であった耕地白糖抜きに語れない。順番の違いこそあれ精粗兼業化を早い段階から推進していった3社とは対照的に，精白糖の軸を耕地白糖に見出した点が同社最大の特徴である。しかし，その戦略が功を奏するには2つの障害を乗り越える必要があった。1つが耕地白糖によって優位性を獲得せんとした前夜，複数の大型合併と鈴木商店の破綻が重なり失敗局面を迎えたことである。いま1つが耕地白糖が内地において需要を大きく伸ばすに至るのは1930年代に入ってからであり，32年の消費税減税と質的増産によって価格が低下し精製糖へと品質がいっそう近づく30年代にようやくその戦略は奏功するに至るものの，需要面の変化を受けてライバル各社も耕地白糖重視の戦略を打ち出した時期と重なるだけに，その競争優位は20年代半ばまでのように持続的なものとはならなかった。とはいえ，失敗から学んだ堅実性を忘れることなくコアコンピタンスである耕地白糖をフル活用し，生産拠点の全島分散，米糖相剋，特殊地理条件といった数々の制約条件を克服していくことで再生から飛躍への道を槇哲の手によって歩むのであった。

　最後に，四大製糖体制へと収斂していく1930年代以降の主要株主を確認すべく第1章表12（台湾製糖），第2章表19（大日本製糖）に加え表44（明治製糖，塩水港製糖）を検討していきたい。4社に共通した特徴として会社関係

を中心とする長期安定株主の存在を指摘できる[12]。3つの表の平均を見ていくと，台湾製糖の益田太郎と武智直道で2.1％，大日本製糖の藤山関係5.7％，明治製糖の相馬半治と有嶋健助で2％，明治商店2.3％，塩水港製糖の同社関係10.3％，槇関係3.3％，岡田幸三郎（槇社長の後任）1.9％と塩水港製糖関係の高さが際立っており，失敗からの再生途上にあった同社の経営を所有面から安定させようとした結果に他ならない。なお，パイオニア台湾製糖を創立当初から支えた内蔵頭3.1％，三井物産4.7％が一貫して高い割合を示し続けており，毛利元昭や林博太郎といった華族とともに長期安定株主として機能していた点も注目される。

そこで大日本製糖における藤山関係と塩水港製糖における同社関係の動向をふり返ると，大日本製糖の藤山関係株が藤山同族を中心に6.4％へと増加した34年とは4月に社長の雷太から愛一郎へとバトンタッチした年であり，愛一郎新社長の経営基盤を支えるための所有面での体制固め以外の何ものでもなかった。一方，塩水港製糖関係については自社販売網である塩糖製品販売が明治商店よりはるかに高い9.8％という高い割合を示していたが，37年以降持株

表44　明治製糖と塩水港

		1930年	1931年	1932年	1933年	1934年	1935年
明治製糖	相馬半治	10,000	10,000	10,200	10,200	10,400	10,400
	有嶋健助						
	相馬半治・有嶋健助合計	10,000	10,000	10,200	10,200	10,400	10,400
		1.0	1.0	1.1	1.1	1.1	1.1
	明治商店						
	全体	960,000	960,000	960,000	960,000	960,000	960,000
塩水港製糖	塩糖製品販売	57,500	57,500	57,500	57,500	57,500	57,500
	新栄産業						
	塩水港製糖関係合計	57,500	57,500	57,500	57,500	57,500	57,500
		9.8	9.8	9.8	9.8	9.8	9.8
	槇合資会社	12,549	12,549	12,549	12,549	10,751	10,036
	槇哲	11,100	11,100	9,975	9,500	10,225	10,225
	槇関係合計	23,649	23,649	22,524	22,049	20,976	20,261
		4.0	4.0	3.9	3.8	3.6	3.5
	岡田幸三郎						
	全体	585,000	585,000	585,000	585,000	585,000	585,000

（注）表12に同じ。
（出所）明治製糖・塩水港製糖『株主名簿』各期版，大坂屋商店編［1931-42］，証券引受会社編

会社である新栄産業に引き継がれ39年槇社長の急逝を受け40年には新栄産業の割合は7.9%から13.7%へと急増した。塩水港製糖の精神的支柱だった槇急逝の影響の大きさは計り知れず，それゆえに持株会社による経営基盤の強化を図ったのである。

以上，台湾製糖や明治製糖のように安定した大株主によって経営を支えられたケースもあれば，大日本製糖や塩水港製糖のように社長交代にともなって経営基盤を強化するケースもあったが，四大製糖各社に共通して言えることは，所有面の安定した経営基盤こそが自社のリソースを最大限活用した戦略を展開していくうえで不可欠であったという点である。三井物産との一手販売契約によって安定した販売網を維持していった台湾製糖の事例，大日本製糖の商務部，明治製糖の明治商店，塩水港製糖の塩糖製品販売といった自社販売網の活用によって販売面の安定を取り戻し強化していった事例，それぞれの方法は異なるとはいえ安定した強固な販売網の存在が積極的な事業展開には不可欠だったことも考えあわせるとき，度重なる業界再編にあっても合併する側の担い手として四大製糖体制を確立させていったメインプレイヤー4社による企業間競

製糖の主要株主の推移 (株，%)

1936年	1937年	1938年	1939年	1940年	1941年	1942年	1943年	平均
10,400	10,400	13,200	13,200	13,200	13,200	13,200	13,200	11,400
			10,000	10,000	10,000	10,000	10,000	10,000
10,400	10,400	13,200	23,200	23,200	23,200	23,200	23,200	21,400
1.1	0.9	1.1	2.0	2.0	2.0	2.0	1.9	2.0
		21,260	21,260	21,214	33,000	明治商事33,000	明治商事33,001	24,184
		1.8	1.8	1.8	2.8	2.8	2.7	2.3
960,000	1,160,000	1,160,000	1,160,000	1,160,000	1,160,000	1,160,000	1,220,000	1,057,333
37,500								62,188
	24,114	84,963	94,943	164,198	153,108	153,068	152,968	118,195
37,500	24,114	84,963	94,943	164,198	153,108	153,068	152,968	88,324
6.4	2.0	7.1	7.9	13.7	12.8	12.8	12.7	10.3
10,036	10,396		7,830	7,830	7,830			11,667
10,225	11,325	22,950	槇リウ6,325					12,883
20,261	21,721	22,950	14,155	7,830				21,750
3.5	1.8	1.9	1.2	0.7				3.3
	7,325	15,350	23,950	26,950	34,970	26,749	26,649	23,135
		0.6	1.3	2.0	2.2	2.9	2.2	2.2	1.9
585,000	1,195,000	1,200,000	1,200,000	1,200,000	1,200,000	1,200,000	1,200,000	871,667

[1943] [1944] より作成。

争のダイナミズムの背景に，それを可能とした所有面と販売面の安定という共通要因があったことを確認することができる。

糖業連合会を舞台とした協調行動も近代製糖業の発展に貢献したことは事実であるが，その協調に向け利害調整機能がいかに重要となったのかが示すように，激烈な企業間競争を基調としたうえでの限定的な協調行動であったことが，結果として近代製糖業を発展させるダイナミズムを生み出したことを最後に確認しておきたい。

【注】
1　構造的問題としては前述した米糖相剋状況ゆえに生産コストの6割を占める原料甘蔗の収穫コストが高く，結果として分蜜糖の生産コスト全体が高くならざるを得なかったこと，原料採取区域を拡大することのできない台湾の地理的限界性から質的増産なくして原料甘蔗の増収が望めなかったこと，以上2点を特に指摘しておきたい。
2　台湾総督府『第十四統計』34-35頁，『第十五統計』34-35頁，『第十六統計』34-35頁，『第十九統計』22-27頁，『第二十二統計』26-27, 32-33, 38-39頁，『第二十六統計』38-39頁より算出。
3　台湾総督府『第十七統計』88頁。
4　台湾総督府『第二十九統計』182頁。
5　詳しくは久保編［2009］所収の第1章表8を参照されたい。なお，1926年は精製糖需給調節契約が成立し産糖処分協定の前提となる原料糖売買協定は成立した点で他の8つの年とは異なっていた。
6　台湾総督府『第二十六統計』6, 8頁，『第二十七統計』6, 8頁。
7　伊藤編［1939］26頁。製糖会社各社への爪哇大茎種の普及状況を1926～30年で確認しておくと，7.5％, 20.6％, 48.8％, 75.9％, 91.9％と急速に普及していったことがわかる（台湾総督府『第二十九統計』48-49頁より算出）。
8　塩水港製糖の両期作田と単期作田においても（単位：千斤），119.7→132.7, 108.3→136.3と著増を示している。これは同社が初めて導入したスチームプラウ（強力な電動深耕犂）により岩盤の固い看天田（新営）を，1930年竣工の嘉南大圳により塩分地（岸内）をそれぞれ克服できた結果であり，競合他社もガソリンを燃料としたヒースプラウを含めスチームプラウを相次いで導入していくと同時に嘉南大圳の恩恵を受けた。39年6月段階でのスチームプラウの導入台数を見ていくと，台湾製糖22台，明治製糖39台，大日本製糖12台，塩水港製糖33台，合計106台という具合に（台湾総督府『第二十九統計』74-75頁），明治製糖と塩水港製糖の導入台数の多さが目立つ。
9　台湾総督府『第二十九統計』104頁。
10　「大明治」は1941年末段階で製糖・製菓4（明治製糖含め），乳畜産7，ゴム3，その他7の計21の関係会社から構成されていた（第3章表23参照）。
11　相馬［1938］6頁。
12　1930年代後半以降の傾向として，保険会社関係の保有株式割合の高さが指摘できる。35-43年平均で比較すると（各社『株主名簿』，大坂屋商店［1930-42］，証券引受会社［1943］［1944］より算出），台湾製糖8.9％，大日本製糖13.2％，明治製糖16％，塩水港製糖2.7％といった具合にかなりの違いがあるもののそれぞれ大株主として存在し，最も割合の低い塩水港製糖でさえ同社関係に次ぐ高い割合を占めていた。

第6章
甘蔗買収価格の決定プロセス
―四大製糖を中心とする甘蔗作農民との関係―

はじめに

　近代製糖業の「心臓部」である原料甘蔗を低コストで安定的に調達していくことは当該業において競争優位を獲得するうえでのポイントであり，その制約条件となった米糖相剋や特殊地理環境を克服していったからこそ四大製糖は最終的にメインプレイヤーとして生き残ることができた。そこで四大製糖の原料調達戦略に各社固有の特徴を見出すことはできるのかという問いのもと，本章では台湾甘蔗作農民との関係に光を当てて分析していきたい。

　あわせてこれまでブラックボックスの域を出なかった甘蔗買収価格の決定プロセスを解き明かし[1]，四大製糖間の比較を通して固有の原料甘蔗の買収戦略は存在したのか分析を加えることにしたい。なお，本章で用いる史料は1930年から44年までの甘蔗栽培奨励規程を網羅した台湾糖業研究会編［1928-42］であり，すべての原料採取区域の奨励規程を時系列で体系的に確認できる唯一の史料である。

I　甘蔗栽培奨励策の諸相

1　米糖相剋の重層構造

　まずは米糖相剋の重層構造について甘蔗栽培奨励規程に検討を加えていくが，同構造とは米糖相剋と特殊地理環境が重なりあうように存在していた状況を意味する。第4章表38では塩水港製糖の渓州，大日本製糖の月眉，明治製

糖の南投と渓湖に，表39では39年台湾糖業令を受けた米価比準法の本格的導入にともない大部分の原料採取区域にそれぞれ米糖相剋と特殊地理環境双方への対応が見られた[2]。そこで特殊地理環境への対応を表38に指摘しておくならば，地盤が固い看天田を改善するうえで有効なスチームプラウ（深耕犁）導入を促進するための看天田栽培改良奨励金が塩水港製糖の新営と岸内に，歩留り低迷の原因ともなった塩分（アルカリ性）地質対策としては明治製糖の渓湖や塩水港製糖の渓州で濃度賞与（金）がそれぞれ付与されていた。

次に，原料採取区域ごとの特性を田畑別の甲当たり甘蔗収穫量を示した第4章表40によって再度検討していきたい。全体平均が端的に示すように（単位：千斤），両期作田が127.8→130，単期作田が119.1→130.1と増加しているのに対し畑は109.3→104.5と減少している。田の甲当たり収穫量が増加した背景には，蓬莱米の普及によって米糖相剋が深刻化するなか米作以上のインセンティブを甘蔗作に与えるため甲当たりの増収を各社が優遇したことがあり，限られた面積で甘蔗収穫量を増加させるためにも質的増産はいっそう重要性を帯びていった。

一方，畑の甲当たり甘蔗収穫量の減少要因としては特殊地理環境があり，同様の傾向は歩留りの低さにも確認できた（第4章表41参照）。第4章表40において全体平均を下回る原料採取区域を見ていくと，田畑を問わず特殊環境にあった採取区域であり減少せずともきわめて低い水準にとどまっていた。例えば，帝国製糖の中港（竹南）や新竹，昭和（新竹）製糖の苗栗が指摘でき，他にも嘉南大圳の完成によって看天田，塩分地[3]が大きく改善された区域も少なからず存在した。とはいえ，昭和製糖の採取区域に米糖相剋・特殊地理環境双方の対策が併存したように米糖相剋は重層的な構造を有していたのである（表45参照）。

最後に，1920年代からの歩留りの推移を示した第4章表41に改めて検討を加えていくと，各社の平均及び全体平均を見てわかるように31-35年平均に26-30年より2%以上の伸びが確認できる。30年代に入り質的増産に向けた肥料奨励や濃度賞与がハンドレフラクトメーターの採用とともに大きく実を結んだ結果である。個々の原料採取区域に目をやると50のうち27が30年代前半に2%以上歩留りを上昇させており，大日本製糖や塩水港製糖の歩留り上昇

が顕著である。また，製糖会社ごとに少なからず違いが見られたのも事実であり，台湾製糖の多くが14％を超えているのに対し帝国製糖では2％以上上昇した採取区域が一部に限定されていた。

2　甘蔗栽培奨励規程の変遷

　四大製糖の甘蔗栽培奨励規程を分析する準備作業として[4]，まずは大日本製糖月眉製糖所の奨励規程を章末の史料2に確認しておきたい。台中州北部の米作が盛んな地域に原料採取区域を構える月眉だけあって，米糖相剋に対応した内容が確認できる（序章参考地図参照）。同社が甘蔗栽培に適していると認定した水田で品種はじめ同社が指定した栽培方法で行われることを前提に，当時本格的に普及し始めていた蓬莱米価格に連動した米価比準法が次のように明記されていた。

　　「当社が適当と認めたる水田に本項栽培法に従ひ蔗作したる者には蓬莱種粳籾の価格に比準し左記奨励金を交付す」[5]と。

　また，田普通植株出[6]と田集団[7]の2つの奨励金が存在した点に水田栽培への優遇ぶりがうかがわれるし，早植や糊仔甘蔗[8]によって甘蔗の成育期間を確保することで収穫量の増大やコスト削減に貢献する栽培方法への奨励金も付与されていた。月眉に特徴的な規程としては収穫・調製作業の作業請負人について定めた規程や蔗尾提供と運搬通路提供に関する規程があった。そして，蔗園火災補助といった特殊な規程も見られた一方で，付則の最後に記されている「本規程に就き疑義を生じたる場合は総て当社の解釈するところに依るものとす」という記述が注目される。甘蔗作農民が何らかの疑問を抱いた場合は会社の解釈に従ってもらうとの強い姿勢であり，前年の1935年以降次々と合併によって傘下に収めていく工場も含めすべてにこの文言が盛り込まれていった。

　次に，入手可能なすべての甘蔗栽培奨励規程に含まれていた各種奨励金をテーマ別に分類した表45を見ていきたい。甘蔗作農民に対する奨励金は大きく栽培時期，栽培方法，栽培地，質的増収，その他奨励に分類することができた。まず，栽培時期には植付時期と刈取時期に関する奨励金が存在し，植付時期の最たるものが早植奨励であり甘蔗の成熟に欠かせない生育期間18ヶ月をいかに確保するかが重要となった。

表 45 甘蔗栽培奨励規程における各種奨励金の分類

分　類		各種奨励金
栽培時期	時　期	植付奨励金，原料収穫補助
	早　植	早植奨励，早期作業奨励，特早蔗園奨励，棉蔗共作特早植補助
	運　刈	遅刈割増金（補助），晩期収穫補助（補償）
栽培方法	間　作	間作補助，審薯間作奨励
	糊仔	糊仔甘蔗奨励，改良糊仔甘蔗奨励，晩植糊仔甘蔗奨励，一期糊仔甘蔗栽培改良奨励
	株　出	株出（甘蔗）奨励（補助），田普通植株出奨励，畑株出奨励
	蔗苗	蔗苗奨励
	耕　種	耕種改善奨励，繁地及培土補助，開墾費補助，開墾（開拓）奨励
	深　耕	深耕犁補助，自給肥料奨励，深耕犁購入補助，看天田奨励
	肥　料	緑肥奨励，自給肥料奨励，金肥補助
	（灌漑）排水	排水奨励，灌漑排水補助
	その他	甘蔗枯葉鋤込補助，蔗業勤入補助，シュレンペー（酒精残滓）運搬補助，永年作物掘起補助
栽培地	水　田	（水田）植付奨励，水田蔗作（植付）奨励，水田蔗園奨励，水田特別割増（奨励），水田蔗作特別奨励
	畑	畑甘蔗（蔗作）奨励，畑地蔗栽培改良奨励，畑地耕作改善奨励，畑特別奨励，階段畑造成奨励
	山　畑	山畑（蔗作）補助
	特殊地	特定地域奨励，（植付）奨励，優良蔗帯植付奨励，海岸地帯栽培改良奨励，嘉南大圳甘蔗耕区奨励，植替新植補助（嘉南大圳），台中州排種奨励
質的増収	収穫改善	収穫改善賞与，耕作改良，蔗作改善奨励，栽培改良奨励，耕作管理改善，甘蔗清潔奨励，原料品質奨励
	増　収	増収（増産）（甘蔗）奨励，多収奨励，甲当たり増収奨励，畑増収補助
	濃　度	濃度賞金（奨励，賞与金）
その他奨励		土地貸賃並水租免除，早害防止奨励，赤蟻奨励，特殊奨励，積込用地使用料補助

（注）植付奨励金それ自体にも水田奨励や質的増収のその他の要素が含まれるケースが多かったが（後出図 25 参照），本表では「時期」に含めている。
（出所）台湾糖業研究会編［1918］［1928-42］より作成。

最も多くの種類が存在したのが栽培方法に関する栽培奨励金であり，質的増収とともに増収に向けた奨励金に他ならなかった。その象徴が肥料や（灌漑）排水といった歩留りを上昇させるうえで不可欠な奨励金だったが，ここで注目したいのは一種の間作であり早植でもあった糊仔甘蔗への奨励金とともに，看天田を克服する手段として導入されたスチームプラウへの奨励金である。

　糊仔甘蔗は水田への甘蔗植付を奨励する有効な手段であったという点で，後述する水田奨励に分類されてしかるべき内容を有する栽培方法であっただけに，中部以北に原料採取区域を構える製糖会社にはとりわけ重要となった。また，看天田については塩水港製糖の新営はじめ悩まされていたが，スチームプラウの導入によって有効な甘蔗作適地へと改良していったことは画期的であった[9]。なお，蔗苗を育成する苗圃が必要ない株出は限られた甘蔗収穫面積を増大させることに貢献した。

　奨励金の重要な柱となっていたものとして栽培地に関するものがあり，なかでも重要だったのが水田奨励である。先述した米価比準法とともに米糖相剋対策となっていた水田奨励に目が向かいがちであるが，様々な形で畑への奨励金も付与されていた。最後に，質的増収については収穫改善や増収奨励とともに濃度[10]に関する奨励金に着目したい。なぜなら，海岸地域の季節風の影響やアルカリ性土質といった特殊地理環境にある原料採取区域の歩留り上昇[11]に有効となったからである（第4章表41参照）。

II　四大製糖の甘蔗買収価格の変遷

1　四大製糖の共通点

　本章の主要課題である甘蔗買収価格を台湾糖業研究会編［1928-42］をもとに検討していくが，全体傾向として指摘できる点が4つある。第1に甘蔗買収価格の基本価格に相当する原料代は昭和製糖を除き製糖会社ごとにほぼ統一されていた点であり，原料採取区域ごとの差異はほとんど見られず，最高価格と最低価格の差も原料代以外の割増金や植付奨励金の差によって生じていた。また，原料調製が優良なものに奨励金（本章では割増金に加算）が付与され最高

価格に反映されていた。

第2に糖業連合会の産糖調節が実施された1933・34年の買収価格についても，同協定に加わらなかった昭和製糖を除き原料代，割増金，植付奨励金ともに大幅に減少しており，解除された35年には原料代ではなく割増金や植付奨励金を増加させる傾向が各社に見られた。また，33年以降すべての原料採取区域の原料代が同じ傾向を示しつつ産糖調節を機に買収価格の主要要素は統一され，38年以降原料代は段階的に上昇していった。

第3に四大製糖はじめ1930年段階から爪哇大茎種を中心とした品種指定がほぼすべての原料採取区域で継続して見られ，あわせて指定外品種の栽培を減額対象や買上除外対象とする「附則」が数多く確認できた[12]。なお，こうした品種指定をめぐる対照性は明治製糖では41年以降姿を消し最高価格における指定品種のみが継続して記載される一方，「雑則」に付されていた指定外品種への減額規程は消滅した。その背景には，爪哇大茎種を中心とした指定品種の植付面積割合が41年には98.7％を占めるに至るという事情があった。

第4に台湾糖業令を受け1942年以降の甘蔗栽培奨励規程が統一されていった点であり，台東製糖の42年と三五公司を除き買入条件として指定品種が明記されるに至ったのはその代表である。蓬莱米価格を基準とする米価比準法の導入により最高価格とともに最低価格が引き上げられた点も各社に共通した点であり，台湾米穀移出管理令の公布によって米価が事前に明示されたメリットは大きかった。

2　四大製糖の甘蔗買収価格

(1)　台湾製糖の甘蔗買収価格

以上の共通点を踏まえ，後出の表46と表47も参照しつつ四大製糖の甘蔗買収価格に検討を加えていきたい。まず台湾製糖の特徴として，台北が加わった1931年と翌32年の原料代が他の原料採取区域とは異なり，一貫して割増金の高さが際立っていた。その結果最高価格も台北が抜きん出ていたが，これは蓬莱米が普及する以前から米糖相剋が深刻であったことを示している。また，台北では31年以降爪哇大茎種の品種指定がなされ指定品種外の植付には割増金から減額される一方で，すべての採取区域で特別割増金と植付奨励金も支

給しないとする罰則規程を買収価格条件に含め出したのが台湾製糖の特徴である[13]。なぜなら，米糖相剋によって甘蔗栽培面積が大きな制約を受けていた台北のみならず爪哇大茎種の導入により甲当たり甘蔗収穫量を増大させることは同社の重要課題だったからである。

本来ならば品種に対する植付奨励金をもって促進させるところを高い割増金と爪哇大茎種の指定をセットとした点に，南部を中心に安定した原料調達を実現していた台湾製糖でさえ米糖相剋の深刻な北部地域は例外だったことが示されている。なお，台北以外の原料採取区域では植付と収穫時期を指定する特徴があり[14]，1930年代前半平均で台北以外の10区域がすでに約8割を上回る高い早植割合を示していた[15]。早植奨励が早植割合の低い区域で実施されたのに対し，甘蔗買収価格の付帯条件とされた早植指定は価格に敏感な農民に即効性がありすぐに成果があらわれたのである。

次に，1931年段階の最高価格で台北6.5円と後壁林と恒春4.6円との間に1.9円の価格差があったにもかかわらず，産糖調節下の33・34年には台北4円と後壁林3円と1円まで差が縮まり，その後も41年の台北5.45円と埔里社4.5円の0.95円差を41年まで上回ることはなかった。また，32年段階で0.7円であった阿緱，東港，旗尾5.3円との価格差も，33年以降41年までは割増金で際立つことで0.8円前後の差を維持した台北に対し他の区域では植付奨励金をもって米糖相剋に対応したため，植付奨励金を除く狭義の買収価格での台北の際立った高さは確認できなかった。

要は，甘蔗作よりも米作が盛んであった台北では割増金と品種指定をセットで対応せざるを得なかったのに対し，甘蔗作が盛んであった埔里社を除く他の区域では奨励金だけで対応する余裕があった。とはいえ，台湾糖業令公布を受けた42年以降は台北の植付奨励金も増加し割増金の高さとあわせて最高価格差は2.2円にまで拡大した。台湾米穀移出管理令公布によって米価が安定し米価比準法を導入するための明確な基準が明示された結果，台北では割増金のみならず奨励金までも増加させることが可能となったのである。

最後に，台湾製糖の産糖調節期と統制経済期の特徴を確認すると，1932年と33年の買収価格の比較では原料代の減少幅より大きいのが割増金と植付奨励金であり，最高価格の植付奨励金は付与されなくなった。最低価格について

は33年以降しばらく割増金，植付奨励金ともにまったく付与されておらず，すべての区域で32年まで付与されていた割増金が姿を消し同社の産糖調節は割増金カットを軸に実施された。

一方，買収価格統一化の動きは1937年段階で前兆が見られ41年を除き台北，埔里社以外の区域すべての買収価格が統一された。そして，台湾糖業令公布による台湾製糖の最も大きな変化は米価比準法導入による割増金の増加であり，最高価格の備考に記載された内容には水田の割増金の基準を蓬莱米価格とするとあった。

(2) 大日本製糖の甘蔗買収価格

続いて大日本製糖の甘蔗買収価格を検討していくと，まず注目されるのは月眉への米価比準法導入の早さであり，1930年段階の「備考」に早くもその要素が確認でき，同社全体の割増金や植付奨励金に採用され出すのは37年以降のこととなる。

産糖調節が実施された1933年には原料代を4円から2.7円へと大幅に引き下げる一方で，原料採取区域ごとの特性を活かしつつ割増金と植付奨励金で差別化を図り，買収価格全体としては甘蔗作へのインセンティブを下げる方向へと誘導したのである。産糖調節を実施するという観点から言えば原料代を引き下げるだけで十分であり，割増金や植付奨励金の増額と組みあわせるという複雑な調節策をなぜわざわざ講じたのであろうか。

その背景には，近代製糖業に後発企業として参入した大日本製糖特有の制約条件が横たわっていた。同社が台湾に進出する際に残されていた原料採取区域はきわめて限定的で，米糖相剋が深刻な中部以北以外に事業展開の余地は残されていなかったため[16]，産糖調節下にあっても買収価格の諸要素を複雑に上げ下げすることで甘蔗作へのモチベーションを高めたのである。なお，品種指定をめぐる最高価格と最低価格の対照性がすべての採取区域で一貫して確認でき，台湾糖業令施行前夜の41年まで指定外品種は買い上げの対象外とされた。

最後に，台湾糖業令を受けた1942年以降の動きを確認していくと，龍巌，北港，沙鹿，崁子脚を除き水田栽培に限定して割増金に米価比準法が導入されると同時に，41年までの「備考」に多く見られた植付と収穫時期の記述は42

年以降も残され[17], 甲当たり甘蔗収穫量を植付奨励金の基準とする記述は月眉[18]に40年から42年にかけて継続して確認できた。なお, 昭和製糖合併後の42年, 帝国製糖合併後の43年にそれぞれ新たな原料採取区域が数多く加わったこともあり, 42年以降割増金や植付奨励金がすべての採取区域に採用されるもののその内容が統一されることはなかった。

この点を如実に物語る一例として, 1944年の最高価格は30年に早くも米価比準法が導入された月眉ではなく昭和製糖合併による苗栗と帝国製糖合併による新竹, 竹南の9.5円であり, 厳しい米糖相剋状況にあった結果を示している。新高製糖合併後の37年の動きも含め特殊地理環境の異なる原料採取区域を相次いで傘下に収めていった同社ならではの苦労の足跡を垣間見ることができ, 近代製糖業のトップ企業へと成長できたM&A戦略の功罪をここに確認できよう。甘蔗栽培奨励規程が統一化の傾向を辿るなかにありながらも, M&A戦略と表裏一体の関係にあった米糖相剋と特殊地理環境への対応を推し進めていった柔軟性こそが同社を大躍進させる推進力となったのである。

(3) 明治製糖の甘蔗買収価格

次に明治製糖の甘蔗買収価格に検討を加えていくと, 品種指定[19]をめぐる最高・最低価格の対照性は大日本製糖と同じであった。産糖調節期の特徴として原料代を4円から2.7円へと大幅に引き下げつつ原料採取区域ごとに割増金を上乗せしていた点も大日本製糖と同じであるが, 明治製糖では植付奨励金を例外なく減らしていた点が異なっていた。産糖調節下にあっても割増金だけは増加させ必要最小限の原料甘蔗を確保しており, これも米糖相剋の深刻な中部を中心に採取区域を構えた会社ならではの対応と言える。同じく調節期に限定した特徴として, 品種や植付時期の指定に加え南投を除き収穫時期を指定していた点が注目されるが, これは高品質の甘蔗を栽培させるために生育期間の確保を目指したものである。

一方, 植付奨励金に大きな変化が見られたのが1937年であり, すべての原料採取区域に35年採用されたのを受け37年から39年にかけて植付奨励金が大幅に増加した。これには「現状維持は退歩なり」をスローガンに原料調達面でテコ入れしたことが関係していた。また, 南投と渓湖への米価比準法の導入

は34年と35年という早い段階で蓬莱米を基準品種としていた点とあわせて注目されよう。両区域の半分は濁水渓流域の肥沃な米作適地でもあったことから[20]，割増金や植付奨励金とともに比準法の早期導入は米糖相剋対策として当然の結果であるが35年以降は甘蔗買収価格も際立ち，比準法の導入は蕭壠と蒜頭を除くすべての区域で42年以降統一された。

(4) 塩水港製糖の甘蔗買収価格

最後に，塩水港製糖の甘蔗買収価格を検討していくと，3社に確認できた植付と収穫時期の記述は1930年すべての原料採取区域にまず植付時期が記載され，32年からは新営と岸内で収穫時期も記載され始めた。その一方で，渓州からスタートした興味深い「備考」が35年以降すべての採取区域で盛り込まれるなど，最高価格と最低価格との間に指定品種をめぐる対照性を見出すことができ，同様の対照性としては30年からすでに原料調製の優良・不良をめぐり記述され始めていた。

また，特殊地理環境として海岸地域は季節風の影響を大きく受け甘蔗の品質が相対的に低かったことは，渓州の最低価格の付帯条件に35年以降一貫して海岸地区が指定されていたことからも明らかである。海岸地区の季節風がアルカリ性塩分地質を同区域にもたらし質的増産の足枷となっていたことを示しており，同様に海岸地帯の塩分地質に悩まされていた新営と岸内が嘉南大圳の完成により大きく改善されたのとは対照的であった。

産糖調節期と統制経済期の動向については，他の3社と同様に産糖調節期の原料代は大幅に減少しているものの割増金や植付奨励金は異なる動きを見せた。すなわち，新営や岸内のように割増金，植付奨励金ともに増加した原料採取区域もあれば割増金が増加した花蓮港のような採取区域もあり，全島に原料採取区域を所有した塩水港製糖ゆえの多様な動きと言える。一方，台湾糖業令を受けた42年以降は蓬莱米価格を基準とした米価比準法の導入とともに，最高価格の植付奨励金や最低価格の割増金がすべての採取区域に採用されるようになり，原料代が増加した結果44年までにすべての区域が甘蔗買収価格を増加させていった。

3 最高価格と最低価格

　1930年代を中心とするすべての製糖会社の甘蔗買収価格について，最高価格と最低価格それぞれを整理した表46と表47によって総括しておきたい。まずは最高価格を整理した表46を見ていくと，製糖会社ごとにすでに確認した中部以北の原料採取区域の高さが目立つが，ここで注意を要するのは毎甲当たり付与される植付奨励金は表47ともども含まれていなかった点であり，買収価格が実績収量（斤）当たりの価格設定になっていたのに対し，植付奨励が単位面積当たり（毎甲）の採取区域が目立っていた。前者が実際に収穫された総量に対して設定されていたのとは対照的に，後者は農民が甘蔗の甲当たり収穫量を増加させることへの強いインセンティブを事前に付与しようとするものであり，第4章表40で確認した甲当たり甘蔗収穫量の増加に爪哇大茎種への品種指定とともに有効に作用した。

　続いて最高価格特有の特徴としては，製糖会社による違いよりは原料採取区域による違いの方が顕著であり，米糖相剋が深刻な中部以北の採取区域において買収価格が高かったことは言うまでもない。年によるバラツキも大きく，1933年で最も高い大日本製糖の月眉4.35円と最も低い明治製糖の渓湖2.7円との差は1.65円であったが，43年では最も高い大日本製糖の竹南・新竹9.7円と最も低い同社の北港6.2円との差は3.5円へと拡大しており，前者が産糖調節期であることを勘案してもその拡大傾向は看過できない。

　最高価格の最後に指摘しておきたいのが，上述した台北に限らず台湾製糖のすべての原料採取区域が他社に比べ高かった点である。パイオニア企業として原料調達状況は安定していただけに一見して矛盾して見えるが，農事面で近代製糖業を牽引した同社だからこそ良好な台湾農民との関係を維持するためにも高い買収価格を付与した結果であった。

　表47の最低買収価格に目を転じると，最高価格のように際立って高い原料採取区域は存在しないものの，大日本製糖の苗栗が高く最低価格までも配慮せねばならなかった特殊事情が垣間見える。そして，最低価格が相対的に高い採取区域では米糖相剋が激しい中部以北に加え海岸寄り，山沿い，看天田等々の特殊地理環境が大きく影を落としており，米糖相剋の重層構造をめぐる深刻さをここにも確認できる。

表46 甘蔗買収最高価格の推移

(千斤当たり、円)

製糖会社	工場	1930年	1931年	1932年	1933年	1934年	1935年	1936年	1937年	1938年	1939年	1940年	1941年	1942年	1943年	1944年
台湾製糖	車路墘												5.15			8.30
	三崁店		4.80	4.70												
	湾裡															8.00
	橋仔頭	5.00			3.20					4.65	4.90	4.90		5.00	6.20	8.00
	阿緱			5.30			3.70	4.00	4.25				4.90			
	東港															
	旗尾				3.00	3.00										
	後壁林	4.80	4.60	4.60	3.00	3.00		3.70	3.95	4.35	4.50	4.50	4.50	5.50	7.30	7.70
	恒春		4.80	4.50	3.30	3.20		4.50	4.80	5.30	5.45	5.45	5.45	7.20	8.50	9.10
	埔里社	5.00		6.00	4.00	4.00	4.50									
	台北		6.50													
明治製糖	総爺	4.50	4.40	4.70	3.30	3.30	4.08	4.01	4.45	4.85	5.40	5.40	5.10	6.30	6.70	6.85
	蕭壠													6.20	6.40	6.45
	溪頭	5.00		5.00	3.50	3.50	4.26	4.21	4.75	5.15	5.35	5.35	5.25	6.40	6.70	
	烏樹林	5.40			2.70	2.90	5.10	4.98	6.10		7.40	7.40	5.90	6.50	7.00	7.45
	南靖		4.50	4.80	3.50	4.00	6.00	5.90	6.85	7.90	7.70	7.70	6.50	7.20	7.50	8.00
	渓湖	5.00		5.60												
	南投															
大日本製糖	虎尾	4.50			3.20	3.30	3.70	3.70	3.70	3.90	4.70	4.70	5.00	6.00	6.70	7.30
	北港	4.00	4.00	4.00	2.90	2.90		3.85	3.85	4.00	4.00	4.00	4.30		6.20	6.40
	斗六	4.00	4.80		2.90				3.60	4.15	4.50	4.50	4.50		7.30	7.30
	烏日	5.00			3.20	3.30	3.60	3.60	3.60	3.80	3.80	4.10	4.40	5.50	7.10	7.70
	月眉	6.70	6.60	6.30	4.35	4.60	5.01	5.01	5.70	6.20	6.30	3.90	4.15		6.90	7.50
	龍巖								3.70	3.70	4.00	4.00	4.00	6.00	6.20	6.40
	彰化								3.30	3.90	4.50	4.30	4.30	5.50	7.00	7.60
	大林								4.00	4.40	4.50	5.40	4.50	6.00	6.60	7.30
	三結													6.50	8.10	
	玉井													6.00	6.60	6.90
	苗栗													7.30	8.20	9.50
	沙鹿													6.60	6.00	6.60
	台中															
	潭子														7.75	8.35
	竹南															
	新竹														9.70	9.50
	崁子脚														9.10	6.80
塩水港製糖	新営	4.40	4.40	4.60	3.70	3.40	4.38	4.30	4.30	4.70	4.90	4.90	4.50	5.70	6.30	6.60
	岸内															
	渓州	5.30	4.50	4.70	3.30	3.00	3.84	3.80	4.00	4.40	4.40	4.40	5.00	4.50	7.30	7.90
	花蓮港(寿・大和)	4.30	4.00	4.00	3.50	4.00	4.49	4.60	4.60	4.60	4.60	5.30	4.60	5.30	6.20	7.50

(注)買収価格、割増金、植付奨励金に限定し、空欄は四大製糖の所有でないこと、「—」は甘蔗栽培奨励規程の該当箇所が存在しないことをそれぞれ示している。なお、製糖会社については1944年度階のものである。

(出所)台湾糖業研究会編 [1928-42] より作成。

II 四大製糖の甘蔗買収価格の変遷

表47 甘蔗買収最低価格の推移

(千斤当たり, 円)

		1930年	1931年	1932年	1933年	1934年	1935年	1936年	1937年	1938年	1939年	1940年	1941年	1942年	1943年	1944年
台湾製糖	車路墘															
	三崁店															
	湾裡	4.00	4.00	4.00	3.00	3.00	3.20	3.30	3.55	3.95	4.10	4.10	4.10	4.50	5.70	5.60
	楠仔頭															
	阿緱															
	東港															
	旗尾															
	後壁林	3.40	3.80	3.80												
	恆春	4.60	4.30	4.30	4.00	4.00	4.00	3.20	3.45	3.85	4.00	4.00	4.00	5.50	5.40	5.70
	埔里社	—	3.80	5.80				4.00	3.95	4.45	4.60	4.60	4.60	5.00	6.00	6.20
	台北												4.90	6.00		6.15
明治製糖	総爺	3.00		3.20										5.00		
	蕭壠	—	3.20	3.30	2.25	2.25	3.48	3.50	3.75	4.15	4.35	4.35	4.80	5.00	6.10	6.15
	蒜頭	4.00														
	烏樹林															
	南靖															
	渓湖	5.00		3.20	2.00	2.10	3.36	3.83	3.50	3.70	4.10	4.10	4.20	4.00	5.80	6.00
	南投	2.00	2.20	2.40	2.50	2.70	4.08	4.30	4.45	5.40	4.60	5.40	4.80	5.00	6.10	6.70
	虎尾	4.50	4.00	4.00	2.70	2.40	2.70	2.70	2.70	3.00	3.90	3.90	4.20	5.20	5.60	5.80
	北港	4.00				2.90	3.10	3.60	3.60	3.10	3.40	3.40	3.90	5.10	5.50	5.70
	斗六		4.80		3.20	3.30	3.60	3.60	4.10	3.80	4.20	3.90	4.10	5.20	6.00	6.30
	烏日	5.00	5.00	5.10	2.80	3.45	3.87	3.87	4.10	4.60	3.80	3.60	4.00	5.00	5.80	6.10
	月眉								2.70	4.60	3.80	3.80				
	龍巖								2.70	3.00	3.50	3.50	3.70	5.10	5.60	5.80
大日本製糖	彰化								3.30	3.60	3.40	3.40	4.00	4.70	5.30	5.60
	大林								3.80	4.20	4.25	4.25	4.25	5.30	5.50	5.80
	玉井													5.50	6.10	
	苗栗													4.80	5.40	5.40
	沙鹿													4.90	5.65	6.15
	台中													5.50	6.15	6.30
	潭子														5.80	5.90
	竹南													5.60		6.00
	新竹															
	埔子脚														5.95	6.15
塩水港製糖	新営	4.40	4.40	4.20	3.00	2.80	3.60	3.60	3.60	4.20	3.90	3.90	3.80	4.30	5.70	5.90
	岸内	4.50	4.50	4.30		3.00		3.00	3.20	3.20	3.20	3.20	3.50	4.50	6.10	6.30
	渓州	4.30	4.00	4.00	3.20	2.90	3.41	3.40	3.40	3.70	3.70	4.20	3.70	4.70	5.30	5.70
	花蓮港(寿・大和)															

(注) (出所) 表46に同じ。

また，米価比準法の導入後に高い最低価格が目立っており，台湾米穀移出管理令により基準が明確になったことで最低価格も引き上げられる形となった。製糖会社ごとの特徴としては，明治製糖の1938年以降の最低価格が例外なく上昇していたことが注目されるが，これまた同社の増産計画の成果に他ならなかった。

むすび
―甘蔗買収価格の決定プロセス―

　以上の考察を踏まえ，買収価格の構成要素と決定プロセスをまとめた図25に検討を加えていきたい。「中瀬文書」を用いた1920年代の甘蔗買収価格の分析によると[21]，① 価格の基準となる原料代，② 事前公表分の動機づけ要素である割増金と奨励金，③ 収穫後の調製段階での最終的な加除を行う調製賞与金や罰金の3段階に分かれていた。それに対し30年代に入りすべての原料採取区域で原料代がほぼ統一され，割増金と植付奨励金は同じ製糖会社であっても採取区域によって異なっていたことから，割増金が原料代とセットであった点で両者をもって狭義の買収価格と見なすことができ，植付奨励金は① 植付・収穫時期を指定し早植・晩収によって生育期間を確保する奨励金，② 水田での甘蔗栽培を優遇する奨励金，③ 質的増収を目指す奨励金，④ 品種指定その他の奨励金，以上4つに大きく分けることができた。なお，米価比準法は割増金にもっぱら導入され，水田を奨励する植付奨励金とともに重要な米糖相剋対策となっていたことは言うまでもない。

　と同時に，調製賞与金・罰金が前面に出ていた1920年代に対し，30年代以降の甘蔗買収価格の最大の特徴は調製賞与金の要素が割増金に加味され調製の良さを高い買収価格の前提条件とした点にあった。一方，最低価格の付帯条件に調製不良の要素が加えられるケースも多く，事実上の調製罰金を買収価格に反映させもっぱら最低価格にかつての罰金的要素が加味されていた。言い換えれば，20年代では調製賞与金と調製罰金は切り離されていたのに対し，原料代や割増金の前提条件として調製状況を組み入れた点が30年代以降最大の特

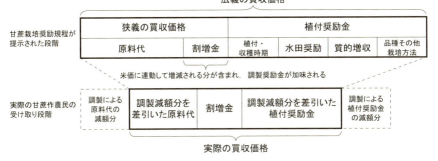

図25　甘蔗買収価格の構成要素と決定プロセス

(出所）筆者作成。

徴であった。

　図25の上半分が甘蔗栽培奨励規程が提示される段階の甘蔗買収価格であるが，広義の買収価格とは原料代と割増金の合計である狭義の買収価格に植付奨励金を加えた価格という関係にあった。一方，下半分は甘蔗作農民が実際に受け取る段階の買収価格であり，現実の買収価格は調製減額分を差引いた原料代に割増金と調製減額分を差引いた植付奨励金を加えた価格という関係が成り立っていた。また，1930年代以降の甘蔗買収価格の特徴として，最高価格と最低価格を軸に原料代や割増金のみならず植付奨励金に至るまで段階的な価格の提示がなされていた点が指摘でき，割増金その他の付帯条件をめぐって最高・最低価格の対照性が確認できる原料採取区域も数多く存在した。

　最終的には調製によって不良部分が減額されたことは言うまでもないが，その減額分に関する明確な基準が事前に提示されていた点に1920年代とは異なる透明性を確認することができよう。こうした傾向は台湾糖業令を受けて米価比準法が全面的に導入される42年の前年まで，米糖相剋が特殊地理環境と重なりあう重層構造を有する区域を中心に確認できた。

　すべての製糖会社が原料調達戦略に心血を注ぎ各社固有に見えた調達戦略も実は原料採取区域特有の対応に他ならず，最も特権的な環境にあった台湾製糖でさえ米糖相剋の重層構造に翻弄された台北では大きく異なっていた。要は，製糖会社間の違いより顕著だったのは採取区域間の違いであり，原料代，割増金，植付奨励金といった甘蔗栽培奨励規程の中身は会社ごとに一枚岩ではな

く，米糖相剋や特殊地理環境など工場の位置した原料採取区域ごとの違いの方がむしろ際立っていたことになる。

そして，その共通性は2つの点に見出された。1つは，最高・最低価格の対照性に象徴されるように，米糖相剋や特殊地理環境といった制約条件の克服に重点が置かれ，早植・晩収による生育期間の確保や指定品種による歩留り上昇への取り組みがほとんどの区域に共通して確認されたのである。いま1つは，分蜜糖生産のコスト削減を左右した甘蔗の買収価格であっただけに，本来ならその価格を可能な限り抑えたいにもかかわらず，安定調達に力点が置かれた結果むしろ買収価格を引き上げる方向へと向かわざるを得なかった。

以上，各社の原料調達戦略は低コストよりも安定供給に力を入れざるを得なかったのが製糖会社の現実であり，米糖相剋の重層構造が結果として台湾農民への収奪を緩和させた可能性はきわめて高いと言えよう。

史料2　大日本製糖月眉製糖所昭和十−十一年期甘蔗栽培奨励規程

一　原料買収価格
本期原料は左記価格を以て買収す

		田	畑
買収価格	毎千斤	金二円七十銭	金二円七十銭
割増金	同	金一円二銭	金八十一銭
計	同	金三円七十二銭	金三円五十一銭

　但　当社が指定したる海岸地域に対しては割増金を半額支給す

二　奨励事項
(一)　苗圃（発表済）
(二)　植付奨励金
当社が適当と認めたる水田に本項栽培法に従ひ蔗作したる者には蓬莱種粳籾の価格に比準し左記奨励金を交付す

千斤当籾価格（円）	原料毎千斤奨励金（円）
四〇・〇〇以上	〇・三六
四二・五〇以上	〇・四五
四五・〇〇以上	〇・五四

史料2　大日本製糖月眉製糖所昭和十-十一年期甘蔗栽培奨励規程

四七・五〇以上	〇・六三
五〇・〇〇以上	〇・七二
五二・五〇以上	〇・八四
五五・〇〇以上	〇・九九
五七・五〇以上	一・一四
六〇・〇〇以上	一・二九

右表籾の価格は台中米穀検査所に於ける中部米相場を基準として当社が発表したる昭和十年七月及び十二月中の平均籾価格とす

但　左記の原料に対しては前項割増金及植付奨励金を支給せず
1　当社の承認を経ずして昭和十年十月以降蔗園に灌漑し又は排水不備の為め浸水せしめたるもの
2　当社の承認を経ずして指定の調合肥料以外の肥料を使用したるもの
3　大埔，大坪頂其の他の山畑及指定海岸地域内に於ける原野及畑
4　運搬甚しく不便なる地方
5　旧大安製糖所区域
6　指定以外の品種

栽培方法
1　植付申込　早植は昭和九年八月末日迄，普通植は昭和十年一月末日迄に申し込むこと
2　品種　二七二五POJ
3　栽培作業　総て当社の指定に従ふこと

(三)　肥料貸付

当社が指定したる調合肥料を現品貸付す

但
1　肥料使用数量は左記の通り指定す

田甲当使用数量		畑甲当使用数量	
早植	普通植	早植	普通植
四〇叺以内	三五叺以内	三〇叺以内	二〇叺以内

2　肥料代金は実費を申し受く

(四)　早　植

早植をなし当社が適当と認めたるものには左記の奨励金を交付す

田，畑共　｛　七月植　甲当　金五十五円也
　　　　　　　八月植　甲当　金四十五円也

(五) 糊仔甘蔗

	植付時期	甲当収量	甲当奨励金
改良式糊仔	九月末日迄	－	金四十円也
在来式糊仔	十月十日迄	十五万斤以上	金二十円也
		十五万斤未満	金十円也

但 改良式糊仔甘蔗にありては別に定むる栽培指針に従ひ栽培を行ひたるものに限る

(六) 田普通植株出

当社の指定したる土地に第二期水稲収穫後甘蔗を植付け収穫後株出をなし次年期の原料とするものに対しては左記奨励金を交付す

　　　甲　当　金三十円也

但 株出を行はざるものに対しては甲当金十五円也を減額す

(七) 田集団

内埔庄，外埔庄及大甲街（大安渓以北を除く）並に大安庄（当社指定の海岸地域を除く）に限り原料採収線路より五町以内当社指定の土地（当社有権地を除く）に二甲以上の集団蔗作をなし別に定むる規程により耕作改善を行ひ排水を完全にしたるものには左記奨励金を交付す

　　　集団二甲以上　甲当　金十五円也

(八) 原料調製

四項(二)の2記載の標準に則り原料甘蔗の収穫調製を行ひ其の調製作業優良なるものに対しては原料毎千斤金二十銭以内の奨励金を交付す

但 左記原料に対しては其の程度に依り相当値引若くは減斤をなす

1　不良原料並に夾雑物を混入せるもの
2　梢頭部及蔗茎端末の除去不完全なるもの
3　甘蔗収穫以前に於て青葉及蔗尾を切り又は盗取せられたるもの
4　当社指定以外の材料を以て結束したるもの
　　　右査定は搔卸場其の他適当の場所に於て当社之を行ふ

(九) 蔗園火災救助

製糖開始前に於ける原料蔗園の火災による損害に対しては耕作者は原料毎千斤三銭を醵金し，当社も同額を醵出し右金額の範囲内に於て別に定むる規程により損害を補填す但残金を生じたる場合は醵出金額に応じ按分返還す

三　資金融通

本期資金は左記の通り融通す

(一) 耕作資金

植付済後二回に分ちて融通す
　　田　甲　当　金八十円以内
　　畑　甲　当　金五十円以内
(二)　小作料
小作料収納の慣習に因り一期又は二期に分ちて融通す
　　田　甲　当　金二百円以内
　　畑　甲　当　金五十円以内
(三)　蔗苗代金
当社が指定したる蔗苗を購入せんとする耕作者には相当資金を融通す
但　貸付金の利息は月八厘とし貸付の月より製糖開始の前月迄之を附し其の以後本期製糖終了の月迄は之を免除す

四　原料収穫
(一)　収穫順序
当社之を指定す
但　蔗園の状態によりては部分的に収穫する事あるべし
(二)　収穫並に調製
1　収穫及調製は耕作者の負担として会社の認定したる賃金を以て当社の指定又は承認せる請負人をして代行せしむこと
2　耕作者は当社の指定したる日時内に左記作業標準に則り之を行ふこと
作業標準
刈取　　　蔗茎は適当に切断し可成深刈を行ふこと
調製 (1)　剥葉は収穫と同時に之を行ふこと
　　 (2)　梢頭部除去の標準は蔗苗一本採の程度とし収穫時期及蔗園の状況により当社適宜之を指示す
　　 (3)　根削を完全に行ひ茎端は旧蔗苗より二寸以上を切り去ること
　　 (4)　枯死葉，腐敗茎，死尾茎，無尾茎，白露筍等の不良茎は之を除去し病虫鼠害茎は被害部を切除し夾雑物は之を完全に除去すること
　　 (5)　蔑仔又は乾燥月桃を以て完全に二箇所結束すること
(三)　蔗尾損供
耕作者は原料運搬役牛の飼料として蔗尾を無償提供し運搬の便を与ふること
(四)　運搬積込用地
原料運搬積込に必要なる土地の使用に対しては耕作者は無料使用を容認するは無論之が使用に就ては責任を以て便宜を図ること

228　第6章　甘蔗買収価格の決定プロセス

五　附則

(一)　支払金の計算
1　原料代其の他の支払金は原料受入済後当社の回収すべき総ての金額を控除し其の残額を支払ふものとす
2　面積は第一回蔗園調査面積に拠る

(二)　左記に該当する者に対しては本規程の買収価格，割増金，補助金の交付条項を適用せず
1　甘蔗耕作約定書を提出せずして耕作したる甘蔗
2　当社の承認を経ずして耕作者の名義を変更したる甘蔗
3　本規程第四項の各条項に違背したるもの
4　競売に付せられたる甘蔗
5　当社の承認を経ずして原料蔗園を採苗し又は蔗苗を区域外に搬出したるもの
但　全茎採苗に対しては貸付金及其の倍額を違約金として徴収す
6　製糖開始後の焼甘蔗及天災又は耕作管理の失当により製糖価値甚しく低下せる甘蔗

(三)　製糖開始前に於ける焼甘蔗，其の他製糖原料たるの価値なしと認めたるものは買収せず

(四)　原料甘蔗の重量単位をメートル法にて清算する場合は買収価格，割増金，植付奨励金，調製奨励金は総て毎千瓩換算価格を以て計算す
但　一〇〇〇瓩は一六六六・七斤とし厘位は切捨とす

(五)　本規程に就き疑義を生じたる場合は総て当社の解釈するところに依るものとす
　　昭和九年六月

（出所）台湾糖業研究会編［1934］27-31頁。

【注】
1　米糖相剋を中心とする甘蔗買収価格に関する先行研究としては，川野［1940］，根岸［1932］［1942］，孫［1953］，張［1953］，曾［1954］，古・呉［1996］，柯［2003］，陳・柯［2005］，久保［2006c］などが存在するが，米価と糖価の密接な関係を踏まえつつ甘蔗買収価格の決定プロセスを本格的に論じたのは久保［2014ab］が最初であり，本章は同研究を踏まえたものである。なお，本章で検討する甘蔗買収価格には割増金と植付奨励金は含まれるが，それ以外の各種奨励金は含まれていない。
2　1936年と43年の甘蔗栽培奨励規程には品種指定，肥料貸付，各種奨励金，収穫順序，調製賞与及び耕作資金が大部分の原料採取区域で採用されていた（台湾糖業研究会編［1934］［1941］）。
3　嘉南大圳の目的の1つは台南州に広範囲に広がる看天田と塩分地を改良することにあったが，看天田と塩分地の存在が嘉南大圳の完成に向けた最大の阻害要因となったのも事実である。ここで看天田と塩分地の分布を確認しておくならば，台南州9郡のうち看天田の甲数が特に大きいのは（カッコ内は製糖会社），嘉義（大日本，明治），東石（明治，塩水港），新営（明治，塩水港），曾文（明治，塩水港，昭和，台湾）の4郡であわせて95％を占めていた。塩分地はより広範囲に広

がり，北港（大日本），東石，北門（明治，塩水港）の3郡で77.3％，虎尾（大日本），新営，新北（台湾，昭和），新豊（台湾）とあわせて98.7％を占めていた（東海林・財津［1934］39-42頁より算出）。

4　甘蔗栽培奨励規程の詳細については，工場ごとの甘蔗奨励策の変遷を分析した久保［2007c］を参照されたい。

5　台湾糖業研究会編［1934］27頁。なお，蓬莱米価格の基準については「籾の価格は台中米穀検査所に於ける中部米相場を基準として当社が発表したる昭和十年七月及び十二月中の平均籾価格とす」（台湾糖業研究会編［1934］28頁）と記されていたが，蓬莱米に連動する甘蔗買収価格の場合には他の製糖会社も含め米価比準法の基準となる米市場が通常明記されていた。

6　株出法とは蔗茎を根元より刈り取り地中から新芽と新根を発生させるもので，鮮度の関係上1週間以内の植付が必要とされる蔗苗とは違い苗圃がいらない分収穫面積を拡大できるメリットがあったが，病虫害の管理をより徹底する必要があった（相良［1919］109，130-131頁）。1936年の糖業連合会台湾支部の調査結果によると，両期作田の作付面積の33.9％，畑の16.2％，両期作田の甲当たり収穫量の79.6％，畑の73.6％が株出となっており（「地目，新植，株出別来期蔗園明細　畑作原料が六割八分—糖連台湾支部発表—」『台湾日日新報』昭和9年8月18日付より算出），質的増産にも株出は有効であったことを示している。

7　水田をはじめとした集団奨励については，自営農園を所有することが困難な水田においてもまとまった甘蔗調達を可能とする方法として重視された。

8　糊仔甘蔗も一種の早植であるが，林本源製糖の原料採取区域の甘蔗作農民であった蔡有によって1922年10月偶然発見されたものである（佐藤［1926］会社篇122-123頁）。通常水田においては9月に水落ち10月収穫したうえで鋤耕・整地して初めて甘蔗植付となるところを，水落ちしていない水田に甘蔗茎を下す方法を糊仔甘蔗と呼ぶ（河野［1930］183頁）。糊仔甘蔗のメリットとしては早植よりもコスト面で優れ収穫量も多かった点が指摘でき，なかでも第一期米作の株間に甘蔗を挿植する一期糊仔甘蔗はその年の製糖期間中に収穫できることから甘蔗の促成栽培法としては注目されたが，肥培・管理には細心の注意を要した（張［1938］53-54頁）。

9　第4章表40の甲当たり甘蔗収穫量を見ても（千斤），塩水港製糖新営の単期作田は1930-35年平均127から36-40年平均138.8へと大きな伸びを示しており，スチームプラウ導入による看天田改善の成果が著実にあらわれている。

10　塩水港製糖の花蓮港のように割増金に濃度的要素を導入する原料採取区域もあれば（台湾糖業研究会編［1933］54-55頁），明治製糖の渓湖のように濃度奨励を支給する採取区域もあったが（表38参照），歩留り上昇を目的とする点では共通していた。

11　歩留りは水田より畑地，平地より山の手がそれぞれ高く（宮川［1931］38頁），歩留りが低い要因は気象と栽培・収穫の大きく2つに分類された。気象要因としては成育期の降雨・旱魃・風水害，成熟期の気温の高低と雨量，栽培・収穫要因としては病虫害，製糖着手期・終了期の遅れ，原料運搬の遅れ，圧搾機の優劣，秤量の不正確さ，調製不良それぞれがあった（小野・杉野［1920］132-133，143-144頁）。

12　例えば，明治製糖の総爺・蕭壠の「昭和十四−十五年期蔗作奨励規程」の「雑則」には「指定外品種……の契約を為さずして植付けたる蔗園並に其の生産原料に対しては耕作資金，肥料の貸与並に諸奨励金の交付を為さず買収価格及割増金は買収の都度之を決定す」（台湾糖業研究会編［1938］9頁）とあり，指定品種採用の有無をめぐる対照性が存在した。

13　例えば，1937年の甘蔗栽培奨励規程に当たる台北の「第参拾七期甘蔗買収価格並栽培奨励規程」の「第七　買収価格条件」には「指定品種を二七二五POJとし，二八八三POJ，二八七八POJの両種は毎千斤に付割増金拾五銭を減額す但試作の目的を以てする場合は特別の取扱をなすことあるべし」（台湾糖業研究会編［1935］10頁）と割増金の減額だけであったのに対し，38年の「第参拾

八期甘蔗買収価格並栽培奨励規程」の「第七　買収価格条件」には「一　甘蔗品種　当社の認定せざる品種は凡て甘蔗千斤当原料代金五十銭を減額し且特別割増金及植付奨励金を支給せず」（台湾糖業研究会編［1936］10頁）と原料代，特別割増金，植付奨励金が減額ないし支給停止の対象となるに至った。
14　植付時期は早植，収穫時期は晩収をそれぞれ意味し，甘蔗の生育期間を最低 18 ヶ月は確保したい各社の思いが込められた内容となっている。
15　台湾総督府『第二十統計』50-53 頁，『第二十一統計』48-51 頁，『第二十三統計』52-55 頁，『第二十五統計』50-53 頁。
16　1936 年末の原料採取区域内の地目別甘蔗作適地割合によれば，大日本製糖の水田割合は虎尾（第 1・第 2）81.6％，龍巌 89.5％，斗六 48.4％，北港 78.1％，月眉 88.2％，烏日 61.1％，大林 64.8％，彰化 83.5％となっており（台湾総督府『第二十六統計』6-7 頁），9 割近い月眉を筆頭に水田の占める割合の高さが確認できる。
17　「備考」の特徴としては，月眉を除き植付時期に関する記述が中心だったが 1935 年以降は収穫時期の記述も増え（久保［2014b］所収の付表 2 参照），台湾製糖と同様に甘蔗の生育期間を確保し歩留りを上昇させるための条件を提示した。同付表の植付時期をめぐる記述のうち烏日には（台地）畑に限定して指定されており，36 年末の甘蔗作適地で実に 35.7％を山畑が占めるという特殊事情が反映されていた（台湾総督府『第二十六統計』6-7 頁）。
18　米糖相剋の深刻な月眉には早くから米価比準法が導入されていたのみならず，大日本製糖の原料採取区域のなかでも常に高い甘蔗買収価格を示していたが，1940 年からは甲当たり奨励金へと変化したため他の区域との比較が困難となった（後出表 46 参照）。
19　例えば，総爺・蕭壠の「昭和十四－十五年期蔗作奨励規程」所収の「指定品種」には「本期指定品種ハ爪哇実生二七二五号，同二八七八号，同二八八三号及台湾実生一〇八号とす」（台湾糖業研究会編［1938］8 頁）とある。なお，1932 年から 40 年までの明治製糖すべての原料採取区域に指定外品種の混在を減額対象とする付帯条件が確認でき，33 年からは「左記に該当する原料は事情の如何により一割以上を減額す……（六）当社の承認を受けずして異筆，異品種其他買収価格割増金奨励金等の支給額を異にする原料を混積せるもの」（台湾糖業研究会編［1931］34 頁）とあるように，買収価格（ないしは割増金を含め）1 割以上という具体的な減額基準が示されるに至った。
20　原料採取区域内の地目別甘蔗作適地割合（1936 年末）によると，南投と渓湖の水田割合は 41.4％，53.7％と必ずしも高くなかったが（台湾総督府『第二十六統計』6-7 頁），嘉南大圳の恩恵を受けなかったこれら採取区域では，三年輪作という米との共存策がなかったために肥沃な水田をめぐって二者択一的な米糖相剋が展開され，それだけ米価比準法を早期に導入する意味は十分にあった。
21　1920 年代の甘蔗買収価格については，「中瀬文書」を用いて分析した久保［2006c］に詳しいので参照されたい。

終章

I 四大製糖の革新的企業者活動

　近代製糖業の経営史的研究を失敗と再生及び後発企業効果という2つの視角から総括するに先立って，当該業のメインプレイヤーである四大製糖に関して革新的企業者活動という視点からまずは比較しておきたい。第1章から第4章のむすびにおいて各社の企業経営の歴史を3つのレベルの革新的企業者活動によって整理したが（第1章表13，第2章表21，第3章表32，第4章表43参照），以上4表をもとに整理した2つの表によって比較していく。1つが3つの革新的企業者活動のうち成功を収めた企業者活動の頻度を比較した表48。いま1つが近代製糖業を四大製糖体制へと収斂させていく節目となった3度の業界再編に着目し，各社が再編期をビジネスチャンスとしていかに活用していったのかを比較した表49である。両表をもとに四大製糖の企業者活動の革新性を比較することから始めたい。

表48 革新的企業者活動をめぐる四大製糖の比較

	台湾製糖	大日本製糖	明治製糖	塩水港製糖
ビジネスチャンスの獲得	8 (5)	6 (6)	4 (2)	5 (2)
制約条件の克服	1 (0)	5 (0)	2 (0)	4 (0)
制約条件のビジネスチャンス化	3 (3)	4 (4)	4 (4)	3 (3)

　（注）　各数字は革新的企業者活動の○と◎の合計数，（　）内は◎の数をそれぞれ示しており，両者の差は○の数である。
　（出所）　第1章表13，第2章表21，第3章表32，第4章表43より作成。

　まず，革新的企業者活動の頻度を比較した表48に目をやると，ビジネスチャンスの獲得については台湾製糖が8と最も多く，◎に限定すると大日本製糖が6と最も多くなっている。近代製糖業のパイオニアとして誕生した台湾製

糖が「準国策会社」のメリットを享受する形でより多くのビジネスチャンスを獲得するものの，創立期を除くビジネスチャンスには同社の高い革新性は必ずしも確認できなかったのであり，後発各社が台湾製糖をキャッチアップしついには大日本製糖がトップに躍り出ることにも繋がるのであった。

　続いて同表の制約条件を比較していくと，制約条件の克服は大日本製糖が5，制約条件のビジネスチャンス化は大日本製糖と明治製糖が4と最も多くなっている。大日本製糖に関しては，失敗と後発という二重の制約条件をいかに克服しビジネスチャンス化していったかが，長期間トップであり続けた台湾製糖を逆転できた要因を解明するうえでの最大のポイントとなる。一方，明治製糖に関しても大日本製糖とともに台湾製糖を急激にキャッチアップしつつ「大明治」の重層的多角化を成功裏に推し進めたポイントとして，後発企業の制約条件をいかに克服しビジネスチャンス化していったのかが重要となる。

　そうした意味でも先発の台湾製糖にビジネスチャンスの獲得が目立ち，後発の大日本製糖，明治製糖に制約条件の克服やビジネスチャンス化が目立ったという好対照の傾向が確認できたことは，後述する後発企業効果を論じるうえでも示唆に富んでいる。また，革新的企業者活動の合計数で大日本製糖が15と際立っている点も失敗と後発という二重の制約条件を克服していった同社ならではの革新数であり，その結果が鮮やかなトップ台湾製糖の逆転劇に他ならなかったことをあらかじめ確認しておきたい。

表49　業界再編をめぐる四大製糖の比較

	台湾製糖	大日本製糖	明治製糖	塩水港製糖
第1次業界再編	◎			○
第2次業界再編	○	◎	◎	○
第3次業界再編	○	◎	○	

（出所）表48に同じ。

　次に，業界再編をビジネスチャンスとして活用できたかどうかを整理した表49に目を転じていくと，第1次再編を活用できたのは資本，原料調達，販売の各方面で優位性を有する台湾製糖だけであった。言い方を換えるならば，創立時のリソース面の優位性を糧に競争優位を維持していったからこそ原料採取

区域を隣接する製糖会社を中心に合併・吸収していく好機として活用できたのであり、その生産基盤の拡充が長期にわたる競争優位の源泉として機能したのである。なお、塩水港製糖の○は台東拓殖を合併し社名を塩水港製糖拓殖に変更した台湾東部進出を示すものであり、特殊地理環境との対峙を余儀なくされた点で○にとどまっている。

かたや後発製糖会社により大きなビジネスチャンスとして作用したのが東洋製糖をめぐる第2次再編期であった。なかでもその獲得を成功させたのがトップ台湾製糖を一気にキャッチアップするに至る大日本製糖と明治製糖であった一方で、同様に大きな転機となるはずだった塩水港製糖の場合は内地精製糖への進出が裏目に出た。金融恐慌という経営環境の激変が重なって第2次再編期のせっかくの大型合併が相殺され、恩恵を被るのは大日本製糖と明治製糖を中心とする他の3社となったのである。

そして、四大製糖体制へと収斂していく第3次再編期をまずはビジネスチャンスとして活用したのが昭和製糖、帝国製糖と合併し一気にトップに躍り出た大日本製糖であり、質量ともに台湾製糖や明治製糖の合併とは比較にならない点で最も革新性の高いビジネスチャンスの獲得であったと評価できる。

以上、第1次再編だけは先発の台湾製糖に有利に作用したものの、第2次再編は後発の大日本製糖と明治製糖に、第3次再編はもっぱら大日本製糖にそれぞれ有利に作用した事実は、業界再編がむしろ後発企業にビジネスチャンスとして機能し、大日本製糖と明治製糖はそのチャンスを獲得できたからこそ後発企業効果が可能となった点で興味深い結果となっている。

Ⅱ　2つの分析フレームワーク

四大製糖体制という形でメインプレイヤー4社へと収斂していった近代製糖業であったが、その実態は4社のすみ分けといった静態的な寡占状態ではなく首位逆転に象徴される動態的な企業間競争であった。では、個々のプレイヤーの企業経営も順風満帆に推移したのかと言えばパイオニア台湾製糖を除き波瀾万丈の歴史を歩むことになった。

失敗と後発という二重の制約条件を克服してみごと首位逆転を果たした大日本製糖，失敗こそ経験しなかったものの後発性を克服すべく多角化を実践した明治製糖，台湾製糖に次ぐ歴史を持ちつつも金融恐慌期の失敗からの再生を余儀なくされた塩水港製糖といった具合である。そして，3社が失敗ないし後発という制約条件を克服，ビジネスチャンス化していったことから，近代製糖業における激烈な企業間競争とは失敗からの再生と後発企業効果に向けたライバル企業間の革新的企業者活動の応酬であったことになる。

そこでⅢとⅣにおいて失敗と再生，後発企業効果という視点から検討を加えるに先立ち，それぞれの分析フレームワークをあらかじめ確認しておきたい。まずは失敗と再生のフレームワークであるが，その出発点となったのが宇田川・佐々木・四宮編［2005］である。同研究が失敗分析を中心に提示した新たな分析フレームワークには大きく2つの特徴があった[1]。第1に失敗をもたらす過誤を α) 経営環境（市場，技術）の変化に対する認識レベル，β) 同変化に対する対応レベルの2つの過誤に分け，α，β いずれの過誤に失敗の要因は見出されるのかを意思決定レベルから論じた点である。

第2に企業の失敗からと再生への歴史的プロセスを，A局面：事前→B局面：経営環境（市場・技術）の変化→C局面：危機（業績悪化・ポジション後退）の発生→D局面：危機の構造（長期）化→E局面：事後対応→F局面：帰結という7局面に分けて整理することで失敗に至るプロセスとともに失敗から再生していく（ないしは，再生することなく危機が長期化する）プロセスを長期的に考察し，再生できたケースとできなかったケースとの分水嶺を明らかにすることを可能とした点である。

その一方で，宇田川・佐々木・四宮編［2005］には課題も残された。失敗分析に重きが置かれたためにE→Fの再生に至るプロセスが具体的に論じられることはなく，結果として再生を可能とする主体的条件について論じる事例は必ずしも多くなかった。以上の課題を踏まえ，失敗から再生・飛躍に至るプロセスを3つの革新的企業者活動（序章参照）との関連で失敗と再生の分析フレームワークを再構築してみたい。具体的には，失敗局面をめぐる失敗分析を経営環境の変化に対する認識・対応から論じる点で先行研究を踏まえつつ，失敗の教訓化が失敗分析によって導き出されているか，その教訓を整理局面以降

において実践されているかを本フレームワーク最大の独自性として加味するものであり，再生局面や飛躍局面における制約条件の克服や制約条件のビジネスチャンス化の前提として教訓を活かしていたかどうかに特に注目したい。

次に，後発企業効果の分析フレームワークを構築するうえで対話すべき先行研究として Lieberman and Montgomery [1988] がある。同研究は後発企業ゆえの優位性と劣位性について次の7点を指摘した[2]。すなわち，後発企業の優位性（＝先発企業の劣位性）が発生する条件として，1) 後発企業のただ乗り効果（R&D，インフラ），2) 不確実性の解消，3) 技術や消費者ニーズの変化，4) 先発企業の慣性の4点が，後発企業の劣位性（＝先発企業の優位性）が生じる条件として，5) 先発企業の技術的リーダーシップ，6) 先発企業による稀少資源の先取り，7) 消費者のスイッチングコストの3点を指摘した。

以上7点の後発企業の優位性・劣位性を後発性のメリット・デメリットと読み替え革新的企業者活動と関連づけて考えるとき，4つの後発性のメリットはビジネスチャンス，3つの後発性のデメリットは制約条件とそれぞれ理解でき，後発性のメリットの内部化はビジネスチャンスの獲得，後発性のデメリットの克服は制約条件の克服をそれぞれ意味することになる。そして，先発企業を逆転ないし猛追するためにはこうした後発性のデメリットの内部化をはじめとしたビジネスチャンスを獲得し，後発性のデメリットを中心とする制約条件を克服，ビジネスチャンス化していくことが不可欠となっていく[3]。

そこで後発企業効果を実現するまでのプロセスを整理しておくと，後れて市場参入する後発企業にとってとりわけ重要となるのが市場参入前の準備期間であり，市場におけるポジショニングや自社のリソースといった企業内外の状況を見極め市場参入は可能かどうかを見極めることが重要となる。そして，市場参入の意思決定を後押しするのが後発企業にビジネスチャンスとして機能することの多い経営環境の変化であり，それまで先発企業に有利に働いていた経営環境が変化するだけにその見極めは市場参入に際して最も重要となる。続いて，先発企業をキャッチアップする局面において重要となるのが制約条件をいかに克服するかであり，その克服がビジネスチャンス化のレベルにまで達することでキャッチアップは首位逆転ないし猛追という劇的な結果へと至ることになる。

最後に，失敗企業が再生・飛躍を果たすまでのプロセス，後発企業が先発企業を猛追・逆転するまでのプロセスにおいて革新的企業者活動はどのように影響していくのかを考えてみたい。まず再生から飛躍までのプロセスだが，① 失敗分析から学んだ教訓を認識しその実践へと歩み出す失敗からの整理局面，② 失敗の教訓を活かしつつ失敗の初期制約条件を克服することで業績を大きく回復させる再生局面，そして，③ 教訓を活かしながら制約条件をビジネスチャンス化することでかつて経験したことのない業績を達成する飛躍局面，以上3つの局面に分けることができる。

一方，後発企業効果を実現するまでのプロセスについては，後発企業のゴールを先発企業への猛追ないしは逆転と捉えるならば，そこに至るプロセスは大きく3つの局面に分けられる。すなわち，① 企業内外の後発性のメリット・デメリットを見極め後れて市場参入を果たすだけの価値があるかどうかを見定めつつメリットの内部化をスタートする市場参入前の局面，② 大きなビジネスチャンスとなる経営環境の変化を活用するなどして参入を意思決定し後発性のメリットを文字通りのビジネスチャンスとして獲得する市場参入局面，そして，③ 後発性のデメリットを中心とした制約条件を克服しビジネスチャンス化する革新的企業者活動によって先発企業をキャッチアップし逆転ないし猛追する局面，以上3局面である。

Ⅲ 失敗と再生をめぐる比較

まずは失敗企業が再生・飛躍を遂げていく事例となる大日本製糖と塩水港製糖について，再生・飛躍へのプロセスにおいていかなる革新的企業者活動を成し遂げたのかを整理した第2章表21と第4章表43に検討を加えていきたい。両表を比較して気づくのは失敗局面の時期の違いであり，金融恐慌期の1927年に失敗した塩水港製糖に対し失敗局面が精製糖時代に到来した大日本製糖の場合では再生から飛躍へと向かっていく期間が長期に及んでいる。首位逆転への劇的な飛躍プロセスと重なるダイナミックな歴史を歩んだこととも関係し，同社の15もの革新的企業者活動は塩水港製糖の12を上回ることになった。

では，塩水港製糖の失敗から再生・飛躍に至るプロセスが大日本製糖より容易だったのかというと決してそうではない。ここで忘れてはならないのは塩水港製糖の特殊事情である。すなわち，精白糖に関しては事実上耕地白糖を中心に事業展開していった同社にとって，1930年代に入りライバル各社が競って追随するほど需要が拡大していった耕地白糖のパイオニアであったことは，再生から飛躍局面においてコアコンピタンスとして大きな意味を持つことになった。革新的企業者活動の数こそ少ないものの耕地白糖を軸とした企業者活動の革新性においては大日本製糖にも引けをとらないだけのものがあり，それゆえに再生から飛躍へと踏み出すことができたのである。そうした意味では，事業戦略の転換後の大日本製糖も含め，自社の強みに集中して事業を展開していくリソース運用のありようがとりわけ失敗企業が再生できるか否かの分水嶺となるのではないか，というインプリケーションを導き出すことができる。

次に先述した分析フレームワークを踏まえ，失敗企業の再生にとって最も重要となる失敗からの教訓化について両社を比較していくと，1) 経営環境の変化を中心とした市場動向を冷静に見極めること，2) 企業経営，経営基盤，株主配当いずれにおいても堅実経営を忘れないこと，3) トップマネジメントが本業に精通していること，以上3点に大日本製糖の教訓は集約できた。一方，塩水港製糖の教訓とは1) 市場動向を慎重に見極めること，2) 堅実経営を実践していくことの2点であった。以上，慎重な市場動向の見極めと堅実な企業経営という教訓は両社に共通しており，今日的にも失敗企業が再生していくうえでのポイントとなるのではないかとのいま1つのインプリケーションを導くことができよう。

Ⅳ　後発企業効果をめぐる比較

大日本製糖と明治製糖の後発企業効果に向けたプロセスを比較していくが，第3章表32の明治製糖の比較対象となるのは第2章表21である。先に言及したフレームワークを踏まえるとき，注目すべきは市場参入に際し重要となる後発性のメリットの内部化である。そこで両社の後発性のメリットを確認してお

くと，前述した1) ただ乗り効果（R&D, インフラ），2) 不確実性の解消，3) 技術や消費者ニーズの変化，4) 先発企業の慣性という4点のメリットのうち，近代製糖業における大きな消費者ニーズの変化とは1930年代以降の耕地白糖需要の拡大であり，大日本製糖と明治製糖が市場参入する段階ではなかったことから3)は両社ともに当てはまらない。

　しかし，パイオニア台湾製糖の存在と台湾総督府の糖業振興策の甲斐あって，市場参入する際のリスクは低くなっていた点で1) 2)は享受できたし，近代製糖業の発展を牽引することを第一義と考えたパイオニア企業の堅実至上主義ゆえに4)についても後発2社はメリットとして享受できた。失敗と再生における教訓化をめぐって大日本製糖と塩水港製糖との間に共通点と相違点双方が存在したのに対し，後発性のメリットをめぐっては共通点だけが見出されたのである。これは後れて市場参入する際に見極めるべき先発企業が共通していたこと，同じ近代製糖業に位置したゆえに経営環境の変化も同じだったこと，台湾分蜜糖市場へと参入する時期にさほど大きな違いは見られなかったことによるものである[4]。

　一方，後発性のデメリットについても確認していくと，5) 技術的リーダーシップ，6) 稀少資源の先取り，7) スイッチングコストの3点をすでに指摘したが，台湾製糖が技術的優位性を囲い込むことなく近代製糖業の発展のためにオープンにしたことから5)は当てはまらない。次に，稀少資源としては原料甘蔗をもたらす原料採取区域があり，台湾製糖の甘蔗栽培に最も有利な南部の採取区域は確保されていたという点で6)は当てはまる。また，内地や台湾の消費者にとってのスイッチングコストについては，耕地白糖への消費者ニーズの高まりが如実に物語るように，低価格高品質の砂糖を購買する志向が強かったことから7)は当てはまらない。

　唯一デメリットと考えられる6)の原料採取区域に関しても，一連のM&A戦略によって採取区域を拡大することで緩和されていった。ただし，それとのトレードオフの関係をなしたのが米糖相剋の重層構造という制約条件であり，それを克服することなく6)のデメリットの克服もなし得なかったのである。

　最後に，大日本製糖と明治製糖の革新的企業者活動を比較すべく後発性のメリットの内部化との関係に目を向けるならば，両社ともメリットをビジネス

チャンスの獲得へと結びつけたという点で共通して内部化したものの，M&Aの回数と規模からして明治製糖を上回る革新性を大日本製糖は有していたのであり，単なる後発企業ではなく失敗企業でもあった同社がみごと首位逆転を演じるポイントともなった。また，制約条件のビジネスチャンス化が早くも市場参入局面で確認できた点も後発企業効果に大きく影響しており，台湾分蜜糖への本格参入が後にナンバーワンとなる礎を築く革新的企業者活動となった。

一方，後発性のデメリットとしての米糖相剋や特殊地理環境への柔軟な対応は大日本製糖に限られたものではなく明治製糖や塩水港製糖にも確認できる。しかし，厳しい環境にある原料採取区域を相次ぐ合併によって傘下に収めていくしかなかった大日本製糖だけに，その制約条件の大きさは計り知れないものがありそのハードルは明らかに高いものであった。

なお，市場参入前局面や参入局面も含めすべての局面でまんべんなく革新的企業者活動が実践されていった大日本製糖に対し，明治製糖はキャッチアップ局面に集中していたことが特徴である。「大明治」全体の多角化にまずは重点が置かれていた同社にとって，親会社である明治製糖において革新的企業者活動が展開されていくのは第2次再編期に東洋製糖が所有していた南靖と烏樹林を買収して以降であり，なかでも1937年に自社のアキレス腱であった農事方面の脆弱性を克服することに成功したことの意義は大きかった。

要は，後発製糖会社であった両社に後発企業効果を発揮させた最大のポイントとは，先発製糖会社が優先的に占めていた原料採取区域を業界再編を利用したM&Aによって獲得していくという制約条件のビジネスチャンス化に他ならず，この企業者活動の革新性によってもたらされた両社のダイナミズムなくしてはパイオニア台湾製糖を逆転ないし猛追するという劇的な成果もあり得なかったのである。そうした意味では，失敗企業の再生・飛躍と後発企業効果のいずれを実現するうえでも，その最大の原動力となったのはやはり創造的適応という名の革新的企業者活動に他ならなかった。

V 企業間競争を基調とした近代製糖業のダイナミズム

1 革新的企業者活動の相互連携的展開

　糖業連合会を舞台として利害調整機能や経営資源補完機能を中心とした協調行動をとり続けた近代製糖業であったが，その協調は競争を基調とした限定的なものであった。そして，本書が明らかにした当該業の実態とは日常的に展開されたメインプレイヤー4社による激烈な企業間競争そのものであり，戦前の先行研究が寡占状態と結論づけたような静態的な産業ではおよそなかったのである。
　換言するならば，順風満帆な企業経営を全うできたメインプレイヤーは1社も存在しなかった。パイオニア企業ゆえの想像を絶する初期制約条件を乗り越え，長期にわたり競争優位を維持するもののついには逆転された台湾製糖。日本精製糖業の先駆けでありながらも日糖事件により倒産寸前まで追い込まれ，後れて進出した台湾分蜜糖によって再生・飛躍しトップ企業に躍り出た大日本製糖。近代製糖業の不安定性を克服すべく経営多角化に着手し，「大明治」と称される重層的な多角化展開を軸に後発企業効果を発揮した明治製糖。そして，近代製糖業発展の牽引役となる耕地白糖を発明しつつも金融恐慌期の大型合併が災いして失敗局面に陥り，耕地白糖の需要拡大をテコに再生・飛躍を果たしていった塩水港製糖。以上，四大製糖でさえも失敗と後発をはじめとした一筋縄ではいかない制約条件を克服することなくして生き残ることはできなかったのである。
　そこでこれまで論じてきた四大製糖各社の革新的企業者活動について，個々の企業者活動の相互連携に重点を置きつつ失敗企業，後発企業，パイオニア企業ゆえの制約条件をそれぞれ克服していくプロセスをふり返ることで近代製糖業のダイナミズムを総括していきたい。後発製糖会社3社の革新的企業者活動を相互連携的展開という視点から図示したのが図26～図28であり，パイオニア台湾製糖の革新的企業者活動を整理した第1章表13にもとづき作成したのが図29である。

V 企業間競争を基調とした近代製糖業のダイナミズム　241

図26　大日本製糖における革新的企業者活動の相互連携的展開

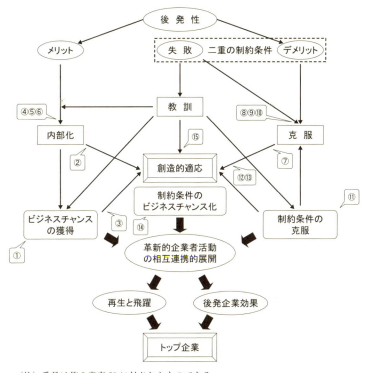

(注)　番号は第2章表21に付されたものである。
(出所)　筆者作成。

　まずは失敗（⑬）と後発（⑫）の二重の制約条件と対峙した大日本製糖である。同社にとっての後発性のメリットとデメリットを考えあわせるとき，大部分の後発性のメリットを内部化していくなか唯一留保されたのが消費者ニーズの変化であった。たしかに後発企業という視点から見る場合，内地精製糖からスタートした同社には台湾分蜜糖の技術変化にともなう消費者ニーズの変化を享受することは当初限定的だったが，台湾分蜜糖へと重点移動して以降は耕地白糖の需要拡大（③）含めビジネスチャンスとして獲得していくのであった。
　一方，分蜜糖への本格的参入となった東洋製糖合併（②）以降の局面では，分蜜糖のなかでも耕地白糖の台頭という変化が進行した点ですべての後発性のメリットを享受できたことになるが，その内部化をめぐっては一連のビジネス

チャンスの獲得が大きな意味を持った。なお，その際失敗から学んだ教訓が活かされていた点が重要であり，東洋製糖の合併に際し鈴木商店の負債（⑮）を返却し健全な財政基盤を確立すべく明治製糖に2工場を事実上売却した現実的意思決定を典型事例としていま一度想起されたい。

一方，後発性のデメリットについても相次ぐ合併（②④⑤⑥）によって原料採取区域を拡大するというビジネスチャンスの獲得，米糖相剋や特殊地理環境といった制約条件（⑦）の克服があいまって，台湾製糖以上の甘蔗収穫量を可能とする広大な採取区域を獲得することで制約条件をビジネスチャンス化し，先発製糖会社による稀少資源の先取りというデメリットもクリアしたことからすべての後発性のデメリットを克服したことになる。

要は，大日本製糖による合併戦略を軸とする飛躍に至るプロセスとは後発性のメリットすべてを内部化しすべてのデメリットを克服していったプロセスだったのである。そして，それを可能としたのが創造的適応を中核とする革新的企業者活動の相互連携的展開に他ならず，再生から飛躍へと向かった同社はパイオニア企業を大逆転するという後発企業効果をも実現するのであった。

次に，塩水港製糖について確認すべく図27に目を転じると，失敗からの再生と飛躍に限定されるため大日本製糖よりはシンプルであるが革新的企業者活動相互の連携を同様に確認できる。なかでも注目すべきは，同社のコアコンピタンスとも言える耕地白糖をめぐるビジネスチャンスの獲得（④）が失敗からの再生・飛躍を可能とするうえでも最大のポイントとなり，制約条件のビジネスチャンス化へと連携していった点である。

また，失敗局面を迎えることで旗尾と恒春の2工場を売却したのとは対照的に，渓州は最後の最後まで手放さなかったほど魅力的な原料採取区域を有しており，それだけ林本源製糖との合併（③）はビジネスチャンスの獲得が創造的適応にも連動するものとなった。一方，制約条件の克服については全島に分散した米糖相剋や特殊地理環境（⑥）といった制約条件を様々な甘蔗奨励策によって克服した点も，失敗からの再生・飛躍をもたらす創造的適応へと繋がった点で看過できない。

以上，塩水港製糖における再生・飛躍へのプロセスとは3つのレベルの革新的企業者活動がまさに相互に連携しつつ展開していった結果に他ならなかっ

V 企業間競争を基調とした近代製糖業のダイナミズム　243

図27　塩水港製糖における革新的企業者活動の相互連携的展開

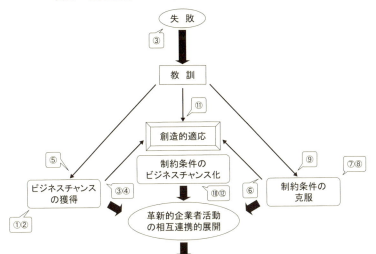

（注）番号は第4章表43に付されたものである。
（出所）筆者作成。

た。なお，最後に忘れてはならないのは失敗局面から学んだ教訓をこれまた活かしていた点であり，自社最大のリソースである耕地白糖の需要拡大（④）に対し柔軟に対応していく形で活かされていった。

　続いて，大日本製糖とともに後発性という制約条件を克服することを余儀なくされた明治製糖について図28に検討を加えていきたい。ビジネスチャンスの獲得としては南靖と烏樹林を傘下に収め（②）キャッチアップをスタートさせたわけだが，台中州の原料採取区域も抱えていた同社にとって南部の採取区域を拡大できたことは制約条件の克服という点でも大きな前進であった。そして，この制約条件の克服が後発製糖会社という制約条件（⑦）をビジネスチャンス化し後発企業効果のレベルまで台湾製糖へと猛追させたのであり，まさに3つの革新的企業者活動の連携こそがなせる技であった。

　と同時に，甘蔗栽培に有利な原料採取区域をより効果的なものへと推し進めたのが他でもない相馬半治復帰後の農事方面の重視（⑩）であったわけだが，

244　終　章

図28　明治製糖における革新的企業者活動の相互連携的展開

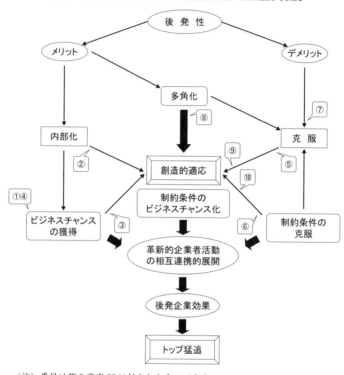

（注）番号は第3章表32に付されたものである。
（出所）筆者作成。

失敗局面の責任を取って社長を退いた点で（⑥），塩水港製糖の槇哲との共通点を見出すことができる。失敗の当事者であった槇と明糖事件の嫌疑をかけられただけの相馬の違いこそあれ，1つのけじめをつけるために社を離れた潔さとともにそれまでの自社の脆弱性を改革すべく「現状維持は退歩なり」（明治製糖）と「増産十ヶ年計画」（塩水港製糖）という形でアキレス腱であった農事方面へのテコ入れに踏み切った点に注目したい。なぜなら，大日本製糖も含め後発3社がパイオニア台湾製糖に長期の競争優位を許してしまった最大の要因とはこの原料面をめぐる劣位性に見出されたからである。とりわけ大日本製糖ほどのM&A戦略を展開し得なかった明治製糖と塩水港製糖の場合，甲当たり甘蔗収穫量の増加や歩留りの上昇による質的増産に力を入れる以外に実質

的な原料甘蔗の増収は期待できず，近代製糖業の「心臓部」であった原料を増やすためのまさに至上命題となっていたのである。

すなわち，農事方面の根本的見直しなくして両社の台湾製糖へのキャッチアップはあり得なかったということであり，こうした創造的適応の名に値する意思決定がしばしトップの座を離れた経営者によって共通してなされたことは大変興味深い。なぜなら，失敗の有無を問わずマンネリ化回避という観点からも，カリスマ経営者だからこそ経営と距離を置いて冷静に考える期間の必要性を2つの事例が示唆しているからである。なお，明治製糖に後発企業効果をもたらしたいま1つのポイントとして，販売網喪失（⑨）に際しての自社販売網の構築があったことを塩水港製糖とともにいま一度確認しておきたい。

2　激烈な企業間競争と近代製糖業のダイナミズム

最後に，台湾製糖の革新的企業者活動についても検討を加えたい。ついには大日本製糖に逆転を許すことから「準国策会社」的性格のネガティブな側面を強調したのが久保［1997］であったが，はたしてポジティブな企業者活動は存在しなかったのであろうか。言い換えるならば，台湾製糖には創造的適応の名に値する革新的企業者活動や相互連携の展開は存在しなかったのであろうか。結論を先取るならば，創造的適応を中心とした革新的企業者活動の相互連携は存在した。そこで図29によって以上の問いに答えていきたい。

失敗や後発といった制約条件こそ存在しなかったものの，日本初の植民地経営を軌道に乗せるか否かの試金石ゆえの初期制約条件が近代製糖業のパイオニア企業のデメリットとして存在していた。そして，その制約条件を乗り越えるべく付与された「準国策会社」的性格こそがパイオニアゆえのメリットに他ならず，資本，生産，販売それぞれの特権的側面（①②③）という先発性のメリットを内部化[5]させたことがビジネスチャンスの獲得へと結びついていったのである。また，後発製糖会社がそのデメリットを制約条件の克服やビジネスチャンス化によって克服していったのに対し，台湾製糖はパイオニア企業ゆえのメリットを内部化することによって克服した点に特徴を有しており，「準国策会社」の特殊性として久保［1997］がこだわった理由も実はここにあったのである。

図29 台湾製糖における革新的企業者活動の相互連携的展開

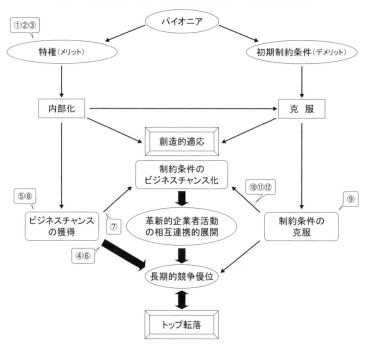

(注) 番号は第1章表13に付されたものである。
(出所) 筆者作成。

　しかし，その特殊性だけをもってしては台湾製糖の30年以上に及ぶ競争優位を説明することはできない。同社に長期にわたる競争優位をもたらしたものとは何だったのかと言えば，それは革新的企業者活動の相互連携的な展開に見出されたのである。長年会長を輩出した同社の糖業連合会におけるコーディネーター機能が「準国策会社」として誕生したゆえのものであったことはたしかだが，だからと言って消極的な企業経営を営んでいたわけではなかった。「競争を基調とした協調の模索」という限られた協調局面，すなわち，連合会メンバーの利害一致を見た産糖調節期や解散の危機に直面した一部の局面を含め，コーディネーター機能とともにトップの優位性を持続させるための競争行動を重視したというのが同社の現実の姿であった。

　近代製糖業の発展を牽引するリーダー企業たらんとする自負に加え，後発3

V 企業間競争を基調とした近代製糖業のダイナミズム　247

社に引けをとらないダイナミズムをもって事業展開をしていったからこそ長期にわたるトップ持続も可能となった。そして，筆者がかつて「一民間会社のような企業経営」[6] と位置づけた 1910 年代以降の台湾製糖の姿とは，革新的企業者活動を展開していく激烈な企業間競争の主たる担い手の実態に他ならなかったのである。

にもかかわらず，大日本製糖によってトップの座を奪われるに至ったのはなぜか。台湾製糖を上回る革新的企業者活動の連携をもってキャッチアップしていった大日本製糖のダイナミズムとともに，同社とのダイナミズムの差を許してしまった台湾製糖の革新的企業者活動の連携のありようを指摘しておかなければならない。他の 3 社とは異なり連携の時期が限定的だった点にこそ，大日本製糖や明治製糖に後発企業効果のチャンスを与えてしまった要因を見出すことができるのである。

では，なぜ台湾製糖には革新的企業者活動の相互連携的展開が継続されなかったのであろうか。創立時こそ困難の連続であったものの，初期制約条件を「準国策会社」の特権によって克服して以降は分厚いメリットが安定をもたらしたがゆえに，他社に比べ克服すべき制約条件がめっきり減ってしまった。それに加えて皇室の資本参加が持続されたがために，万が一の失敗も許されないというリスク回避への過剰反応が堅実至上主義の名のもとに正当化され，第 1 次再編期のような積極姿勢を第 2 次再編期以降は削いでしまったのである。後発大日本製糖のような必要性がなかったと言えばそれまでだが，大日本製糖以上の内部留保を蓄積させていた事実を考えあわせるとき[7]，台湾製糖にも第 3 次再編の担い手となるチャンスはあったことになる。

以上，台湾製糖と後発製糖会社 3 社を比較するとき，堅実経営という共通性が確認できることに気づく。しかし，各社の堅実経営が強調されるに至った経緯とその意味するところは異なっていた。皇室に資本面で支えられ続けたがゆえに失敗回避の堅実経営を社是とした台湾製糖，失敗から学んだ教訓として堅実経営を活かしていった大日本製糖と塩水港製糖，創立時から質実剛健による堅実経営を行った明治製糖という具合に，堅実経営を掲げるに至った経緯は同じではなく同経営が機能した方向性はそれ以上に異なっていた。

すなわち，失敗することを恐れるがあまりリスクを過度に回避しようとした

ためさらなるビジネスチャンスの獲得へと結びつけることのできなかった台湾製糖。東洋製糖合併時の2工場売却に際し堅実性を発揮する一方で第3次再編の大型合併ではタイミングを逸することなく積極的にM&Aを推進していった大日本製糖。「平均保険の策」という考えにもとづく積極的多角化に象徴されるようにリスク分散の事業展開という形で堅実経営を実践していった明治製糖。コアコンピタンスである耕地白糖への選択と集中によって堅実経営を教訓として活かしていった塩水港製糖。以上のように，堅実経営の活かされ方もまた各社各様であったのである。

　トップの座を奪取されるという現象それ自体が象徴するように，後発製糖会社によるキャッチアップを具体的内容とした激烈な企業間競争こそが近代製糖業の発展をもたらした最大のポイントであった。そこで激烈な企業間競争の意味するところを最後にふり返りつつ整理して終わりにしたい。

　差別化行動という点では，台湾製糖による爪哇大茎種の品種改良やハンドレフラクトメーターの開発，塩水港製糖による耕地白糖の開発といったイノベーションが指摘できるが，こうした差別化行動に対してもライバル各社がすかさず模倣・改善行動を仕掛けそれにさらなる模倣・改善をもって応酬するというのが近代製糖業をめぐる激烈な企業間競争の中身であった。ただし，当該業における活発な模倣・改善行動の応酬の背景には糖業連合会の重要な経営資源補完機能である情報共有が存在したことも忘れてはならない。と同時に，メインプレイヤー3社が失敗・後発いずれかと対峙しなければならなかった当該業にあって，その制約条件をいかに克服しビジネスチャンス化していくかが喫緊の課題となったのも事実であり，再生や後発企業効果の実現に向けた制約条件の克服，ビジネスチャンス化といった革新的企業者活動の相互連携プロセスこそがダイナミズムの神髄であった。

　その象徴が大日本製糖であり，失敗企業であり後発企業であるという二重の制約条件をビジネスチャンスにまで転化させた創造的適応のダイナミズムがあったからこそ劇的な首位逆転を演じることができたのである。そうした意味では，最も困難な制約条件に直面した大日本製糖が最も劇的な革新的企業者活動を展開できたという点で，失敗企業と後発企業という2つの制約条件をめぐる革新的企業者活動が近代製糖業発展の推進力ともなったと言えよう。初期制

約条件こそ困難を極めたものの，その後の企業経営においては大きな制約条件に遭遇することなく安定した企業経営を歩んだ台湾製糖が長期に及ぶ競争優位に終止符を打ったのとはあまりに対照的であった。

要は，両社のコントラストにこそ近代製糖業発展に至るダイナミズムの本質を見出すことができるのである。差別化を先導するプレイヤーが複数存在しつつその先導者が移り変わっていく一方で，間髪入れず模倣・改善の応酬がくり広げられていくという激烈な企業間競争のダイナミズム。そのメインプレイヤーであった四大製糖各社における創造的適応を核とする革新的企業者活動の相互連携的展開のダイナミズム。これら2つの位相のダイナミズムこそが戦前日本を代表する主力産業へと近代製糖業を発展させた最大の原動力であった，と最後に結論づけたい。

【注】
1　宇田川・佐々木・四宮編［2005］2-4頁。
2　Lieberman and Montgomery［1988］pp. 41-49.
3　ここで注意を要するのは，革新的企業者活動の対象となるビジネスチャンスや制約条件が後発企業ゆえのメリットやデメリットに限られるものではない点である。したがって，後発性のメリット・デメリットに加えてさらなるビジネスチャンスや制約条件に対し柔軟に対応できるかどうかが後発企業効果の実現には求められることになる。
4　大日本製糖が内地精製糖から台湾分蜜糖へと事業の重点を移行するのは1927年の東洋製糖の合併以降であり，もしこの段階で市場参入を果たしたのであれば後発性のメリットも少なからず異なっていた可能性は大きいが，実際は精製糖と兼業する形で失敗局面直前に参入したため図26と図27のような共通点が際立つ形となった次第である。
5　図29において①②③を特権（パイオニアのメリット）と位置づけメリットの内部化と区別したのは，そうした特権を有効に活用して初めて内部化を実践したと位置づけられるからである。例えば，②の広大な社有地購入も3割に及ぶ自作原料を可能とする自営農園として活用したからこそメリットの内部化と位置づけられるのである。
6　久保［1997］377頁。
7　第3次再編期の内部留保のうち後期繰越金を1939年後期によって確認すると（単位：千円），台湾製糖9,768，明治製糖9,023，大日本製糖8,276となっており，他社を上回る資金的余裕も台湾製糖にはあったことがわかる。ただし，同社には「製糖及副業研究基金」として創立35周年の35年前期以来50万円が積み立てられつつ39年後期から75万円に増額され（台湾製糖『第五拾四回報告書』～『第五拾九回報告書』15頁，『第六拾回報告書』～『第六拾弐回報告書』16頁，明治製糖『第六十回営業報告書』13頁，大日本製糖『第八拾八回報告書』24頁），38年10月には製糖及び副業研究部研究室を本社構内に竣工した（第1章表14参照）。内部留保の一部を研究基金に充当していた台湾製糖の財務行動に，同社の農事研究重視の姿勢を再確認することができる。

おわりに

　最初の単著が出版されてから早いもので 18 年が経過した。その存在自体を否定されるような厳しい書評を契機に，しばらくの間製糖業研究から遠ざかることとなったが，いまから思うと逃避以外の何ものでもなかった。自分の目指すものは植民地企業経営史であって製糖業史ではないと自分自身に言い訳をしつつ，最も錯綜した部分を横に置いていたのが実情であった。そうした甘えの構造があったことを指摘されたように思えただけに，なかなか製糖業史研究に面と向かう気力はわいてこなかったのである。

　この逃避期間中にはアジア経営史，後発企業効果，失敗と再生といった本書の分析フレームワークと関わることとなる様々なテーマにも着手できたわけだが，頭の片隅には製糖業から逃げている自分への後ろめたさが常にあった。そうしたなか大きな転機が到来する。2009 年に刊行した糖業連合会についての共同研究が藤田幸敏・大島久幸両先生とスタートしたのであり，お二人に背中を押していただく形で再び製糖業と向き合うことができた次第である。そうした意味でも，藤田・大島両先生には感謝の気持ちでいっぱいである。

　なかでも大島先生には，近代製糖業の経営史研究へと邁進していく起爆剤を頂戴した。共同研究会後の二次会の席で酔いが覚めるような痛烈なお説教をいただいたのである。単刀直入に言うならば，経営史研究者である以上産業史は書くべきで製糖業史を書ける研究者はあなたしかいない，という趣旨のものだった。この目から鱗の一言は製糖業史を主要テーマとしているのではないという甘えを木っ端みじんに砕くこととなったのである。当時の年齢等も考え製糖業研究に残された研究者人生を捧げてもなんら悔いはないという境地にようやく辿り着くに至り，この瞬間から近代製糖業の経営史的研究は再スタートしたことになる。

　近代製糖業の錯綜性を解きほぐす作業と同時並行的に，経営史学会賞 B 賞を頂戴することとなる明治製糖の研究にはすでに着手していたわけだが，この

研究にはアジア経営史との関連で着想していた後発企業効果という分析視角が大きく関わることになった。次に着手したのが大日本製糖であり，宇田川勝先生からお声掛けいただいた失敗と再生研究会がその分析フレームワークとともに大きな意味を持った。そして，史料がなかなか集まらないことから後手後手になっていた塩水港製糖にも着手できたことで，本書の骨格をなす四大製糖の経営史的研究はようやく出揃うこととなったのである。

　本書の第5章や終章に反映されている企業間競争という視点を与えてくださったのが，戦略論との貴重な出逢いの場となった日本の企業間競争研究会である。新宅純二郎先生が提示される同質的競争や差別化競争のフレームワークは心躍らせる一学生のような気持ちにさせ，それ以降今日に至るまで戦略論・組織論への関心は年を追うごとに強まっている。戦略論との接点を与えていただいた新宅先生，失敗と再生研究会はじめ多くの場でご指導いただいている宇田川先生，佐々木聡先生，四宮正親先生にお礼申し上げたい。

　日本の企業間競争研究会は森川英正先生を囲むものであり，夜遅くまでフレームワークを議論した研究合宿はいまなお忘れ得ぬ充実したものであった。そもそも私が経営史学会に骨を埋めるきっかけとなったのは，端境期世代ゆえ部会後の懇親会への参加に二の足を踏んでいた私を誘ってくださった森川先生のあの笑顔であり，それ以降森川先生には公私にわたり様々な局面でお気遣いいただいている。この場を借りて感謝申し上げたい。

　糖業研究をふり返るとき，糖業協会の史料整理なくしては充実した研究になり得なかったが，同協会理事長であられた故藤山覚一郎氏とのご縁を取り持ってくださったのが由井常彦先生である。食品産業史への展開という直近のお導きを含め数々のご配慮に心より感謝申し上げたい。また，各社の内部史料の収集をサポートいただいた故武智文男氏，大島民義氏の歴代理事長，塩水港精糖会長の久野修慈氏にもお礼申し上げたい。とりわけ史料整理で多大なるご協力をいただいた天羽弘子氏にはお礼の言葉が見つからないほどである。最初の史料整理に着手された故服部一馬先生とともに心より感謝申し上げたい。

　在外研究期間中の2年間特にお世話になった台湾中央研究院台湾史研究所，なかでも林玉茹先生に対しこの場を借りてお礼申し上げたい。また，台湾を訪問するたびにお世話いただいた洪呈勲氏に対し心より感謝申し上げたい。

おわりに

　本書のタイトルを近代製糖業の経営史的研究としたことからもわかるように，経営史学会の先生方からのご指導・ご鞭撻なくして発刊には至らなかったであろう。全国大会でご一緒させていただきご指導いただいた山崎広明先生と宮本又郎先生にまず感謝申し上げたい。

　とりわけ感謝申し上げなければならないのが阿部武司先生と橘川武郎先生である。阿部先生には学会50周年事業との同時進行という大変な時期を乗り越えるうえで多大なご支援を頂戴し，他にも原稿に朱を入れていただくなどきめ細かなご指導をいただいた。一方，橘川先生には最初の単著の合評会以降数え切れない貴重なコメントを頂戴することができた。研究者本人が気づいていない本質的な潜在的可能性を気づかせるという橘川先生一流のご指導なくして本書の充実はなかったであろう。前書から最も筆者の思いを理解いただけた橘川先生に対し，阿部先生とともに心より感謝申し上げたい。

　また，公私にわたり励ましていただいた湯沢威先生，米山高生先生，平井岳哉先生，金容度先生にも感謝申し上げたい。紙幅の関係からすべてのお名前を挙げることはできないことをお許しいただきたいが，特に記したいのは先の単著を読んでくださった若手研究者の台頭である。彼らの成長には目を見張るものがあり，若手研究者こそが経営史学会の推進力という学会の理念があらわれた形となっている。事実，研究会の場で最も刺激的なコメントをくださるのも彼らであり，大いなる期待を込めてお礼申し上げたい。

　なお，本書を直接お渡しできなかった3人の先生の存在なくして今日の私はあり得なかった。まずは，学部時代に学問の厳しさを生きることの厳しさとともにご教示いただいた故中村勝己先生である。年を追うごとに授業スタイルが先生に近づいている自分を確認する今日この頃でもある。そして，経営史という学問へと誘ってくださった故山下幸夫先生である。経済史から経営史へという展開なくして近代製糖業研究はなし得なかったという意味で，公私にわたる多大なご支援も含め感謝の気持ちをどう表現してよいかわからないほどである。最後に，本書を最も読んでいただきたかったのが橋本寿朗先生である。研究者・教育者・健康の両立を最後の教えとして学びつつ，今後の研究者生活にどのように活かせていけるのだろうかと重い課題を考える毎日である。なお，武田晴人先生には橋本先生に代わって厳しいご指導を頂戴することができた。

もっと早くお話ししていればという後悔の念とともに感謝申し上げたい。

　最後に，私の研究の最大の理解者であり研究を含めたパートナーである妻敏(ミン)に最大級の感謝の意を表したい。結婚してからというもの数々の病気もあって苦労を掛けっぱなしであったが，校正段階で数多くのミスをみごとに発見してくれた。あれだけ何度もチェックしたのにと自己嫌悪に陥るほどであったが，今度こそは後世に遺せるようなものとしたいという強い思いもあり，彼女の全面的協力はその実現へと一歩近づけるものとなった。絶望のどん底から這い上がることができたのもひとえに敏のお陰であり，なかなか直接は伝えられない感謝の気持ちをこの場で伝えることをお許しいただきたい。

　文字通り最後に，出版事情厳しいなか本書の刊行をご快諾いただいた文眞堂の前野隆社長，入稿前から校正段階の長きにわたり私のわがままを受け入れてくださった編集担当の前野眞司氏に対し，心より感謝の意を表することで本書のむすびとしたい。

2015 年 12 月 1 日

　　　　　　　　　　　　　　　　愛犬チロと LP の調べに癒やされつつ

　　　　　　　　　　　　　　　　　　　　　　　　　　　久保 文克

参考文献

【日本語文献】

赤坂章二 [1910]『日糖事件弁論例範　附第一審判決全文』共同出版。
赤木猛市 [1929]「国策上より観たる東部台湾開発問題」『台湾ニ於ケル農業経済ニ関スル資料文献集』所収。
有安龍太郎 [1934]「嘉南大圳区域内に於ける塩分地改良に就て（一）（二）」『台湾の水利』第4巻第4号・第5号。
石川悌次郎 [1935]『糖界功罪史』啓成社。
泉政吉 [1928]『台湾の民族運動』台湾新聞社。
井出季和太 [1937]『台湾治績志』台湾日日新報社。
伊藤重郎編 [1939]『台湾製糖株式会社史』。
伊能嘉矩 [1928]『台湾文化志』中巻，刀江書院。
岩木亀彦 [1921]『最近三十年間に於ける日本の砂糖及其製品に関する調査』南洋協会台湾支部。
植野正治 [1998]『日本製糖技術史1700～1900』清文堂。
上野雄次郎編 [1936]『明治製糖株式会社三十年史』。
宇田川勝・橘川武郎・新宅純二郎編 [2000]『日本の企業間競争』有斐閣。
宇田川勝・佐々木聡・四宮正親編 [2005]『失敗と再生の経営史』有斐閣。
江夏英蔵 [1930]『台湾米研究』台湾米研究会。
塩水港製糖株式会社編 [1905]『第一回製糖作業報告　自明治三十八年四月六日至六月三十日』。
塩水港製糖株式会社編 [1923]『二十年史』。
塩水港製糖株式会社編 [1926]『我社ノ海外発展策』。
塩水港製糖株式会社 [1927a]『昭和二年増資案　大株主会速記録』。
塩水港製糖株式会社 [1927b]『昭和二年二月二十一日　増資ノ現況ト将来』。
塩水港製糖株式会社 [1927c]『昭和二年三月　臨時株主総会速記録』。
塩水港製糖株式会社 [1927d]『第三十回定時株主総会速記録』。
塩水港製糖株式会社編 [1935]『社業概況　昭和十年十月』。
塩水港製糖株式会社編 [1939]『社業概況　昭和十四年八月』。
塩水港製糖株式会社編 [1941]『昭和十五・十六年期原料統計』。
塩水港製糖株式会社編 [1942]『昭和十六年・十七期原料統計』。
塩水港精糖株式会社編 [2003]『塩水港精糖株式会社　100年の歩み』。
塩水港製糖株式会社『営業報告書』『営業報告』各期版。
塩水港製糖株式会社花蓮港製糖所 [1926]『事業概況』。
塩水港製糖株式会社工務部 [1941]『工務部報　蘭印の糖業及びオイル・パーム，パラ・ゴム植栽企業』。
塩水港製糖拓殖株式会社『営業報告書』各期版。
大坂屋商店調査部編 [1925-42]『株式会社年鑑』大正14年版～昭和17年版。
岡田幸三郎 [1959]「塩水港製糖の各時代」樋口編 [1959b] 所収。
小川清編 [1937]『スマトラ興業株式会社二十年史』。

小野文英［1930］『台湾糖業と糖業会社』東洋経済新報社．
小野文英［1938］『製糖コンツェルン読本　日本コンツェルン全書（XV）』春秋社．
小野岐・杉野嘉助［1920］『気象と蔗作』台南新報社．
外務省条約局法規課［1964］『日本統治下五十年の台湾』．
各社農務代表者会［1935］「昭和11-12年期甘蔗植付奨励規程打合記録　昭和十年五月末」．
筧千城夫（筧武夫編）［1989］『土と人と砂糖の一生』上下巻，さきたま出版会．
笠間愛史［1967］「糖業」中島常雄編『現代日本産業発達史 XVIII　食品』現代日本作業発達史研究会所収．
亀井英之助［1914］『砂糖取引事情の大要』拓殖新報社．
川野重任［1940］『台湾米穀経済論』有斐閣．
橘川武郎・久保文克・佐々木聡・平井岳哉編［2015］『アジアの企業間競争』文眞堂．
草鹿砥祐吉［1957］「台湾糖業の発祥地橋仔頭の思出と砂糖雑話」『内外経済』9月号．
久保文克［1996］「明治製糖株式会社の多角的経営方針—相馬半治のリーダーシップと『後発企業効果』—」中央大学商学研究会編『商学論纂』第37巻第3・4号．
久保文克［1997］『植民地企業経営史論—「準国策会社」の実証的研究—』日本経済評論社．
久保文克［1998, 99ab］「『大明治』と傍系事業会社（Ⅰ）（Ⅱ）（Ⅲ）—後発製糖会社の多角的事業展開—」中央大学商学研究会編『商学論纂』第39巻第3・4号，第40巻第3・4号，第5・6号．
久保文克編（社団法人糖業協会監修）［1999c］『社団法人糖業協会所蔵　植民地期台湾産業・経済関係史料マイクロ版集成』丸善．
久保文克［2000］「アジア経営史の方法と可能性—経営史研究の対象としてのアジア—」中央大学商学研究会編『商学論纂』第41巻第4号．
久保文克［2003ab］「アジア経営史の方法と課題（Ⅰ）（Ⅱ）」中央大学商学研究会編『商学論纂』第44巻第3号・6号．
久保文克［2005a］「大日本製糖の破綻と再生—藤山雷太の革新的企業者活動—」宇田川・佐々木・四宮編［2005］所収．
久保文克［2005b］「アジア経営史における創造的適応—後発性の利益の内部化と後発性の不利益の克服との連動モデル—」中央大学企業研究所編『企業研究』第7号の「特集：後発性の不利益の克服プロセスをめぐる明と暗」所収．
久保文克［2005c］「糖業連合会にみる近代製糖業界の協調と対立—連合会規約と利害対立構図の変遷を中心に—」中央大学商学研究会編『商学論纂』第47巻第1・2号．
久保文克［2006a］「製糖会社の原料調達と台湾農民との関係—原料採取区域と米糖相剋をめぐって—」中央大学商学研究会編『商学論纂』第47巻第3号．
久保文克［2006b］「近代製糖業をめぐる錯綜性—砂糖の種類及び生産・消費構造を中心に—」中央大学商学研究会編『商学論纂』第47巻第4号．
久保文克［2006c］「甘蔗買収価格をめぐる製糖会社と台湾農民の関係—『中瀬文書』を手がかりに—」中央大学商学研究会編『商学論纂』第47巻第5・6号．
久保文克［2006d］「大日本製糖失敗の本質—『失敗と再生の経営史』の視点から—」中央大学企業研究所編『企業研究』第9号．
久保文克［2007a］「大日本製糖の再生と飛躍—再生請負人藤山雷太の創造的適応—」中央大学商学研究会編『商学論纂』第48巻第1・2号．
久保文克［2007b］「製糖工場レベルから見た台湾農民との関係—近代製糖業界の再編と甘蔗作農家の家計状況—」中央大学商学研究会編『商学論纂』第48巻第3・4号．
久保文克［2007c］「1930年代の製糖会社と台湾農民の関係—甘蔗栽培奨励規程に見る甘蔗奨励策の変遷—」中央大学商学研究会編『商学論纂』第48巻第5・6号．

久保文克編（社団法人糖業協会監修）［2009］『近代製糖業の発展と糖業連合会—競争を基調とした協調の模索—』日本経済評論社．
久保文克［2012, 13］「塩水港製糖株式会社の失敗と再生（Ⅰ）（Ⅱ）—企業者横哲の挫折と復活—」中央大学商学研究会編『商学論纂』第54巻第1・2号，第55巻第1・2号．
久保文克［2014ab］「甘蔗栽培奨励規程に見る甘蔗買収価格の決定プロセス（Ⅰ）（Ⅱ）—1930年代の製糖会社と台湾農民の関係—」中央大学商学研究会編『商学論纂』第55巻第3号，第5・6号．
久保文克［2014c］「食品大企業の成立：製糖業—鈴木藤三郎（台湾製糖）と相馬半治（明治製糖—」生島・宇田川編［2014］所収．
久保文克［2014d］「台湾製糖株式会社の長期競争優位と首位逆転—パイオニア企業と『準国策会社』の功罪—」中央大学商学研究会編『商学論纂』第56巻第1・2号．
久保文克［2014e］「明治製糖株式会社の多角的事業展開—相馬半治と有嶋健助の革新的企業者活動と後発企業効果—」中央大学商学研究会編『商学論纂』第56巻第3・4号．
久保文克［2015a］「近代製糖業の経営史的研究—失敗と再生，後発企業効果から見た四大製糖—」中央大学商学研究会編『商学論纂』第56巻第5・6号．
久保文克［2015b］「四大製糖の企業間競争—競争側面から見た近代製糖業界の『競争と協調』—」中央大学企業研究所編『企業研究』第26号．
久保田富三［1959］「明治製糖の創業時代」樋口弘編［1959b］所収．
黒野張良［1928］『製糖の神斉藤定篤—一名製糖沿革史—』好学書院．
経営史学会編［2005］『日本経営史の基礎知識』有斐閣．
故有嶋健助翁追悼記念出版委員会編［1959］『使命の感激』．
河野信治［1930］『日本糖業発達史　生産編』丸善．
河野信治［1931a］『日本糖業発達史　人物編』丸善．
河野信治［1931b］『日本糖業発達史　消費編』丸善．
河野信治［1931c］『砂糖取引所と其運用』日本糖業調査所．
神戸大学附属図書館デジタルアーカイブ「戦前期新聞経済記事文庫」所収の製糖業関係記事（『大阪朝日新聞』，『大阪時事新報』，『大阪毎日新聞』，『国民新聞』，『台湾日日新聞』，『中央新聞』，『中外商業新報』，『東京朝日新聞』等）．
国立国会図書館「日本法令索引」．
後藤源司治編［1936］『株式会社明治商店十五年史』．
後藤忠三［1935］『台湾糖業視察記』大阪砂糖商同業組合．
材木信治［1939］『日本糖業秘史』材木糖業事務所．
齋藤直［2014］「1920～30年代の『変態増資』と株主」（経営史学会第50回全国大会パネル報告，文京学院大学）．
坂井秀俊［1938］『台湾農工調製問題懇談会記録』東亜経済懇談会台湾委員会．
相良捨男［1919］『経済上より見たる台湾の糖業』．
酒匂常明［1908ab］「砂糖共同経営に就て（上）（下）」『東京経済雑誌』第58巻第1464号・1465号，明治41年1月7日・14日．
佐々英彦［1925］『台湾産業評論』台南新報社．
佐々英彦［1928］『台湾之糖業と其取引』台南新報社．
佐藤民洋［1936］『台湾之糖業（昭和十一年度）』台湾産業評論社．
佐藤吉治郎［1926］『台湾糖業全誌　大正十四＝十五年期』（糖政篇，時代篇，研究篇，世界篇，会社篇）台湾新聞社．
皿谷広次［1927］「林糖買収に就て」『糖業』第14年第3号．
塩谷誠編［1944］『日糖略史』慶応出版社．

塩谷誠編［1960］『日糖六十五年史』.
信夫清三郎［1942］『近代日本産業史序説』日本評論社.
渋沢栄一［1908］「大日本製糖の前途―渋沢男爵の談―」『時事新報』第9065号（明治41年12月27日）.
渋沢栄一［1909a］「日糖破綻の原因如何」『東京経済雑誌』第59巻第1473号（明治42年1月16日）.
渋沢栄一［1909b］「渋沢男爵の告白」『実業之世界』第6巻第5号（明治42年5月）.
渋沢青淵記念財団竜門社編纂［1956］『渋沢栄一伝記資料　第十一巻』渋沢栄一伝記資料刊行会刊.
社団法人糖業協会編［1962, 97］『近代日本糖業史』上巻・下巻, 勁草書房.
証券引受会社統制会編［1943］『株式会社年鑑』昭和18年版.
証券引受会社統制会編［1944］『株式会社年報』昭和19年版.
生島淳・宇田川勝編［2014］『企業家活動でたどる日本の食品産業史』文眞堂.
東海林稔・財津亮蔵［1934］「嘉南大圳の通水後に於ける土地利用状況に関する考察（承前）」台湾農友会編『台湾農事報』第30年第1号, 昭和9年1月.
昭和護謨株式会社編［1964］『稿本　我が社25年の歩み』.
昭和護謨株式会社『営業報告書』各期版.
昭和製糖株式会社編［1937］『昭和製糖株式会社十年誌』.
昭和製糖株式会社『営業報告書』各期版.
白石友治［1950］『金子直吉伝』金子・柳田両翁頌徳会.
新興製糖株式会社『営業報告書』各期版.
鈴木五郎［1956］『鈴木藤三郎伝―日本近代産業の先駆―』東洋経済新報社.
須永徳武編［2015］『植民地台湾の経済基盤と産業』日本経済評論社.
スマトラ興業株式会社『営業報告書』各期版.
相馬半治［1929］『還暦小記』.
相馬半治［1938］「明治製菓株式会社の成立と大明治の事業精神」.
相馬半治［1939a］『向上日記』.
相馬半治［1939b］『古稀小記』.
相馬半治［1956］『喜寿小記』.
相馬半治［1907-45］『手記』（明治40年～昭和20年）.
相馬翁銅像建立委員会編［1956］『半畝清薫　相馬半治翁銅像除幕を記念して』.
台糖90年通史編纂委員会編［1990］『台糖九十年通史』台糖株式会社.
台東製糖株式会社［1943］『発信披起昭和十八年六月五日』（～昭和18年10月1日）.
台東製糖株式会社［1943-44］『精算関係書類』（昭和18年9月30日～19年4月6日）.
台東製糖株式会社『報告書』各期版.
台南製糖株式会社『報告書』各期版.
大日本製糖株式会社［1916］「第四拾壹回株主総会ニ於ケル藤山社長ノ演説」.
大日本製糖株式会社［1927］「藤山社長ノ演説　第六十四回株主総会ニ於テ」.
大日本製糖株式会社［1932］「藤山社長ノ演説　第七十三回定時株主総会席上」.
大日本製糖株式会社［1934］「藤山社長ノ演説　第七十八回定時株主総会席上」.
大日本製糖株式会社［1937］「藤山社長ノ演説　第八十三回定時株主総会席上」.
大日本製糖株式会社［1940］「藤山社長ノ演説　昭和十五年十一月二十二日臨時株主総会席上」.
大日本製糖株式会社編［1937-40］『台湾支社概況　昭和十二年－十五年』.
大日本製糖株式会社『営業報告』『営業報告書』各期版.
台北米穀事務所［1936］『嘉南大圳 昭和十一年七月』.
ダイヤモンド社編［1938］「問題会社の検討：糖業」『ダイヤモンド』臨時増刊, 第26巻第21号.
台湾銀行史編纂室編［1964］『台湾銀行史』.

台湾経済年報刊行会編［1941］『台湾経済年報　昭和十六年版』．
台湾経世新報社編［1932］『台湾大年表』．
台湾蔗作研究会編『台湾蔗作研究会報』各号．
台湾醸造研究会編［1938］『無水酒精製造に関する文献集』西ヶ原刊行会．
台湾新聞社［1990］『糖業国策を語る』台湾詩文社事業部．
台湾水利協会編『台湾の水利』各号．
台湾製糖株式会社編『台湾製糖写真全観』．
台湾製糖株式会社［1900-21］『株主総会決議録一　自創立総会（明治参拾参年拾弐月拾日）至臨時総会（大正九年拾弐月弐拾日）』．
台湾製糖株式会社［1900a］「重要　明治参拾参年五月拾六日　台湾製糖業に関する沿革」．
台湾製糖株式会社［1900b］「重要　自明治参拾参年六月至同年拾弐月　会議録（発起人会）」．
台湾製糖株式会社［1900c］「自明治参拾参年拾弐月拾日　創立総会決議録」台湾製糖［1900-21］所収．
台湾製糖株式会社［1901a］「明治参拾四年一月五日　株主臨時総会議事録」台湾製糖［1900-21］所収．
台湾製糖株式会社［1901b］「明治参拾四年一月弐拾八日　於三井集会所　特別株主協議会議事録付井上伯並後藤民政庁長官談話筆記」．
台湾製糖株式会社［1903, 05, 24, 29, 38］（三井物産株式会社との一手販売）「契約書」．
台湾製糖株式会社［1906］「後藤民政長官ト会見覚書」．
台湾製糖株式会社編［1915］『創立拾五週年記念写真帳』．
台湾製糖株式会社［1917］「山本悌二郎専務取締役ノ演述筆記　大正六年四月廿八日　定時株主総会ニ於テ」．
台湾製糖株式会社［1921］「専務取締役山本悌二郎演説筆記　大正十年十月廿八日　定時株主総会ニ於テ」．
台湾製糖株式会社［1924］「専務山本悌二郎，常務取締役益田太郎演説筆記　大正十三年十月廿八日　定時株主総会ニ於テ」．
台湾製糖株式会社［1926］「専務取締役益田太郎演説筆記　大正十五年十月二十八日台湾製糖株式会社定時株主総会ニ於テ」．
台湾製糖株式会社［1927a］「専務取締役益田太郎演説筆記　昭和二年四月二十八日　定時株主総会ニ於テ」．
台湾製糖株式会社［1927b］「社長武智直道，専務取締役益田太郎報告及説明筆記　昭和弐年拾月弐拾八日台湾製糖株式会社　第参拾八回定時株主総会ニ於テ」．
台湾製糖株式会社［1928］「専務取締役益田太郎演説筆記　昭和参年四月弐拾八日台湾製糖株式会社第参拾九回定時株主総会ニ於テ」．
台湾製糖株式会社［1929a］「社長武智直道，専務取締役益田太郎演説筆記　昭和参年拾月弐拾七日台湾製糖株式会社　第四拾回定時株主総会ニ於テ」．
台湾製糖株式会社［1929b］「社長，専務取締役演説筆記　昭和四年四月弐拾七日台湾製糖株式会社第四拾壱回定時株主総会ニ於テ」．
台湾製糖株式会社［1933］「山田照君口述　台湾製糖ノ大要」．
台湾製糖株式会社［1935］「社長，専務取締役報告概要　昭和拾年拾月弐拾八日台湾製糖株式会社第五拾四回定時株主総会に於て」．
台湾製糖株式会社［1937a］「社長，専務取締役報告概要　昭和拾壱年四月弐拾七日台湾製糖株式会社第五拾五回定時株主総会に於て」．
台湾製糖株式会社［1937b］「社長，専務取締役報告概要　昭和拾壱年拾月弐拾八日台湾製糖株式会社　第五拾六回定時株主総会に於て」．
台湾製糖株式会社編［1938］『台湾製糖株式会社々況概要　昭和十三年十月末現在』．

参考文献　259

台湾製糖株式会社編［1939］『事業沿革之概要』。
台湾製糖株式会社［1940］「社長，専務取締役報告概要　昭和拾五年拾月弐拾八日台湾製糖株式会社　第六拾四回定時株主総会に於て」。
台湾製糖株式会社［1941a］「社長，常務取締役報告及速記抜萃　昭和拾六年四月弐拾八日台湾製糖株式会社　第六拾五回定時株主総会に於て」。
台湾製糖株式会社［1941b］「昭和十六年三月二十日，糖業協会に於ける益田社長の新入社員に対する挨拶速記」『社報（号外）昭和 16 - 5 - 10』。
台湾製糖株式会社［1941c］「社長，専務取締役報告概要　昭和拾六年拾月弐拾八日台湾製糖株式会社　第六拾六回定時株主総会に於て」。
台湾製糖株式会社［1942］「益田社長報告，説明，挨拶　莵専務取締役報告　武智新社長挨拶概要　昭和拾七年拾月弐拾八日台湾製糖株式会社　第六拾八回定時株主総会に於て」。
台湾製糖株式会社『報告書』各期版。
（台湾総督府）「原料採取区域制度ニ就テ」。
（台湾総督府）「採取区域制度ニ就テ」。
台湾総督府『台湾総督府文官職員録』，『台湾総督府職員録』，『台湾総督府及所属官署職員録』各期版。
台湾総督府［1919］『台湾ノ農業労働ニ関スル調査』。
台湾総督府［1921］『台湾ニ施行スヘキ法令ニ関スル法律其ノ沿革並現行律令』。
台湾総督府［1925a］『台湾小作事情』。
台湾総督府［1925b］『台湾糖業ニ対スル保護奨励制度』。
台湾総督府［1938］『昭和十三年第二期作　台湾米穀生産費調査　蓬莱米』。
台湾総督府［1939］『糖業令施行規則』。
台湾総督府［1941］『台湾分蜜糖工場ノ整理統合案　昭和十六年十月』。
台湾総督府［1944a］『台製糖業原価計算準則』。
台湾総督府［1944b］『台製糖業令説明書』。
台湾総督府［1945］『台湾統治概要』。
台湾総督府殖産局［1916］『産米及検査状況』。
台湾総督府殖産局［1927］『台湾糖業概観』。
台湾総督府殖産局［1930a］『台湾ニ於ケル小作問題ニ関スル資料』。
台湾総督府殖産局［1930b］『台湾の糖業』。
台湾総督府殖産局［1931］『台湾に於ける小作慣行　其ノ一　台北州管内』。
台湾総督府殖産局［1933］『農業基本調査書第二十九　企業的農業経営調査』。
台湾総督府殖産局［1934］『農業基本調査書第三十　農家経済調査　其ノ一　米作農家』。
台湾総督府殖産局［1935］『農業基本調査書第三十三　農業金融調査』。
台湾総督府殖産局［1936］『農業基本調査書第三十四　農家経済調査　其ノ三　蔗作農家』。
台湾総督府殖産局［1937］『農業基本調査書第三十五　輪作式調査』。
台湾総督府殖産局［1938a］『農業基本調査書第三十六　甘蔗収支経済調査』，『同　別冊』。
台湾総督府殖産局［1938b］『農業基本調査書第三十七　農家経済調査　米作農家』。
台湾総督府殖産局［1938c］『農業基本調査書第三十八　米作農家生計費調査』。
台湾総督府殖産局［1938d］『本島小作改善事業成績概要』。
台湾総督府殖産局［1939a］『砂糖関係法規』。
台湾総督府殖産局［1939b］『台湾糖業令解説』（付「台湾糖業令」）。
台湾総督府殖産局［1939c］『台湾に於ける小作慣行　其ノ四　高雄州管内』。
台湾総督府殖産局［1941a］『農業基本調査書第四十二　農業者負担状況調査』。
台湾総督府殖産局［1941b］『農業基本調査書第四十三　農業金融調査』。

台湾総督府殖産局［1942］『台湾農業関係法規集』台湾農友会。
台湾総督府殖産局［1943a］『農業基本調査書第四十四　米作農家生計費調査』。
台湾総督府殖産局［1943b］『昭和十一年度昭和十六年度　農家生計費比較』。
(台湾総督府)殖産局特産課［1925］「製糖原料買収方法ニ関スル当面ノ問題解説」。
台湾総督府殖産局特産課［1927］『糖務関係例規集』。
台湾総督府殖産局特産課［1935］『熱帯産業調査会　糖業ニ関スル調査書』。
台湾総督府殖産局特産(糖務)課『台湾糖業統計』各年版。
台湾総督府殖産局『台湾米穀要覧』各年版。
台湾総督府殖産局(台湾農友会)『台湾農業年報』各年版。
台湾総督府拓殖局［1921］『台湾糖業政策』。
台湾総督府糖業試験所［1944］『糖業試験所主催　蔗作改善講演会講演集』。
台湾総督府米穀局［1941］『台湾米穀移出管理関係法規』。
台湾総督民政部殖産局［1914］『台湾糖業ノ発展カ経済界ニ及ホシタル影響』。
台湾糖業研究会編［1918］「製糖会社の甘蔗植付奨励―大正七年期―」，「同(二)」，「同(三)」，「同(四)」『糖業』第5年第3-6号。
台湾糖業研究会編［1928a］「昭和二年の回顧」『糖業』昭和3年1月号。
台湾糖業研究会編［1928b］「糖界紛擾の経緯」『糖業』昭和3年2月号。
台湾糖業研究会編［1938］『国策糖業読本』。
台湾糖業研究会編［1928-42］『糖業』臨時増刊「蔗作奨励号」(昭和3年～17年発行)。
台湾糖業研究会編『糖業』各号。
台湾農友会編『台湾農事報』各号。
高橋泰隆［1986］「両大戦間における台湾糖業」社会経済史学会編『社会経済史学』第51巻第6号。
武村次郎編［1984］『南興史(南洋興発株式会社興亡の記録)』南興会。
田中重雄［1936］『明日の台湾糖業』得利印刷。
田中宏［1958］『藤山コンツェルン』青蛙房。
田村密治［1939］『二峰山本悌二郎先生追悼録』。
地副進一・村松達雄［2010］『日本近代製糖業の父　鈴木藤三郎』。
張漢裕［1954］「台湾の米糖比価の研究(1)」日本精糖工業会訳『台湾における米糖比価の研究』。
長曽我部重親［1940］『驚異に値する台湾糖業の発展』台湾総督府殖産局。
張有輦［1938］「糊仔甘蔗」『台湾農事報』第34年第4号，昭和13年4月。
月岡一郎［1959］「大日本製糖に終始して」樋口［1959b］所収。
手島康［1938］『台湾糖業挿話』台湾糖業挿話発行所。
帝国製糖株式会社編［1940］『帝国製糖株式会社概況』。
帝国製糖株式会社［1913-21］『株主配布書類綴』(大正3年～11年65通，南日本製糖株式会社含む)。
帝国製糖株式会社『事業報告書』『営業報告書』各期版。
東京菓子株式会社(大日本菓子株式会社改め)［1916］「東京菓子創立書類　大正五年拾月九日」。
東京菓子株式会社『事業報告書』『営業報告書』各期版。
東京砂糖貿易商同業組合編［1938］『東京砂糖貿易商同業組合沿革史』。
糖業連合会［1910-14］『産糖処分諸協定(明治43年10月～大正3年12月)』(以下，糖業協会所蔵分はすべて糖業連合会と略記する)。
糖業連合会［1910］「台湾糖業連合会規約」(1910年9月20日)。
糖業連合会［1917］「台湾糖業連合会規約謄本」(1917年11月12日)。
糖業連合会［1919-42］『契約書・定款・陳情書・覚書』(大正8年―昭和17年)。
糖業連合会［1922a］「台湾糖業連合会対謝呂西(苦力供給者)トノ契約条項　課長用　写　大正十一

参考文献　261

　　　年」「中瀬文書」所収．
糖業連合会［1922b］「塩水港，花蓮港製糖所ニ於ケル支那苦力」「中瀬文書」所収．
糖業連合会［1923-39］『産糖調節契約書・原料糖売買契約書』（大正12年〜昭和14年）．
糖業連合会［1926］「精製糖需給調節契約書」（1926年3月17日）．
糖業連合会［1927a］「台湾統治ニ関スル陳情書」（1927年4月21日）．
糖業連合会［1927b］「台湾財界救済案」（1927年4月25日）．
糖業連合会［1929-36］『産糖協定関係文書綴』（昭和4年〜11年）．
糖業連合会［1929］「台湾各製糖会社原料甘蔗採取区域図　昭和四年糖業連合会印行　第四版」．
糖業連合会［1930-41］『台湾糖輸送関係文書』（昭和5年〜昭和16年）．
糖業連合会［1931-36］「産糖協定関係委員会決議」（昭和6年期〜11年期）．
糖業連合会［1932］「過剰糖問題緊急事項再提議案」．
糖業連合会［1933a］「昭和八年期産糖調節協定契約書」（1933年6月）．
糖業連合会［1933b］「糖業連合会規約並旧委員会修正案」（1933年9月8日）．
糖業連合会［1933c］「糖業政策ニ関スル陳情書」（1933年11月29日）．
糖業連合会［1934a］「昭和九年期産糖調節協定契約書」（1934年3月）．
糖業連合会［1934b］「爪哇糖輸入問題ニ就テ」（1934年4月20日）．
糖業連合会［1935］「日本糖業連合会規約」（1935年4月19日）．
糖業連合会［1936］「一，糖価ニ関スル件」（1936年5月25日）．
糖業連合会［1937a］「第一回無水酒精委員会決議」（1937年4月2日）．
糖業連合会［1937b］「一，台湾糖原価ト爪哇糖内地着値段」（1937年7月20日）．
糖業連合会［1939］「製糖会社ハ台湾総督府ノ保護ニヨリ台湾ニ於テ如何ニ農民ヲ圧迫シテキルカ又
　　　如何ニ暴利ヲ貪ツテキルカ」（昭和14年12月16日）．
糖業連合会［1943a］「日本糖業連合会規約」（1943年2月3日）．
糖業連合会［1943b］「台湾分蜜糖工場別認可甲数調（1943年9月15日）」．
糖業連合会［1944］「日本糖業連合会規約」（1944年5月26日）．
東洋経済新報社［1941］『東洋経済新報』1967号（1941年4月19日）．
東洋製糖株式会社『営業報告書』各期版．
涂照彦［1975］『日本帝国主義下の台湾』東京大学出版会．
豊崎稔［1936］『期米価格と正米価格との相関関係の統計的研究』岩波書店．
長井岩太郎［1933］『台湾に於ける小農金融』台湾経済研究会．
中瀬拙夫［1920］「6　大正九年期各新式製糖会社生産費調」（糖業協会所蔵「中瀬文書」所収）．
中瀬拙夫［1920, 21］「15　大正九,十年期甘蔗買収価格比較調」（「中瀬文書」所収）．
中瀬拙夫［1921a］「26　台湾ニ於ケル農家ノ原料代手取金ノ割合,大正十年期製糖原料買収金調」（「中
　　　瀬文書」所収）．
中瀬拙夫［1921b］「48　原料甘蔗買収価格決定ノ基礎（大正十年八月調査）」（「中瀬文書」所収）．
中瀬拙夫（特産課長）［1925］「製糖場原料採取区域制度ニ就テ（大正十四年十月一日）」（「中瀬文書」
　　　所収）．
中村誠司［1936］「台湾に於ける米作蔗作の相剋について」東京商科大学一橋会編『東京商科大学
　　　六十周年記念論文集』．
南洋興発株式会社『営業報告書』各期版．
南洋拓殖株式会社農事部［1939］『台湾総督府ニ於テ決定セル重要作物増産目標ニ就テ　昭和十四年
　　　一月』．
新高製糖株式会社『事業報告書』『報告書』『営業報告書』各期版．
西原雄次郎編［1919］『日糖最近十年史』．

西原雄次郎編［1934］『日糖最近廿五年史』千倉書房．
西原雄次郎編［1935］『新高略史』千倉書房．
西原雄次郎編［1939］『藤山雷太伝』藤山愛一郎．
新渡戸稲造［1969］『新渡戸稲造全集』第2・4巻，教文館．
日本勧業銀行調査部［1937］『台湾に於ける田畑収益利廻調（昭和十二年四月現在)』．
日本砂糖協会編『砂糖年鑑』各年版．
日本砂糖協会編『砂糖経済』各号．
日本精製糖株式会社『報告』『営業報告』各期版．
日本糖業調査所編『日本糖業年鑑』各年版．
日本糖業連合会［1936］『三版　製糖会社要覧』．
日本甜菜製糖株式会社［1919-23］『株主配布書類綴』（大正8年から12年42通)．
日本甜菜製糖株式会社編［1961］『日本甜菜製糖40年史』．
根岸勉治［1932］「台湾に於ける製糖原料甘蔗の獲得　特に其買収価格」台北帝国大学理農学部農業経済学教室研究資料第8号．
根岸勉治［1939］『栽植企業方式論』叢文閣．
根岸勉治［1942］『南方農業問題』日本評論社．
農商務省農務局［1913］『農務彙纂第三十七　砂糖ニ関スル調査』．
野依秀市［1933］『明糖事件の真相』実業之世界社．
橋本寿朗・武田晴人編［1985］『両大戦間期日本のカルテル』お茶の水書房．
橋本寿朗［2001］『戦後日本経済の成長構造―企業システムと産業政策の分析―』有斐閣．
林進発［1932］『台湾官紳年鑑』民衆公論社．
樋口弘［1943］『本邦糖業史』味燈書屋．
樋口弘編［1959a］『糖業事典』内外経済社．
樋口弘編［1959b］『思い出の糖業』樋口編［1959a］所収．
平井健介［2007］「1900～1920年代東アジアにおける砂糖貿易と台湾糖」社会経済史学会編『社会経済史学』第73巻1号．
平井健介［2012］「日本植民地期台湾における甘蔗用肥料の需給構造の変容（1895-1929年)」慶應義塾経済学会編『三田学会雑誌』105巻1号．
藤山愛一郎［1952］『社長ぐらし三十年』学風書院．
藤山愛一郎［1953］『お客商売』学風書院．
藤山愛一郎［1955］『私の社長学』大蔵出版．
藤山愛一郎［1957］「私の履歴書」日本経済新聞社［1980］『私の履歴書　経済人2』．
藤山愛一郎［1958］『社長室にて』学風書院．
藤山愛一郎［1976］『政治　わが道　藤山愛一郎回顧録』朝日新聞社．
藤山雷太［1927］『南洋叢談』日本評論社．
藤山雷太［1938］『熱海閑談録』中央公論社．
古田和夫［1943］『台湾赤糖沿革資料（稿)』．
米国商務省商務局編（水田栄雄訳）［1924］『蔗糖生産費比較論　全』糖業連合会．
松下伝吉編［1942］『近代日本経済人大系　第11巻　飲食料工業篇』中外産業調査会．
松本辰雄編［1936］『明治製菓株式会社二十年史』．
三浦博亮［1923］『嘉南大圳と輪作方式』．
三井物産株式会社砂糖部［1918a］「砂糖ニ関スル報告」三井文庫所蔵史料物産340．
三井物産株式会社砂糖部［1918b］「砂糖に関する調査諸表」三井物産株式会社砂糖部［1918a］所収．
三井物産株式会社砂糖部［1919］「砂糖ニ関スル報告」三井文庫所蔵史料物産348．

三井物産株式会社砂糖部［1921］「砂糖ニ関スル報告」三井文庫所蔵史料物産462。
三井物産株式会社台北支店長［1921］『台北支店　支店長会議報告　大正拾年五月調』。
三井物産株式会社台南支店長［1925］『支店長会議参考資料　大正十五年六月』。
宮川次郎［1913］『台湾糖業の批判　全』台湾糖業研究会。
宮川次郎［1926］『砂糖講話』台湾糖業研究会。
宮川次郎［1927a］『台湾の農民運動』台湾糖業研究会（拓植通信社支社）。
宮川次郎［1927b］『台湾・南支・南洋パンフレット（45）林本源製糖を売渡す迄福建省の凍鉱石』拓殖通信社。
宮川次郎［1927c］『台湾・南支・南洋パンフレット（51）鈴木破綻と糖界の新勢力シンガポールの日本人』拓殖通信社。
宮川次郎［1931］『蔗作奨励読本　全』台湾糖業研究会。
宮川次郎［1934］『槇哲』台湾日日新報社。
三好右京［1938］『相馬半治伝』東京菓子研究協会。
明治社友会［1970］『故小川会長・相馬社長追頌記念　全明治各社の沿革と近況　附録久保田富三氏追悼録』。
明治商事株式会社編［1957］『三十五年史』。
明治商事株式会社『営業報告書』各期版。
株式会社明治商店『営業報告書』各期版。
明治製菓株式会社［1916］「製菓事業ニ関スル調査書（大正五年拾月弐拾五日）」明治製菓編［1958］所収。
明治製菓株式会社編［1958］『明治製菓四十年小史　1916-1956』。
明治製菓株式会社編［1968］『明治製菓の歩み　創立から50年』。
明治製菓株式会社編［1975］『草創期の私たち』。
明治製菓株式会社編［1997］『明治製菓の歩み　創業から80年　1916-1996』。
明治製菓株式会社『営業報告書』各期版。
明治製糖株式会社［1906a］『明治三十九年　創立関係書類』（明治39年12月29日）。
明治製糖株式会社［1906b］「明治製糖株式会社創立事項報告書」明治製糖［1906a］所収。
明治製糖株式会社［1906c］「明治製糖株式会社創立総会決議録」明治製糖［1906a］所収。
明治製糖株式会社［1906d］「明治製糖株式会社創立総会議事録」明治製糖［1906a］所収。
明治製糖株式会社［1906e］「明治製糖株式会社創立総会議事速記録」明治製糖［1906a］所収。
明治製糖株式会社［1907］「蘇荳製糖会社買収事件」。
明治製糖株式会社編［1921］『十五年史』。
明治製糖株式会社編［1923-37］『社業大要』。
明治製糖株式会社［1926-29］「取締役会決議付属書類　自大正十五年至昭和四年」。
明治製糖株式会社［1927a］「協約書」（昭和2年7月2日）「仮契約書」「財産目録」「追加仮契約書」「契約書」（昭和2年7月11日）明治製糖［1926-29］所収。
明治製糖株式会社［1927b］「議会の目的及決議事項」（昭和2年8月5日）明治製糖［1926-1929］所収。
明治製糖株式会社［1927c］「新明治製糖株式会社事業目論見書」（昭和2年8月5日）明治製糖［1926-1929］所収。
明治製糖株式会社［1927d］「株式分譲条件」「新明治製糖株式会社定款」「財産目録」「砂糖業ノ将来」「仮契約書」（昭和2年8月5日）明治製糖［1926-29］所収。
明治製糖株式会社編［1928］『社業大要　昭和三年五月第五版』。
明治製糖株式会社［1931］「告発状取下願書」「誓約書」。
明治製糖株式会社［1934］「久保田富三，菊池桿往復書簡（昭和九年十一月三日，六日，九日）」。
明治製糖株式会社［1936］『（報第二十九号）糖業研究報告集　昭和十一年』。

明治製糖株式会社編［1938］『社業大要　昭和十三年二月』。
明治製糖株式会社編［1940］『伸びゆく明治』。
明治製糖株式会社［1943］「明治製糖株式会社第六十七回定時株主総会議事速記録　昭和十八年四月二十八日」。
明治製糖株式会社他［1943］『昭和十八年十二月一日現在　職員名簿　明治製糖株式会社，明治製菓株式会社，株式会社明治商店，スマトラ興業株式会社，十勝開墾株式会社，河西鉄道株式会社，明治生乳株式会社，朝日牛乳株式会社，山陽練乳株式会社，明治農事株式会社，明治護謨工業株式会社』。
明治製糖株式会社［1981］「明治系各社創立経緯一覧」。
明治製糖株式会社「南洋ニ於ケル企業及貿易振興策」。
明治製糖株式会社『事業報告書』『営業報告書』各期版。
明治乳業株式会社編［1969］『明治乳業50年史』。
森永製菓株式会社編［1954］『森永五十五年史』。
守屋源二［1929］『山田熙君談話』。
八木惣吉［1934］『日蘭会商と爪哇糖問題の経済的考察に就いて』。
矢内原忠雄［1929］『帝国主義下の台湾』岩波書店。
矢内原忠雄編［1942］『新渡戸博士植民政策講義及論文集』岩波書店。
矢内原忠雄［1963-65］『矢内原忠雄全集』第1-5・24巻，岩波書店。
山下久四郎［1940］『砂糖業の再編成　上巻』丸善。
由井常彦・橋本寿朗編［1995］『革新の経営史―戦前・戦後における日本企業の革新行動―』有斐閣。
劉天賜［1933］『台湾最近の経済界　附台湾の産業組合 台湾経済重要日誌』台湾経済界社。
臨時台湾旧慣調査会第二部［1993］『臨時台湾旧慣調査会第二部　調査経済資料報告　上巻』。
臨時台湾糖務局［1904-07］『臨時台湾糖務局年報』第三（明治三十七年度）～第六（明治四十年度）。
林本源製糖株式会社『営業報告書』各期版。
渡邉恵一［2014］「植民地期台湾における糖業鉄道の成立」（社会経済史学会第83回全国大会自由論題報告，同志社大学）。

【外国語文献】
柯志明［2003］『米糖相剋―日本殖民主義下台灣的發展與從屬―』群學出版有限公司。
古慧雯・呉總敏［1996］「論『米糖相剋』」『經濟論文叢刊』第24輯第2期。
古慧雯［1999］「試析『早植法奬励』：日治時期甘蔗買収契約之研究」國立台灣大學經濟學系『經濟論文叢刊』第27輯第1期。
呉育臻［2003］「臺灣糖業『米糖相剋』問題的空間差異(1895-1954)」國立臺灣師範大学地理学系博士論文。
呉育臻［2006］「地理環境與糖業經營―鹽糖株式會社東西部三處製糖所的比較―」『環境史研究第二次國際學術研討會』(2006年11月10日)。
曾汪洋［1954］「日據時代臺灣糖價之研究」臺灣銀行經濟研究室編印『臺灣銀行季刊』第7巻第4期。
孫鐵齋［1953］「臺灣糖業契約原料収買制度之研究」臺灣銀行經濟研究室編印『臺灣銀行季刊』第7巻第1期。
台湾省文献委員会編［1969］『台湾堡図集』。
張漢裕［1953］「臺灣米糖比價之研究」臺灣銀行經濟研究室編印『臺灣銀行季刊』第5巻第4期。
陳兆勇・柯志明［2005］「米糖相剋：耕地の争奪或利益の衝突」『臺灣社會學』第35期。
邱淵惠［1997］『台灣牛―影像・歷史・生活―』遠流出版有限公司。
Barney, Jay B.［1986］"Organizational Culture: Can It Be a Source of Sustained Competitive Advantage?," *Academy of Management Review*, Vol. 11.

Barney, Jay B. [1991] "Firm Resources and Sustained Competitive Advantage," *Journal of Management*, Vol. 17, No. 1.
Eisenhardt, Kathleen M. and Martin, Jeffrey A. [2000] "Dynamic Capabilities: What are They?," *Strategic Management Journal*, Vol. 21.
Kubo, Fumikatsu [2010] "M&A and Reorganization of the Modern Sugar Manufacturing Industry," *Shogaku Ronsan*, Vol. 51, No. 3-4.
Kubo, Fumikatsu [2014] "Cartel's Function of Balancing the Conflicting Interests of Members in Prewar Japan: 'Togyo Rengokai' in the Modern Sugar Manufacturing Industry," *Shogaku Ronsan*, Vol. 55, No. 4.
Lieberman, Marvin B. and David B. Montgomery [1988] "First-Mover Advantages," *Strategic Management Journal*, Vol. 9.
Pfeffer, Jeffrey and Salancik, Gerald R. [1978] *The External Control of Organizations: A Resource Dependence Perspective*, Harper & Row, Publishers.
Teece, David J. [2009] *Dynamic Capabilities & Strategic Management: Organizing Innovation and Growth*, Oxford University Press.
Wernerfelt, Birger [1984] "A Resource-Based View of the Firm," *Strategic Management Journal*, Vol. 5.

事項索引

【ア行】

赤双　7, 73, 75, 149
赤糖　6, 7, 73, 75, 149
安定株主　52, 54, 206
アントレプレナー　97, 103, 151
意思決定　3, 59, 70, 81, 88, 90, 93, 97, 102, 103, 119, 120, 125, 127, 135, 167, 168, 181-183, 200, 205, 234-236, 242, 245
一手販売契約　34, 35, 37, 52, 130, 172, 204, 207
イノベーション　248
M&A　37, 38, 40, 58, 59, 84, 93-97, 101, 103, 193, 200, 202, 203, 205, 217, 238, 239, 244, 248
塩分（地）　10, 175, 176, 203, 210
　──地質　156, 165, 174, 177, 210, 218
和蘭標本色相　7, 91, 148

【カ行】

角（砂）糖　7, 52, 86, 102, 116, 200, 204
革新的企業者活動　3, 5, 6, 56, 58, 70, 83, 97, 101, 103, 105, 111, 115, 120, 127, 146, 150, 156, 167, 183, 184, 186, 231, 232, 234-240, 242, 243, 245-249
　──の相互連携的展開　240, 242, 245, 247, 249
革新的なヴィジョン　111, 148
合併　6, 22-25, 35, 38, 40, 56, 58, 59, 75, 79, 80, 82, 84, 86-91, 93-97, 101-103, 119, 123, 124, 128, 129, 132, 134-136, 142-144, 146, 157, 158, 163, 165, 167-169, 183, 184, 186, 193, 195, 198-200, 202, 205, 207, 211, 217, 233, 239, 240-242, 248
嘉南大圳　10, 14, 18, 20, 166, 174, 176, 210, 218
カルテル　3, 43, 44, 191
甘蔗栽培奨励規程　3, 96, 101, 146, 173, 184, 203, 209, 211, 214, 217, 223

甘蔗（栽培）奨励策　14, 16, 20, 96, 203, 242
甘蔗作適地　10, 16, 165, 166, 176, 213
甘蔗作農民　3, 209, 211, 223
甘蔗買収価格　3, 4, 16, 18, 177, 209, 213-219, 222, 223
関税　37, 55, 72, 75, 101, 102, 148
看天田　10, 156, 165, 174-176, 203, 210, 213, 219
関東大震災　88, 90, 102, 119, 120, 138, 143, 144
含蜜糖　6, 7, 149
企業間競争　3, 4, 30, 31, 51, 52, 111, 191, 192, 196-198, 202, 207, 208, 233, 234, 240, 245, 247-249
規模の経済　94, 128, 177, 201
逆転　3, 5, 6, 25, 27, 31, 49, 50, 58, 59, 70, 71, 111, 191, 192, 196, 199, 200, 232-236, 239, 240, 242, 245, 248
　──の発想　148
キャッチアップ　5, 38, 40, 50, 51, 56, 58, 111, 115, 130, 131, 146, 191, 195, 199, 200, 204, 232, 233, 235, 236, 239, 243, 245, 247, 248
キャリア　135, 138
急進主義　79, 81-83, 97
業界再編　21, 27, 31, 56, 94, 96, 97, 101, 146, 191, 192, 195, 207, 231-233, 239
教訓　38, 70, 83, 84, 90, 103, 126, 172, 181, 193, 195, 205, 234-238, 242, 243, 247, 248
競争と協調　3, 30, 191, 197
競争優位　8, 27, 31, 38, 43, 46, 47, 49, 56, 59, 62, 119, 144, 150, 191, 192, 194, 196, 199, 204, 205, 209, 232, 233, 240, 244, 246, 249
競争を基調（とした）　3, 4, 31, 191, 208, 240, 246
共同経営論　79, 82, 97
近代製糖業　2-7, 9, 14, 21, 22, 25, 30, 31, 37, 38, 40, 43-46, 52, 54, 56, 59, 62, 70, 77, 78, 89, 94, 97, 111-115, 131, 146, 148, 156, 157, 183,

184, 191, 192, 195, 196, 198, 202, 205, 208, 209, 216, 217, 219, 231, 233, 234, 238, 240, 245, 246, 248, 249
金融恐慌　21-23, 38, 88, 89, 94, 96, 97, 101, 157, 161, 163, 165, 167-169, 184, 186, 191, 193, 195, 196, 198, 204, 233, 234, 236, 240
内蔵頭　52, 206
車糖　7
堅実経営　46, 52, 84, 172, 194, 205, 237, 247, 248
堅実主義　30, 54, 56, 59, 62
「現状維持は退歩なり」　131, 148, 199, 204, 217, 244
原料採取区域　4, 6, 9, 10, 14, 16, 18, 20, 24, 31, 33, 34, 38, 40, 48, 56, 87-90, 94, 96, 97, 101, 103, 114, 115, 146, 150, 156, 157, 162, 163, 165-167, 173-177, 183, 186, 192, 195, 203-205, 209-211, 213-219, 222-224, 232, 238, 239, 242, 243
原料栽培資金前貸し　14, 16, 203
原料調達　6, 31, 33, 34, 40, 43, 56, 59, 150, 165, 192, 195, 209, 215, 217, 219, 223, 224, 232
原料糖　7, 36, 37, 54, 73, 75, 85-89, 91, 93, 101, 102, 149, 168, 169, 193, 197, 198
　　──売買協定　86, 198
　　──売買交渉　86, 102, 197, 198
糊仔甘蔗　211, 213
甲当たり甘蔗収穫量　41, 43, 49, 131, 177, 180-182, 194, 200, 201, 210, 215, 217, 219, 244
耕地白糖　7, 22, 24, 25, 27, 36, 40, 46, 49-52, 58, 62, 86, 90, 93, 94, 96, 97, 102, 131, 146, 148-150, 156, 163, 167, 168, 177, 183, 186, 193, 195-197, 199-202, 204, 205, 237, 238, 240-243, 248
後発企業効果　3-5, 70, 103, 105, 111, 112, 145, 148, 150, 151, 231-237, 239, 240, 242, 243, 245, 247, 248
後発製糖会社　56, 58, 233, 239, 240, 243, 245, 247, 248
後発性のデメリット　70, 103, 114, 150, 235, 236, 238, 239, 241, 242
　　──の克服　5, 111, 235, 238, 242
後発性のメリット　5, 114, 150, 235-238, 241
　　──の内部化　5, 111, 150, 235, 237, 238, 241,

242
コスト高　48, 55, 131, 150, 194, 201
コーディネーター機能　4, 31, 43-46, 62, 204, 246

【サ行】

再生請負人　83, 87, 103, 186, 205
双目　7
3常務体制　161, 184
三年輪作　10, 18, 20, 166, 175, 176
産糖処分協定　3, 43, 44, 54, 62, 197, 198, 204
産糖調節　2, 8, 9, 44, 51, 78, 95, 149, 166, 180, 182, 191, 196, 202, 214-219, 246
シェア　25, 27, 37, 38, 40, 47, 48, 51, 58, 59, 71, 88, 119, 124, 130, 131, 146, 148, 183, 191, 194-196, 199, 200
自営農園　16, 18, 31, 33, 40, 96, 101, 192, 204
自給体制　2, 168, 197
自社栽培主義　33
自社販売　37, 130, 134, 148, 172, 184, 193, 198, 204, 206, 207, 245
質的増産　16, 38, 40, 41, 43, 46, 48, 49, 51, 55, 59, 97, 131, 150, 177, 180, 181, 186, 194, 199-201, 204, 205, 210, 218, 244
質的増収　177, 194, 211, 213, 222
失敗と再生　3, 5, 70, 156, 157, 163, 186, 231, 234, 236, 238
社債・借入金　84, 86, 87, 157, 158, 173
ジャワ（糖）　7, 36, 37, 44, 46, 51, 54, 59, 62, 87-89, 102, 112, 168, 193, 198
爪哇大茎種　41-43, 59, 201, 204, 214, 215, 219, 248
主要株主　52, 92, 205
「準国策会社」　3, 30, 31, 46, 48, 56, 59, 194, 232, 245-247
　　──的性格　30, 31, 43-46, 54, 59, 62, 245
消費　1, 2, 7, 37, 51, 72, 73, 75, 77, 78, 101, 102, 116, 131, 149, 150, 183, 193, 196, 197, 200-202, 204
消費者　1, 49, 51, 77, 93, 120, 193, 197, 200, 235, 238
　　──ニーズ　51, 55, 62, 235, 238, 241
消費税　7, 36, 51, 72, 73, 75, 77, 78, 80-82, 91, 93, 148, 149, 197, 200, 202, 205

268　事項索引

初期制約条件　34, 43, 59, 84, 87, 101, 102, 193, 236, 240, 245, 247, 248
新式製糖工場　6, 27, 38, 77, 96, 113, 131, 163, 165
「心臓部」　3, 6, 7, 9, 40, 192, 209, 245
慎重論　79, 82, 183
垂直統合　129
水田奨励　10, 14, 16, 18, 101, 146, 174, 202, 203, 213
スチームプラウ　210, 213
生産過剰　77, 78, 101
生産コスト　8, 48, 94, 200, 201
精製糖　1, 6, 7, 27, 36, 37, 43, 49-51, 70-73, 75, 77, 78, 84-89, 91, 93, 94, 97, 101-103, 114, 116, 149, 167, 168, 193, 195, 197, 198, 200, 204, 205, 233, 236, 240, 241
──会社　75, 78, 79
精粗兼業化　22, 24, 54, 86, 102, 193, 205
製糖会社　3, 4, 6, 8, 9, 14, 16, 20, 22, 31, 33, 36, 38, 54, 86, 87, 94-96, 101-103, 116, 157, 183, 192, 194, 201, 203, 211, 213, 219, 222-224, 233
製糖場取締規則　8, 114
製糖能力　22, 23, 25, 38, 40, 45, 86-88, 90, 91, 94-96, 102, 103, 113, 131, 157, 163, 181, 195, 199, 202, 203
精白糖　7, 27, 36, 44, 50, 93, 149, 167, 168, 184, 193, 196-198, 200, 202, 205, 237
制約条件の克服　5, 10, 58, 85, 87, 91, 93, 96, 97, 101, 102, 114, 115, 124, 125, 146, 148, 157, 183, 184, 205, 224, 232, 234-236, 240, 242, 243, 245, 248
制約条件のビジネスチャンス化　5, 58, 103, 120, 121, 146, 148, 184, 232, 234-236, 239, 242, 243, 245, 248
選択と集中　248
先発企業　3, 6, 150, 235, 236, 238
先発製糖会社　101, 239, 242
先発性のデメリット　34
先発性のメリット　34, 59, 245
先発の優位性　45
前方統合　125
「増産十ヶ年計画」　162, 163, 176, 177, 180, 182, 196, 244

創造的適応　5, 6, 58, 70, 103, 105, 121, 130, 146, 148, 184, 186, 239, 242, 245, 248, 249

【タ行】

ダイナミズム　3, 4, 5, 191, 208, 239, 240, 245, 247-249
大暴風雨　8, 38, 51, 58, 124
「大明治」　111, 115, 116, 118-120, 123-125, 127-132, 134-136, 139, 140, 142, 143, 146, 148, 150, 193, 204, 232, 239, 240
台湾総督府　6, 86, 87, 112, 113, 115, 150, 238
台湾糖業令　16, 94, 175, 203, 210, 214-216, 218, 223
台湾米穀移出管理令　16, 18, 175, 214, 215, 222
多角化　52, 54-56, 59, 62, 111, 114-116, 118, 124, 129, 130, 134, 142, 148, 150, 193, 195, 200, 204, 234, 239, 240, 248
「──元年」　55, 117, 119, 192
　重層的(な)──　111, 121, 123, 130, 135, 136, 139, 142, 146, 148, 150, 193, 204, 232, 240
多角的の事業展開　116, 119, 131, 139, 142, 145
中双　7, 73, 75, 149
直消糖　7, 36, 91, 149, 197
定款改正　120, 124, 127, 132, 134-136, 138, 139, 142
糖業黄金期　46, 48, 49, 58, 84, 87, 97, 134, 146, 148, 193
糖業連合会　2-4, 8, 30, 43-45, 51, 55, 59, 62, 86, 94, 95, 102, 191, 196, 197, 202, 204, 208, 214, 240, 246, 248
──競争抑制機能　3
──経営資源補完機能　3, 191, 240, 248
──利害調整機能　3, 44, 62, 191, 204, 208, 240
当期利益金　5, 46, 47, 71, 84, 86, 91, 94, 119, 121, 122, 125, 129, 144, 157, 170, 194
統制経済　94, 96, 97, 101, 215, 218
特殊地理環境　6, 14, 96, 101, 146, 156, 165, 173-177, 183, 184, 186, 203, 209, 210, 213, 217-219, 223, 224, 233, 239, 242
トップ企業　5, 25, 27, 35, 37, 38, 44, 48, 70, 94, 96, 97, 111, 183, 199, 200, 205, 217, 240
糖廍　6, 9, 77

事項索引　*269*

【ナ行】

南方進出　124
日糖事件　70, 71, 80, 81, 83, 101-103, 193, 205, 240

【ハ行】

パイオニア（企業）　10, 22, 25, 27, 30, 31, 33, 34, 36, 38, 40, 43-46, 52, 56, 59, 62, 70, 71, 94, 111, 115, 119, 131, 148, 150, 156, 163, 167, 183, 192, 199, 204, 206, 219, 231, 233, 237-240, 242, 244, 245
配当率　46, 84, 119, 121-123, 125, 129, 145, 157, 158
バガス　158
パートナーシップ　111, 139, 142, 148, 150
早植　211, 213, 215, 222, 224
晩収　222, 224
ハンドレフラクトメーター　41-43, 59, 201, 204, 210, 248
ビジネスチャンスの獲得　5, 56, 58, 97, 101, 103, 121, 144, 146, 150, 167, 183, 184, 231-233, 235, 238, 241-243, 245, 248
歩留り　41-43, 49, 131, 165, 174, 176, 177, 180-182, 184, 194, 200, 201, 210, 213, 224, 244
分蜜糖　2, 6-9, 21, 25, 34, 36-38, 40, 42, 48, 49, 51, 58, 73, 75, 78, 79, 84, 86-91, 93, 94, 101-103, 111, 113, 119, 130, 131, 146, 148-150, 158, 173, 181, 182, 191, 193-195, 197-202, 205, 224, 238-241
米価比準法　14, 16, 18, 173-175, 203, 210, 211, 213-218, 222, 223
「平均保険の策」　111, 114, 124, 146, 149, 193, 204, 248
米糖相剋　6, 9, 10, 14, 16, 18, 33, 34, 48, 95, 96, 101, 146, 156, 165, 173, 174, 176, 177, 183, 184, 192, 199, 202, 203, 205, 209-211, 213-219, 222-224, 238, 239, 242
　　──の重層構造　6, 101, 209, 219, 223, 224, 238
傍系事業会社　115, 118
蓬莱米　9, 14, 16, 174, 203, 210, 211, 214, 216, 218

【マ行】

三つ巴競争　46, 119, 191, 192
無水酒精　6, 55, 56, 62
明糖事件　131, 134, 135, 146, 199, 244
猛追　3, 5, 6, 51, 52, 58, 111, 131, 148, 150, 191, 196, 199, 202, 235, 236, 239, 243
模倣・改善　248, 249

【ヤ行】

有志団体　79
輸入原料砂糖戻税法　75, 80
四大製糖　2, 3, 5, 6, 10, 21, 23-25, 30, 31, 36, 37, 40, 43, 47, 48, 50, 88, 146, 148, 176, 177, 186, 191, 194-199, 201, 202, 204, 205, 207, 209, 211, 213, 214, 231, 233, 240, 249

【ラ行】

利害対立　43, 191

人名索引

【ア行】

秋山一裕　79, 80, 82
秋山孝之助　89
荒井泰治　157, 159
有嶋健助　111, 120, 128, 134-136, 138-140, 142, 145, 146, 148, 150, 206
池田成彬　173
石川昌次　44
磯村音介　79, 80, 82
伊藤茂七　79
井上馨　34, 35
入江海平　161
岩田善雄　129
王雪農　157
大西一三　161
岡田幸三郎　162, 163, 183, 206
岡田祐二　50
小川鈾吉　112, 113

【カ行】

川村竹治　161
久保田富三　112

【サ行】

酒匂常明　75, 79, 81
鈴木藤三郎　59, 70-72, 79, 80, 82, 97
相馬半治　111-116, 119, 120, 124-131, 134-136, 138-140, 142, 145, 146, 148-150, 193, 199, 204, 206, 243, 244

【タ行】

武智直道　40, 44, 55, 206

田村武治　79
千葉平次郎　139

【ナ行】

中川蕃　139
二宮尊徳　71

【ハ行】

橋本貞夫　159, 161, 162
羽鳥精一　161
濱口録之助　138, 139
林博太郎　52, 54, 206
原邦造　134, 135
藤野幹　136
藤山愛一郎　59, 70, 91-94, 96, 97, 103, 105, 200, 206
藤山雷太　70, 83-87, 89-94, 96, 97, 101-103, 105, 193, 195, 200, 205, 206
堀宗一　157, 159

【マ行】

槇哲　157, 159, 161-163, 165, 167-169, 171-173, 176, 177, 180-184, 186, 196, 205-207, 244
槇武　161
益田孝　34
益田太郎　41, 46, 48, 50, 52, 54, 55, 59, 79, 206
村井吉兵衛　80
毛利元昭　52, 206

【ヤ行】

山田貞雄　136
山本悌二郎　33-35, 48

企業名索引

【ア行】

朝日牛乳　136
塩水港製糖　2-6, 21-25, 27, 31, 36, 37, 40, 47, 50-52, 56, 58, 86, 114, 119, 156-159, 161-163, 165-169, 171-173, 175-177, 180-184, 186, 192-197, 199-201, 203-207, 209, 210, 213, 218, 233, 234, 236-240, 242, 244, 245, 247, 248
　――拓殖　157, 159, 233
　旧――　37, 114, 156, 157, 159, 163, 165, 184, 186
塩糖製品販売　37, 172, 184, 204, 206, 207
大里製糖所　75, 79, 86, 102
大島煉乳　136

【カ行】

河西鉄道　132
鴨ノ宮砂利　132
樺太製糖　132
軽川牧場　124
北港製糖　96
共同国産煉乳　136
極東煉乳　123, 124, 138
ゲダレン農場　102
恒春製糖　163, 167, 169
神戸精糖　75, 79, 86

【サ行】

沙鹿(轆)製糖　16, 96
山陽煉乳　124, 136
上海明治牛乳　132
昭和護謨　116, 118, 128, 129, 132, 140, 193
昭和製糖　18, 23, 25, 94-97, 195, 199, 202, 210, 213, 214, 217, 233
シロトワ栽培　125
新栄産業　207

新興製糖　22, 24, 25, 56, 59, 202
新竹製糖　14, 96
鈴木商店　21, 22, 37, 43, 75, 79, 89, 90, 102, 168, 169, 171, 173, 184, 195, 198, 205, 242
スマトラ興業　55, 114, 116, 118, 124-129, 140, 146, 193, 204

【タ行】

怡記製糖　38, 56
大正製菓　55, 115, 116, 119, 150, 193
台東製糖　6, 22, 24, 25, 44, 131, 146, 202, 214
大東製糖　38, 56
台南製糖　23, 24, 38, 56, 96, 195
大日本製糖　2-6, 10, 14, 16, 18, 21-25, 27, 31, 37, 38, 40, 43, 44, 49-52, 54, 58, 59, 62, 70-72, 75, 77-79, 81-84, 86-91, 93-97, 101-103, 105, 111, 114, 156, 165, 173, 174, 191-207, 209-211, 216, 217, 219, 231-234, 236-245, 247, 248
　――商務部　85, 198, 204, 207
台北製糖　38, 56
大和製糖　131, 134
台湾銀行　21, 89, 161, 168, 171-173, 184
台湾製糖　2-6, 10, 14, 16, 18, 21-25, 27, 30, 31, 33-38, 40-52, 54-56, 58, 59, 62, 70, 71, 75, 86, 88, 94, 97, 101, 111, 114, 115, 119, 130, 131, 146, 148, 150, 163, 165, 169, 173, 176, 183, 191, 192, 194-196, 199-207, 211, 214-216, 219, 223, 231-234, 238-240, 242-249
中央製糖　131
朝鮮製糖　87, 89, 102, 193
ツアイス光学社　42, 201
帝国製糖　14, 18, 25, 86, 94, 96, 97, 202, 210, 211, 217, 233
東京菓子　118, 119, 121, 123, 130, 136, 138-140, 142-144
東京合同市乳　138

東京護謨工業　128
東京精糖　167, 169, 184
東満殖産　132
東洋製糖　22-24, 84, 86, 88-91, 93-97, 102, 103, 114, 130, 131, 134, 146, 165, 191-193, 195, 198-200, 202, 205, 233, 239, 241, 242, 248
特別牛乳牧場　138
斗六製糖　96

【ナ行】

内外製糖　88, 89, 102, 193
南亜公司　128
南投軽鉄　132
南洋興発　44
新高製糖　18, 22, 23, 25, 86, 88, 89, 94-97, 102, 195, 199, 217
日本再生ゴム　132
日本精製糖　70-72, 75, 79, 80, 240
日本精糖　75, 79, 80, 82
日本農産輸出　132
熱帯農産　118, 132

【ハ行】

函館菓子製造　124, 136
房総煉乳　123, 136, 143
北海道興農公社　138
埔里社製糖　38, 56, 58

【マ行】

増田商店　37, 130, 148, 193
増田貿易　130, 148
満州乳業　132
満州明治牛乳　132
満州明治製菓　132
三田土ゴム製造　129, 132
三井銀行　161, 171-173

三井物産　34-37, 52, 130, 204, 206, 207
三菱商事　130, 171, 172
南日本製糖　96
明華産業　132
明治牛乳　123, 132, 136
明治護謨工業　128, 129
明治商店　37, 116, 118, 120, 128, 130, 132, 134, 138-140, 142, 148, 193, 204, 206, 207
明治食品　136
明治製菓　55, 114, 116, 118-121, 123, 124, 129, 130, 132, 135, 136, 138-140, 142-146, 150, 193, 204
　──乳業部　123, 124, 136
明治製糖　2-6, 10, 16, 18, 21-25, 27, 31, 37, 38, 40, 43, 44, 51, 54, 55, 58, 59, 62, 86, 88, 90, 102, 111-119, 123-125, 127-132, 134-136, 138-140, 142, 145, 146, 148, 150, 165, 173, 174, 191-199, 201-207, 209, 210, 214, 217, 219, 222, 232-234, 237-240, 242-245, 247, 248
　新──　134
明治製乳　124, 136
明治乳業　123, 124, 132, 142
明治農産工業　134
明治薬品　118, 132
森永製菓　55, 119, 121, 124

【ヤ行】

山越工場　118, 132
湯浅精糖所　75
横浜正金銀行　161
横浜精糖　75, 79, 86

【ラ行】

林本源製糖　22, 23, 114, 156, 163, 165, 167, 169, 181-183, 242

(注) 旧台湾語の索引名についてはすべて日本語読みに統一した。

著者紹介

久保 文克（くぼ・ふみかつ）

中央大学商学部教授，博士（経営学）

［主著］

『植民地企業経営史論―「準国策会社」の実証的研究―』（日本経済評論社，1997年）

『近代製糖業の発展と糖業連合会―競争を基調とした協調の模索―』（日本経済評論社，2009年，編著）

『アジアの企業間競争』（文眞堂，2015年，編著）

近代製糖業の経営史的研究

2016年5月8日　第1版第1刷発行　　　　　　　　　検印省略

著　者　久　保　文　克

発行者　前　野　　　隆

発行所　株式会社　文　眞　堂
東京都新宿区早稲田鶴巻町533
電話　03(3202)8480
FAX　03(3203)2638
http://www.bunshin-do.co.jp/
〒162-0041　振替00120-2-96437

印刷・モリモト印刷／製本・イマヰ製本所
© 2016
定価はカバー裏に表示してあります
ISBN978-4-8309-4898-5　C3034